大学信息技术素养

DAXUE XINXI JISHU SUYANG

主编 何小虎 哈渭涛 奚建荣

西安交通大学出版社
XI'AN JIAOTONG UNIVERSITY PRESS

国家一级出版社
全国百佳图书出版单位

图书在版编目(CIP)数据

大学信息技术素养/何小虎,哈渭涛,奚建荣主编. —西安:西安交通大学出版社,2021.8
ISBN 978 - 7 - 5693 - 1865 - 4

Ⅰ.①大… Ⅱ.①何…②哈…③奚… Ⅲ.①电子计算机-高等学校-教材 Ⅳ. ①TP3

中国版本图书馆 CIP 数据核字(2021)第 139688 号

书　　名	大学信息技术素养	
主　　编	何小虎　哈渭涛　奚建荣	
责任编辑	郭鹏飞	
责任校对	李　佳	

出版发行	西安交通大学出版社
	(西安市兴庆南路 1 号　邮政编码 710048)
网　　址	http://www.xjtupress.com
电　　话	(029)82668357 82667874(发行中心)
	(029)82668315(总编办)
传　　真	(029)82668280
印　　刷	陕西龙山海天艺术印务有限公司

开　　本	787 mm×1092 mm	1/16	**印张** 21.5	**字数** 530 千字	
版次印次	2021 年 8 月第 1 版　2021 年 8 月第 1 次印刷				
书　　号	ISBN 978 - 7 - 5693 - 1865 - 4				
定　　价	56.00 元				

前　言

当前,信息化对社会各个领域都产生了深刻影响,给人们的生产生活带来极大便利,正成为经济社会发展的重要驱动力。比如,电子商务让人们足不出户就能选购商品;移动支付已经普及到农贸市场、路边小贩;MOOC(大规模开放在线课程)、云端学校等相继出现,推动传统教育理念、模式与方法的变革,推动学习方式转变,等等。可以说,信息化正以其无处不在的渗透力浸润到社会生活的方方面面,改变着人们的生活习惯,推动人类文明进步。

在看到信息化给人们生产生活带来极大便利的同时,我们也要关注其中一些不容忽视的问题。比如,网络谣言混淆视听、误导网民,严重破坏网络生态;网络诈骗、电信诈骗事件层出不穷,给缺乏防范意识的人造成重大损失。此外,互联网的发展还对人们的思想观念、价值取向产生重要影响。

在信息化进程中要做到趋利避害,充分发挥信息化对经济社会发展的驱动作用,防止信息化尤其是互联网发展中可能出现的各种问题,需要提升国民信息化素养。具备信息技术素养以及信息处理的能力,已经成为现代社会各行各业人员胜任本职工作和适应社会发展所必备的条件之一,也成为一个新时代大学生所必备的基本素质之一。因此,加强高等院校信息技术素养教育,提高信息技术应用与处理能力,培养大学生的综合素质是一项非常重要的任务。

本书的编写以国家信息技术课程改革的新思想、新理念为指导,突出了知识与技能、过程与方法、情感态度价值观三维目标,进一步挖掘了信息技术课程思想,体现了信息技术学科性和工具性的双重价值,既重视对基础知识的掌握,又强调了对学生操作能力、思维能力和解决实际问题能力的培养。

本书共分为基础理论篇和技能提升篇两部分,基础理论篇包括前8章,为信息技术理论素养内容,在基本信息技术知识的基础上,涵盖了计算机系统、计算机思维、云计算、人工智能、大数据、信息安全、多媒体等计算文化和信息化发展的前沿技术。技能提升篇包括后6章,为信息技术应用能力内容,以目前各类信息技术考试普遍使用的Windows和WPS为实践平台,以学生就业后工作岗位上的实验办公需求为出发点,设计了大量的应用情景和实践任务,充分提高学生的信息应用技能。

本书由具有多年教学工作经验的一线教师编写。其中,第1、11章由奚建荣编写,第2、9、10章由何小虎编写,第3、8、14章由哈渭涛编写,第4、5、13章由李云飞编写，第 6、7、12 章由孙萧寒编写。本书由刘军整体策划，担任主审，并统稿、定稿。

　　由于本书涉及计算机及信息技术诸多方面的知识，要将众多的知识贯穿起来，难度较大，加之作者水平有限，不足之处在所难免。为便于以后教材的修订，恳请读者、专家及教师多提宝贵意见，以帮助我们不断的改进和完善。

编者

2021 年 3 月

目　录

基础理论篇

技能提升篇

基础理论篇

第 1 章　信息技术概论

人类社会正走向信息时代,社会形态由工业社会发展到信息社会。

信息化代表了信息技术高度应用,信息资源高度共享,人的智能潜力以及社会物质资源潜力充分发挥,个人行为、组织决策和社会运行处于理想状态。信息化是发展的大趋势,也是社会生产力发展的必然结果,代表着先进生产力。信息时代大约从 20 世纪 50 年代中期开始,其代表性工具为"计算机"。计算机的出现和普及,将信息对整个社会的影响提高到至关重要的地位。

学习目标

- 了解信息、信息技术、信息化的概念。
- 了解计算机的发展与应用。
- 掌握数制及数制的转换。
- 理解各类数据在计算机中的表示方式。
- 了解信息素养与道德法规。

1.1　信息技术与信息化社会

纵观人类文明史,不难发现,有什么样的生产工具,就有什么样的生产力。锄头、镰刀、犁耙、耕牛为代表的人力工具,使游牧社会进入农业社会;蒸汽机和电力、机车、车床为代表的动力工具,使农业社会进入工业社会;当代微电子技术、计算机技术、多媒体技术为代表的信息化生产工具,使工业社会进入信息社会。信息技术已成为衡量一个国家科技水平的重要标志。可以说,不具备掌握信息化生产工具的能力,就会成为新时代的"文盲",掌握信息技术、正确运用信息技术是现代人学习、工作及生活的一项必备的技能,也是社会发展的必然要求。

1.1.1　信息及其特征

1. 信息

"信息"一词在辞海中的含义是指通信系统传输和处理的对象,泛指消息和信号的具体内容和意义。简单地讲,信息就是指对人类有用的消息,是对各种事物的特征、运动变化的反映,是用语言、文字、数字、符号、图像、声音、情景、表情、状态等方式传递的内容。

在人类社会生活中,信息无处不在,各行各业都在利用信息、生成信息、传递信息,每时每刻都离不开信息。尽管信息普遍存在于自然界和人类社会,人类也很早就开始生产、处理、传播和利用信息,但将信息作为一个学科的概念进行研究是从 20 世纪 20 年代才开始的,随着信息论、控制论、系统论和计算机技术等相关学科的发展,信息的概念广泛应用于许多领域,显示了强大的生命力。

20 世纪 40 年代,信息的奠基人香农(C. E. Shannon)给出了信息的明确定义,此后许多研究者从各自的研究领域出发,给出了不同的定义。具有代表意义的表述如下。

1948 年,数学家香农在题为《通信的数学理论》的论文中指出:"信息是用来消除随机不定性的东西"。这一定义被人们看作是经典性定义并加以引用。

控制论创始人维纳(Wiener)认为"信息是人们在适应外部世界,并使这种适应反作用于外部世界的过程中,同外部世界进行互相交换的内容和名称",这一论述也被作为经典性定义加以引用。

经济管理学家认为"信息是提供决策的有效数据"。

通俗地说,所谓信息,是一种能创造价值和能交换的知识或消息,消息的不确定性程度愈大,则其信息量愈大。事件出现的概率小,不确定性越多,信息量就大,反之则少。譬如"太阳出来了,天亮了"和"太阳出来了,天黑了"带给人的信息量是不同的。对人类而言,人的身体器官生来就是为了感受信息的,它们是信息的接收器,它们所感受到的一切,都是信息。然而,大量的信息是我们的身体器官不能直接感受到的,所以人类就通过各种手段,发明各种工具来感知它们,发现它们。这就是信息处理技术发展的源泉。

信息与人类社会息息相关,它和物质、能量共同构成了客观世界的三大要素,是支撑现代社会发展的三大支柱,也是人类生存和社会发展的三大基本资源之一。可以这么说,信息不仅维系着社会的生存和发展,而且不断推动着社会和经济的发展。

2. 信息的特征

信息之所以区别于物质与能量,并具有与物质、能量同等的重要作用,是源于信息所拥有的特性。物质在使用中是消耗的;能量就其个体而言在使用中也是消耗的,就其整体而言则是永恒的;而信息在其传递和使用过程中,可以重复使用。信息作为一种资源,主要有以下特性:

(1)客观性。信息是客观存在的,尽管有些信息我们没有或无法获取,但它是存在于客观世界中的。信息的客观性还表现为它是以物质的客观存在为前提的,即使是主观信息,如决策、判断、指令、计划等,也有它的客观背景,并以客观信息为"原料"。

(2)依附性。信息总是依附于一定的物质载体而存在,需要某种物质来体现或表示。如图书、纸张、人的大脑等都可以是信息的载体。

(3)可传递性。信息的产生是同信息的传递联系在一起的,信息在传递过程中会发挥它的作用。在空间上传递信息称为信息通信,在时间上传递信息称为信息存储。信息在传递过程中,不会减少或失去。如语言、表情、动作、报刊、书籍、广播、电视、电话等都是人类常用的信息传递方式。

(4)可处理性。信息可以被加工处理,可以变换形态。在信息的传递过程中,经过综合、分析、再加工，原始信息可以变成二次信息和三次信息，原有的信息价值也可以实现增值。例如，人脑就是最佳的信息加工处理器，人脑的思维功能可以完成决策、设计、研究、写作、改进、发明、创造等多种信息处理活动。

(5)时效性。信息的价值会随着时间的推移而不断发生变化，及时地获取有效的信息就会获得信息的最佳价值。如时效性很强的天气预报、经济信息、交易信息、科学信息等。

(6)共享性。信息的共享性主要表现在同一信息可以在同一时间由多个使用者使用，而信息的提供者并不会失去所提供的信息内容和信息量。

(7)可度量性。信息可采用某种度量单位进行度量，并进行信息编码。

(8)可转换性。信息可以从一种形态转换为另一种形态。如客观存在的信息可以转换为语言、文字和图像等形态，也可转换为电磁波信号或计算机代码等。

(9)不灭性。信息不像物质和能量，物质是不灭的，能量也是不灭的，其形式可以转化，但信息的不灭性同它们不一样。譬如一个杯子被打碎了，构成杯子的物质(原子、分子等)没有变，还是存在的；又如能量，我们可以把电能变成热能，能量没有变化，只是形式发生了变化。而信息的不灭性是指新的信息产生后，其载体可以变换，但信息本身并没有变化。比如我们可以毁掉一本书、一张光盘，但其上表示的信息并没有被消灭，它是客观存在的。

(10)有价值。信息是一种资源，是有实际价值的。信息的价值与信息反映事物的时间快慢有关，反映的时间越快，信息的价值就越大。

1.1.2 信息技术

信息技术自人类社会形成以来就存在，并随着科学技术的进步而不断变革。语言、文字是人类传达信息的初步方式，烽火台则是远距离传达信息的最简单手段，纸张和印刷术使信息流通范围大大扩展。自19世纪中期以后，人类学会利用电和电磁波以来，信息技术的变革大大加快，电报、电话、收音机、电视机的发明使人类的信息交流与传递快速而有效。第二次世界大战以后，半导体、集成电路、计算机的发明，数字通信、卫星通信的发展形成了新兴的电子信息技术，使人类利用信息的手段发生了质的飞跃。具体地讲，人类不仅能在全球任何两个有相应设施的地点之间准确地交换信息，还可利用机器收集、加工、处理、控制、存储信息。随着计算机的产生和普及，机器开始取代了人的部分脑力劳动，扩大和延伸了人的思维、神经和感官的功能，使人们可以从事更富有创造性的劳动。这是前所未有的变革，是人类在改造自然中的一次新的飞跃。

信息技术(information technology，IT)是用于管理和处理信息所采用的各种技术的总称，主要包括传感技术、通信技术、计算机与智能技术、控制技术。传感技术是获取信息的技术，通信技术是传递信息的技术，计算机与智能技术是处理信息的技术，而控制技术是利用信息的技术。

现代信息技术的发展不仅为人类提供了新的生产手段，带来了生产力的大发展和组织管理方式的变化，还引起了产业结构和经济结构的变化，这些变化将进一步引起人们价值观念、社会意识的变化。例如，计算机的推广普及促进了工厂自动化、办公自动化和家庭自动化，形成所谓"3A"革命。计算机和通信技术融合形成的信息通信网推动了经济的国际化。金融界组成的全球金融信息网使资金可以克服时差，在一昼夜间经全球流通而大大增值。同时，信息技术的发展扩展了人们受教育的机会，对人们学习知识、掌握知识、运用知识提出了新的挑战,使更多的人可以从事更富创造性的劳动。

1.1.3 信息化社会

信息化社会就是指以信息技术为基础,以信息产业为支柱,以信息价值的生产为中心,以信息产品为标志的社会。

从远古时代语言文字的发明,到当今社会计算机和互联网技术的普及,人类社会已经进入到信息化社会,信息已经成为现代社会的重要组成部分,现代信息技术得到了广泛的应用,信息产业成为国民经济的重要支柱。

一般来说,信息化社会主要有以下几个特征:

第一,社会上所有服务行业,如商业、金融、旅游及交通等都处于计算机网络服务之中。计算机网络化面向普通大众,即人人坐到计算机前,就能了解来自世界各地的信息,得到各种服务。例如,你可以通过操作计算机购物、学习等。

第二,人们的日常生活离不开计算机。家中各种电器都已智能,你可以通过手机来控制家中的电器。

第三,人们可以获得的信息量大幅增长。信息量虽然增多,但由于个人能够用来阅读、考虑和理解信息的时间并未相应增多,因此采用目前的手段显然无法处理这么多的信息。信息技术的发展,使人们可以方便地找到所需要的信息。这样,整个信息社会所强调的重点便可从供应转到选择。

第四,"信息丰富"与"信息贫乏"之间的鸿沟正在加宽,社会需要大量有文化、有技术的劳动者,对无技术或半熟练工的需求正在减少。

第五,信息业作为经济基础,发挥的作用越来越大。从事收集、处理、储存和检索资料的人比受雇于农业和制造业的人还要多。技术的发展已经使得产品的产量有可能按指数级增加,而投入的资本、劳力与能量却要少得多。这标志着经济已摆脱了传统的发展模式。

总之,信息化社会中无处不在的计算机和通信技术,将极大地改变人们的生活方式,给人类的生活和工作方式带来巨大变化。

1.2 计算机技术

计算机技术产生以来,随着电子制造技术的不断更新,价格持续下降,性能大幅提高,同时人机交互日趋简便。它的应用已经渗透到社会的各行各业、各个角落,极大地提高了社会生产力水平,为人们的工作、学习和生活带来了前所未有的便利和实惠。计算机技术的发展、计算机应用的普及,推进信息技术突飞猛进,推动信息技术产业井喷式发展。

1.2.1 计算机的发展

第二次世界大战中,美国陆军军械部在马里兰州的阿伯丁设立了"弹道研究实验",但是按当时的计算工具,实验室即使雇用200多名计算员加班加点工作也大约需要两个多月的时间才能算完一张射表。为了改变这种不利的状况,美国军方出资启动了一个由美国宾夕法尼亚大学物理学教授约翰·莫克利(John Mauchly)和普雷斯帕·埃克特(Presper Eckert)提出的以计算弹道和射击表为目的的 ENIAC(Electronic Numerical Integrator And Computer,即电子数字积分计算机)计划。冯·诺依曼在研制过程中期也加入了研制小组，他与研制小组在充分讨论的基础上，发表了一个全新的"存储程序通用电子计算机方案"——EDVAC(electronic discrete variable automatic computer)，他对计算机的许多关键性问题的解决作出了重要贡献，从而保证了计算机的顺利问世。

1946 年 2 月 15 日，这台标志人类计算工具历史性变革的巨型机器宣告竣工。ENIAC 是一台完全的电子计算机，能够重新编程，解决各种计算问题。ENIAC 的出现标志着电子计算机(以下称计算机)时代的到来。

在以后的几十年时间里，计算机获得突飞猛进的发展。人们根据计算机的性能和当时的硬件技术状况，将计算机的发展分成几个阶段，每一阶段在技术上都是一次新的突破，在性能上都是一次质的飞跃。

1. 第一代，电子管计算机(1949—1958)

这一阶段主要特点是：硬件方面采用电子管作为基本逻辑电路元件，主存储器采用汞延迟线、磁鼓和磁芯，外存储器采用磁带；软件方面，只能使用机器语言和汇编语言；计算机体积庞大、功耗大、可靠性差、价格昂贵；应用以科学计算为主。

2. 第二代，晶体管计算机(1958—1964)

这一阶段主要特点是：硬件方面采用晶体管为基本逻辑电路元件，主存储器主要采用磁芯，外存储器开始采用磁盘；软件有了很大的发展，出现了各种各样的高级语言及其编译程序，还出现了以批处理为主的操作系统；计算机的体积大大缩小，耗电减少，可靠性提高；应用以科学计算和各种事务处理为主，并开始用于工业控制。

3. 第三代，集成电路计算机(1964—1971)

这一阶段主要特点是：硬件方面，计算机主要逻辑部件采用中、小规模集成电路，主存储器开始采用半导体存储器；软件方面，对计算机程序设计语言进行了标准化工作，并提出了结构化程序设计思想；计算机的体积进一步减小，运算速度、运算精度、存储容量及可靠性等主要性能指标大为改善；计算机的应用领域和普及程度有了迅速发展。

4. 第四代，大规模及超大规模集成电路计算机(1971—)

这一阶段主要特点是：硬件方面，计算机逻辑部件由大规模和超大规模集成电路组成，主存储器采用半导体存储器，计算机外围设备多样化、系列化。在本阶段计算机发展过程中，最重要的体现是微处理器的体积不断减小，集成度不断提高，运算速度越来越快，计算机逐渐向微型机方向发展，并逐渐走向办公室、学校和普通家庭。

1.2.2 计算机的应用

计算机问世之初，主要用于数值计算。但随着计算机技术的发展，它的应用范围不断扩大，不再局限于数值计算，而广泛地应用于数据处理、自动控制、计算机辅助系统、多媒体应用、计算机网络、人工智能等领域。

1. 科学计算

科学计算又称数值计算，它是计算机最早的应用领域。科学计算是指计算机用于完成科学研究和工程技术中所提出的数学问题的计算。这类计算往往公式复杂，难度很大，因为一般计算工具或人力难以完成。例如，气象预报需要求解描述大气运动规律的微分方程，发射导弹需要计算导弹弹道曲线方程，这些都需要通过计算机高速而精确的计算才能完成。

2. 数据处理

数据处理是指在计算机上管理，加工各种数据资料，从而使人们获得更多有用信息的过程。例如企业管理、物资管理、报表统计、账目计算和信息情报检索等都是数据处理。

3. 自动控制

自动控制是指利用计算机对某一过程进行自动操作的行为。它不需要人工干预，能够按预定的目标和状态进行过程控制，如无人驾驶飞机、导弹和人造卫星等。

4. 计算机辅助系统

计算机辅助系统包括计算机辅助设计、计算机辅助制造和计算机辅助教学等。其中，计算机辅助设计(computer-aided design，CAD)是指利用计算机来帮助设计人员进行工程设计。计算机辅助制造(computer-aided manufacturing，CAM)是指利用计算机来进行生产设备的管理、控制和操作，它对提高产品质量、降低成本和缩短生产周期等发挥了积极的作用。计算机辅助教学(computer-assisted instruction，CAI)是指利用计算机来辅助学生学习，它将教学内容、教学方法以及学生学习情况存储在计算机内，使学生能够从 CAI 系统中学到所需要的知识。

5. 多媒体应用

多媒体(Multimedia)是文本、动画、图形、图像、音频和视频等各种媒体的组合物。近些年来，多媒体技术广泛应用于各行各业及家庭娱乐中。

6. 计算机网络

计算机网络是现代计算机技术与通信技术高度发展和密切结合的产物，它利用通信设备和线路将地理位置不同、功能独立的多个计算机系统互连起来，实现网络中资源共享和信息传递。例如，全世界最大的计算机网络 Internet(因特网)将整个地球变成了一个小小的村落，人们可以方便地在网上查询信息、下载资源、通信、学习、娱乐、办公、购物等。

7. 人工智能

人工智能(artificial intelligence，AI)是指让计算机模拟人类的某些智力行为。例如，可以用计算机模拟人脑的部分功能进行思维、学习、推理、联想和决策，使计算机具有一定的"思维能力"。

1.2.3　计算机的未来趋势

随着计算机应用的广泛和深入，人们对计算机本身提出了更高的要求。要提高计算机的工作速度和存储量，关键是实现更高的集成度，但随着集成的提高，它的弱点也日益显现出来。专家们认识到，尽管随着工艺的改进，集成电路的规模越来越大，但在单位面积上容纳的元件是有限的，并且散热、防漏电等因素制约着集成电路的规模。为此，世界各国研究人员正在加紧研究开发新一代计算机，从体系结构的变革到器件与技术革命都要产生一次质的飞跃，一些机构正在加紧研究新的计算机。

1. 能识别自然语言的计算机

未来的计算机将在模式识别、语言处理、句式分析和语义分析的综合处理能力上获得重大突破,它可以识别孤立单词、连续单词、连续语言和特定或非特定对象的自然语言。今后,人类将越来越多地同机器对话。人们将向个人计算机"口授"信件,同洗衣机"讨论"保护衣物的程序,或者用语言"制服"不听话的录音机。键盘和鼠标的时代将会渐渐结束。

2. 高速超导计算机

高速超导计算机的耗电仅为半导体器件计算机的几千分之一,它执行一条指令只需十亿分之一秒,比半导体元件快几十倍。以目前的技术制造出的超导计算机的集成电路芯片只有 $3\sim5\text{mm}^2$ 大小。

3. 激光计算机

激光计算机是利用激光作为载体进行信息处理的计算机,其运算速度将比普通的电子计算机至少快 1000 倍。它依靠激光束进入由反射镜和透镜组成的阵列中来对信息进行处理。光束在一般条件下互不干扰的特性,使得激光计算机能够在极小的空间内开辟很多平行的信息通道,密度大得惊人。一块截面等于 1 元硬币大小的棱镜,其通过能力超过全球现有全部电缆的许多倍。

4. 分子计算机

分子计算机指利用分子计算的能力进行信息处理的计算机。分子计算机的运行靠的是分子晶体可以吸收以电荷形式存在的信息,并以更有效的方式进行组织排列。IBM 公司于 2001 年 8 月 27 日宣布,他们的科学家已经制造出世界上最小的计算机逻辑电路,也就是一个由单分子碳组成的双晶体管元件。这一成果将使未来的电脑芯片变得更小、传输速度更快、耗电量更少。

5. 量子计算机

量子计算机(quantum computer)是一类遵循量子力学规律进行高速数学和逻辑运算、存储及处理量子信息的物理装置。当某个装置处理和计算的是量子信息,运行的是量子算法时,它就是量子计算机。2020 年 12 月 4 日,中国科学技术大学宣布该校潘建伟等人成功构建 76 个光子的量子计算原型机"九章",求解数学算法高斯玻色取样只需 200 秒。

6. DNA 计算机

科学家研究发现,脱氧核糖核酸(DNA)有一种特性,能够携带生物体的大量基因物质。数学家、生物学家、化学家及计算机专家从中得到启迪,正在合作研究制造未来的液体 DNA 计算机。它利用 DNA(脱氧核糖核酸)建立的一种完整的信息技术形式,以编码的 DNA 序列(通常意义上计算机内存)为运算对象,通过分子生物学的运算操作以解决复杂的数学难题。2011 年 10 月,英国用细菌研制出生物逻辑门。这是有史以来最先进的"生物电路"。这种生物逻辑门是模块化的,它们可以被安装在一起,从而为未来建立更复杂的生物处理器铺平了道路。

7. 神经元计算机

人类神经网络的强大与神奇是人所共知的。将来,人们将制造能够完成类似人脑功能的计算机系统,即人造神经元网络。神经元计算机最有前途的应用领域是国防:它可以识别物体和目标,处理复杂的雷达信号,决定要打击的目标。神经元计算机的联想式信息存储、对学习的自然适应性、数据处理中的平行重复现象等性能都将异常有效。

8. 生物计算机

生物计算机也称仿生计算机,主要原材料是生物工程技术产生的蛋白质分子,并以此作为生物芯片来替代半导体硅片,利用有机化合物存储数据。由蛋白质构成的集成电路,其大小只相当于硅片集成电路的十万分之一。而且运行速度更快,只有 10^{-11} 秒,大大超过人脑的思维速度。另外,生物计算机具有生物体的一些特点,如能发挥生物本身的调节机能,自动修复芯片上发生的故障,还能模仿人脑的机制等。

1.3 数制及其转换

根据冯·诺依曼体系思想,计算机中所有信息的表示、识别、存储、处理和传送均采用二进制数,所以各种数据信息都必须经过二进制数字化编码后,才能在计算机中进行处理。而在日常生活及数学中人们习惯使用十进制数。在人和计算机交换信息时,既要按便于计算机实现的方法来进行,但也要考虑人的自然习惯,这就需要在各种数制之间进行相互转换。为了书写和阅读的方便,人们还引入了八进制数和十六进制数。

1.3.1 计算机中数制

数制也叫"进位计数制",一般用一组固定的数字符号线性排列,按照由低位向高位进位计数的规则来表示数目。在人们的社会生产活动和日常生活中,大量使用着各种进位计数制,除了使用最普遍的十进制外,还常用到七进制(7 天为 1 周)、十二进制(12 个月为 1 年)、六十进制(60 秒为 1 分,60 分为 1 小时),等等。在数字计算机中数据在存储、处理和传送时采用二进制数,为了书写方便,还引入了八进制、十六进制和十进制等。

进位计数制涉及三个基本要素:数码、基数和各个数位的位权。如果在一个采用进位计数制的数字系统中只使用了 R 个基本符号($0,1,2,\cdots,R-1$)来表示数值,则称其为 R 进制数制,R 称为该数制的基数,其使用的 R 个基本符号($0,1,2,\cdots,R-1$)称为数码,而每一个数码所在位置对应的数值则称为位权。位权大小就是以基数为底,数码所在位置的序号为指数的整数次幂。

一般来说,任意一个具有 n 位整数和 m 位小数的 R 进制数 N 可写为:

$(N)_R = (d_{n-1}、d_{n-2}、\cdots、d_1、d_0、d_{-1}、\cdots、d_{-m})_R$。

R 进制数 N 可以表示按位权展开式:

$$(N)_R = (d_{n-1}、d_{n-2}、\cdots、d_1、d_0、d_{-1}、\cdots、d_{-m})_R$$
$$= d_{n-1} \times R^{n-1} + d_{n-2} \times R^{n-2} + \cdots + d_1 \times R^1 + d_0 \times R^0 + d_{-1} \times R^{-1} + \cdots + d_{-m} \times R^{-m}$$

【例 1-1】 将十进制数 234.56 按位权展开。

【解】 $(234.56)_{10} = 2 \times 10^2 + 3 \times 10^1 + 4 \times 10^0 + 5 \times 10^{-1} + 6 \times 10^{-2}$

计算机中的数是采用二进制表示的。为了书写和读取方便,有时还用到八进制和十六进制。

1. 二进制

二进制数的基数为2,使用数码0和1,进位规则是"逢二进一",借位规则是"借一当二"。例如:二进制数$(10001100)_2$。

2. 八进制

八进制数的基数为8,逢八进一,每个数位上允许使用的数码为0、1、2、3、4、5、6、7。例如:上面的二进制$(10001100)_2$,对应的八进制数为$(214)_8$。

3. 十六进制

十六进制数的基数为16,逢十六进一,每个数位上允许使用的数码为16个,用数字0到9和字母A到F表示,其中:A~F表示10~15。例如:上面的二进制数$(10001100)_2$,对应的十六进制数为$(8C)_{16}$。

1.3.2 不同数制间的数值转换

1. 二、八、十六进制数转换为十进制数

把非十进制数转换为十进制数的方法比较简单,都采用"按权展开求和"方法,具体转换方法为:把要转换的数按位权展开,然后进行相加求和计算。

【例1-2】 把$(10101.101)_2$、$(2345.6)_8$和$(2EF.8)_{16}$转换成十进制数。

【解】

$$(10101.101)_2 = 1 \times 2^4 + 0 \times 2^3 + 1 \times 2^2 + 0 \times 2^1 + 1 \times 2^0 + 1 \times 2^{-1} + 0 \times 2^{-2} + 1 \times 2^{-3}$$
$$= 16 + 4 + 1 + 0.5 + 0.125$$
$$= 21.625$$

$$(2345.6)_8 = 2 \times 8^3 + 3 \times 8^2 + 4 \times 8^1 + 5 \times 8^0 + 6 \times 8^{-1}$$
$$= 1024 + 192 + 32 + 5 + 0.75$$
$$= 1253.75$$

$$(2EF.8)_{16} = 2 \times 16^2 + 14 \times 16^1 + 15 \times 16^0 + 8 \times 16^{-1} = 751.5$$
$$= 512 + 224 + 15 + 0.5$$
$$= 751.5$$

2. 十进制数转换为二、八、十六进制数

将十进制数转换为非十进制数,需要分为整数部分和小数部别转换,然后再连接为一个数。转换分两步:整数部分采用"除基取余"法,小数部分采用"乘基取整"法。下面以十进制转二进制为例,其他进制的转换方法相同。

整数部分:"除2取余法",将十进制整数逐次除以2,直到商0,并按从后向前的次序,依次记下每次除得的余数,即为转换后的二进制数。

小数部分:"乘2取整法",将十进制数的小数部分连续乘以2,直到积的小数部分为0或达到有效精度为止,并按从前向后的次序,依次记下每次乘得的整数部分,即为转换后的二进制数。

【例1-3】 把61.625转换为二进制数。

【解】

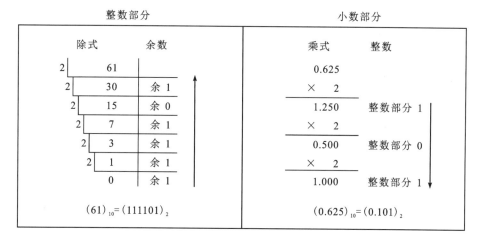

结果:$(61.625)_{10} = (111101.101)_2$

【例1-4】　把13.7转换为二进制数。

【解】

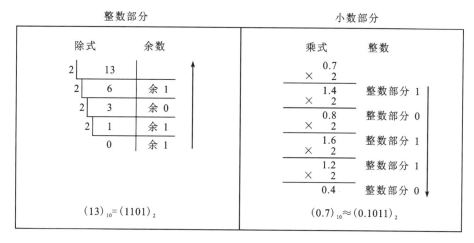

结果:$(13.7)_{10} \approx (1101.1011)_2$

3. 二进制数转换为八进制、十六进制数

由$8 = 2^3$、$16 = 2^4$,有1位八进制数对应3位二进制数,1位十六进制数对应4位二进制数。

二进制数转换为八进制、十六进制数时,三/四位一组,取三/四合一。即以小数点为中心分别向两边按3位或4位分组,最后一组不足3位或4位时,用0补足,然后,把每一组二进制数用一位相对应的八进制数或十六进制数替换即可。

二进制、八进制、十六进制和十进制之间的对应关系如表1-1所示。

表 1-1 十进制、二进制、八进制、十六进制对照表

十进制	二进制	八进制	十六进制	十进制	二进制	八进制	十六进制
0	0000	0	0	8	1000	10	8
1	0001	1	1	9	1001	11	9
2	0010	2	2	10	1010	12	A
3	0011	3	3	11	1011	13	B
4	0100	4	4	12	1100	14	C
5	0101	5	5	13	1101	15	D
6	0110	6	6	14	1110	16	E
7	0111	7	7	15	1111	17	F

【例 1-5】 把 $(100011101)_2$ 转换为八进制数和十六进制数

【解】 $(001\quad 101\quad 110.001\quad 010\quad 100)_2$

$\quad\quad\quad\quad 1\quad\quad 5\quad\quad 6\quad\quad 1\quad\quad 2\quad\quad 4$

即 $(100011101)_2=(156.124)_8$

$\quad\quad (0110\quad 1110.0010\quad 1010)_2$

$\quad\quad\quad\quad 6\quad\quad E\quad\quad 2\quad\quad A$

即 $(100011101)_2=(6E.2A)_{16}$

4. 八进制、十六进制数转换为二进制数

八进制、十六进制数转换为二进制数是二进制数向八进制、十六进制数转换的逆过程。具体方法为:按位转换,连续书写,即将每位数码对应变成 3 位或 4 位二进制数码并按原顺序连续书写。

【例 1-6】 把 $(1357.246)_8$ 和 $(147.9B)_{16}$ 转换为二进制数。

【解】

$\quad\quad (1\quad\quad 3\quad\quad 5\quad\quad 7\quad.\quad 2\quad\quad 4\quad\quad 6)_8$

$\quad\quad 001\quad 011\quad 101\quad 111\quad.\quad 010\quad 100\quad 110$

即 $\quad (1357.246)_8=(1011101111.01010011)_2$

$\quad\quad (1\quad\quad 4\quad\quad 7\quad.\quad 9\quad\quad B\ )_{16}$

$\quad\quad 0001\quad 0100\quad 0111\quad.\quad 1001\quad 1011$

即 $\quad (147.9BD)_{16}=(101000111.10011011)_2$

1.4 数据在计算机中的表示

计算机最基本的功能是进行数据的计算和处理,这里的数据包括数值、文字、图形、图像、声音、视频等数据形式。将各种不同类型的数据信息转换为二进制代码的过程称为信息编码。

1.4.1 数值数据的表示方法

由于计算机采用二进制,所以在计算机内一切数据都要由 0 和 1 两个数码的组合,即二

进制数字化编码来表示。

在计算机中处理的数据分为数值型数据和非数值型数据两类。数值型数据指数学中的代数值,分为无符号数、带符号数、整数和实数,如 127、-123.45 等。那么数值数据中的正号、负号、小数点在计算机中如何表示呢?

1. 机器数与真值

对于用来表示年龄、成绩等的数据,由于不可能为负数,因此不涉及符号问题,称为无符号数。在计算机中用一个数的全部有效位来表示数的大小。

在计算机中,对带符号数的正号和负号,也必须用"0"和"1"进行编码。通常把一个数的最高位定义为符号位,用 0 表示正号,用 1 表示负号,该位称为数符。其余位表示数值。把在机器(计算机)内存放的正、负号数码化的数称为机器数,而把机器外部由"+""-"号表示的数称为真值。真值在数据处理中一般用带符号的二进制形式表示。例如,真值为 +0000111,8 位机器数为 00000111;真值为 -0000111,8 位机器数为 10000111。

2. 原码、反码与补码

带符号数的数值和符号都用二进制数码来表示,那么计算机对数据进行运算时,应如何处理符号位呢?是否也同数值位一起参加运算呢?为了妥善地处理好这个问题,就产生了把符号位和数值位一起进行编码的各种方法。

(1)原码。原码是计算机机器数中最简单的一种形式,数值位就是真值的绝对值,符号位为"0"时表示正数,符号位为"1"时表示负数,原码又称带符号的绝对值,用 $[X]_原$ 表示。例如:以 8 位机器数为例:

X1 = +77 = +$(1001101)_2$,则 $[X1]_原$ = 01001101

X2 = -77 = -$(1001101)_2$,则 $[X1]_原$ = 11001101

原码的特点如下。

① 用原码表示数简单、直观,与真值之间转换方便。

② 0 的表示不唯一:$[+0]_原$ = 00000000,$[-0]_原$ = 10000000。

③ 加、减法运算复杂。不能用原码直接对两个同号数相减或两个异号数相加,而必须首先判断数的正负,再决定使用加法还是减法,才能进行具体的计算。因而使机器的结构相应地复杂化或增加机器的运算时间。例如,将十进制数"+36"与"-45"的两个原码直接相加(用 8 位二进制数表示):

$[+36]_原$ + $[-45]_原$ = 00100100 + 10101101 = 11010001

其结果符号位为"1"表示是负数;数值部分为"1010001",是十进制"81",所以计算结果为"-81",这显然是错误的。

因此,为运算方便,在计算机中通常将减法运算转换为加法运算,由此引伸出补码概念。

(2)反码。反码通常是用来由原码求补码或者由补码求原码的过渡码。反码表示法规定:正数的反码与其原码相同;负数的反码符号位为"1",数值位为其原码数值位按位取反。与原码相同的是,数值 0 的反码也有两种不同的形式。

(3)补码。补码是计算机把减法运算转化为加法运算的关键编码,数的补码与模有关。模是指一个计数系统的计数量程或一个计量器的容量。任何有模的计量器,均可化减法为加法运算。例如,时钟的模为 12,若准确时间为 6 点,而当前时钟却指向 10 点,这时可以使用两种方法来调整时钟时间:一是倒拨时针 4 小时,即 10－4＝6;二是正拨时针 8 小时,即 10＋8－12＝6,仍为 6 点。可见,在以 12 为模的系统中,减 4 和加 8 的效果是一样的。因此,可以说－4 的补码为＋8,或者说－4 和＋8 对模 12 来说互为补码。

　　具体在求补码时按以下规定:正数的补码与其原码相同;负数的补码是在其反码的末位加 1。根据补码定义可知,补码中数"0"的表示形式各只有 1 种,"＋0"和"－0"一样。表 1－2 给出 8 位有符号二进制数的真值、原码、反码和补码对照表。

表 1－2　8 位符号整数的原码、反码和补码

真值	原码	反码	补码
＋127	01111111	01111111	01111111
＋126	01111110	01111110	01111110
……	……	……	……
＋2	00000010	00000010	00000010
＋1	00000001	00000001	00000001
＋0	00000000	00000000	00000000
－0	10000000	11111111	无
－1	10000001	11111110	11111111
－2	10000010	11111101	11111110
……	……	……	……
－126	11111110	10000001	10000010
－127	11111111	10000000	10000001
－128	无	无	10000000

　　【例 1－7】 写出十进制数－127 的 8 位补码机器数。

　　【解】 将数的绝对值转换成二进制数:$(127)10＝1111111B$

　　写出原码:11111111(符号位为 1 表示负数,数值位为真值绝对值的二进制数)

　　写出反码:10000000(符号位为不变,数值位为其原码数值位按位取反)

　　写出补码:10000001(在其反码的末位加 1)。

　　所以,十进制数－127 的 8 位补码机器数为:10000001。

　　由补码的运算规则可知,数的原码与补码互为补数,故已知补码求原码的算法与补码算法相同,即符号位不变,数值位取反加 1。

　　【例 1－8】 已知$[X]_补＝D9H$,求 X 的真值。

　　【解】 $[X]_补＝D9H＝11011001B$

　　　　$X＝－(0100110＋1)B＝－0100111B＝－39$

　　【例 1－9】 使用补码运算实现十进制的"36－45"。

　　【解】 (1)根据真值求补码

　　　　设 $X＝36＝100100B,Y＝－45＝－101101B$

　　　　则 X 的原、反、补码为:$[X]_原＝[X]_反＝[X]_补＝00100100$

则 Y 的原、反、补码为：$[Y]_原 = 10101101$，$[Y]_反 = 11010010$，$[Y]_补 = 11010011$

（2）补码运算

$[X]_补 + [Y]_补 = 00100100 + 11010011 = 11110111B$

（3）由补码求真值

$X + Y = [[X]_补 + [Y]_补]_补 = 10001001B = -9$

在计算机中引入补码的意义：

①解决了符号的表示问题；

②可以将减法运算转化为补码的加法运算来实现，克服了原码加减法运算繁杂的弊端，可有效简化运算器的设计；

③在计算机中，利用电子器件的特点实现补码和真值、原码之间的相互转换，非常容易；

④补码表示统一了符号位和数值位，使得符号位可以和数值位一起直接参与运算，这也为计算机运算器硬件的设计提供了极大的方便。

1.4.2　字符数据编码表示

计算机是以二进制方式组织、存放信息的，所以现实世界中的各种数据信息如果要在计算机中进行运算和处理，都必须用二进制数码 0 和 1 的不同组合，即二进制编码来表示。

1. 英文字符编码

计算机不仅能进行数值型数据的处理，而且还能进行非数值型数据的处理。最常见的非数值型数据是字符数据。字符数据在计算机中也是用二进制数表示的，每个字符对应一个二进制数，称为二进制编码。

字符的编码在不同的计算机上应是一致的，这样便于交换与交流。目前计算机中普遍采用的是 ASCII（american standard code for information interchange）码，即美国信息交换标准码。ASCII 码由美国国家标准局制定，后被国际标准化组织（ISO）采纳，作为一种国际通用信息交换的标准代码。

ASCII 码用 7 位二进制数来表示数字、英文字母、常用符号（如运算符、括号、标点符号、标识符等）及一些控制符等等。7 位二进制数一共可以表示 128 个字符：10 个阿拉伯数字 0～9（ASCII 码为 48～57）、52 个大小写英文字母（A～Z 的 ASCAII 码为 65～90，a～z 的 AS-CAII 码为 97～122）、32 个标点符号和运算符，以及 34 个控制符。这些字符大致满足了各种编程语言、西文文字、常见控制命令等的需要。

2. 中文信息编码

与英文字符不同，汉字数量大，因此中文信息的编码问题远比英文信息编码复杂。英文是字符文字，基本符号比较少，编码比较容易，而且在计算机系统中，英文字符的输入、存储、处理和输出都可以使用同一套代码。而在中文信息处理系统中，汉字通过输入码输入，然后转换成信息交换码，再转换成内码在计算机中存储和处理。计算机显示或打印汉字时，把每个汉字看成一个图形，这个图形用点阵信息来描述，所有汉字的点阵信息按照机内码的顺序存储起来，叫汉字库。显示或打印汉字时，根据机内码找到相应的点阵信息，再作为图形显示或打印。

汉字机内码通常占两个字节,第一个字节的最高位是 1,这样不会与存储 ASCII 码的字节混淆。常用汉字编码标准有 GB2312—80、BIG－5、GBK。

(1)GB2312—80。GB2312—80 指《信息交换用汉字编码字符集》,由国家标准总局于 1980 年发布,1981 年 5 月 1 日实施。GB 2312—80 习惯上被称为国标码,它是简化汉字的一种编码形式。

GB2312—80 包括了图形符号(序号、汉字制表符、日文和俄文字母等 682 个)和常用汉字(6763 个,其中一级汉字 3755 个,二级汉字 3008 个)。

根据国标码,每个汉字与一个区号和位号对应,反过来,给定一个区号和位号,就可确定一个汉字或汉字符号。例如,"渭"在 46 区 28 位,"师"在 42 区 06 位。

(2)BIG－5。BIG－5 码是通行于我国台湾地区、香港特别行政区等地区的一个繁体字编码方案,俗称"大五码"。BIG－5 码被广泛地应用于计算机业。

(3)GBK。GBK 全称《汉字内码扩展规范》(GBK 即"国标""扩展"汉语拼音的第一个字母,英文名称:Chinese internal code specification),由中华人民共和国全国信息技术标准化技术委员会 1995 年 12 月 1 日制订。

GBK 是对 GB2312—80 的扩充并且与 GB2312—80 兼容,GBK 共收入 21886 个汉字和图形符号,其中汉字(包括部首和构件)21003 个,图形符号 883 个。微软公司自 Windows 95 简体中文版开始采用 GBK 编码。

3. 国际化与统一码

Unicode(统一码)是计算机科学领域里的一项业界标准,包括字符集、编码方案等。Unicode 是为了解决传统的字符编码方案的局限性而产生的,它为每种语言中的每个字符设定了统一并且唯一的二进制编码,以满足跨语言、跨平台进行文本转换、处理的要求。Unicode 编码方案于 1990 年开始研发,1994 年正式公布。Unicode 编码共有三种具体实现,分别为 utf－8,utf－16,utf－32,其中 utf－8 占用一到四个字节,utf－16 占用二或四个字节,utf－32 占用四个字节。目前 Unicode 码在全球范围的信息交换领域均有广泛的应用。

1.4.3 媒体数据编码表示

随着计算机技术与应用领域的不断扩展,计算机可处理的信息范围除了早期的数字、文本外,更多的是由声音、动画、图形、图像以及视频等多种媒体信息构成的。这些信息在处理之前,必须经过数字化处理,而且多媒体信息数字化后的数据量是非常大的,还须进行相应的数据压缩处理,否则计算机系统就无法对它进行有效的存储、处理和交换。

1. 音频数字化编码存储

音乐、声音是由振动产生的波通过媒介传播到人耳的结果,是一种模拟信号,而计算机中是用二进制存储数据的,是一种数字化数据。要想让计算机能处理音乐,就必须将自然界里的模拟信号转化为计算机里的数字化数据。这样,就能在计算机上储存音乐,等待用户需要播放的时候,再将数字化数据转化为模拟信号。

要实现这些功能,就必须借助于传感器,通过它们对获得的电流、电压等模拟信号进行采样和量化,变为数字形式的数字信号。声音的数字化需要经历采样、量化和编码三个阶段。

(1)采样。采样是使时间上连续的模拟信号在时间轴上离散化的过程。这里有采样频率和采样周期两个相关概念,采样周期即相邻两个采样点的时间间隔,采样频率是采样周期的倒数,理论上来说采样频率越高,声音的还原度就越高,声音就越真实。

(2)量化。量化的主要工作就是将幅度上连续取值的每一个样本转换为离散值表示。其量化过后的样本是用二进制表示的,此时可以理解为已经完成了模拟信号到二进制的转换。量化中有个概念叫量化精度,指的是每个样本占的二进制位数,反映了度量声音波形幅度的精度。精度越大,声音的质量就越好,当然需要的储存空间也就越大。

(3)编码。编码是整个声音数字化的最后一步,其实声音模拟信号经过采样,量化之后已经变为了数字形式,但是为了方便计算机的储存和处理,我们需要对它进行编码,以减少数据量。

(4)数字音频的技术指标。通过采样频率和量化精度,可以计算声音的数据传输率,有了数据传输率我们就可以计算声音信号的数据量:

数据传输率(b/s)＝采样频率×精度×声道数

数据量(byte)＝数据传输率×持续时间/8

【例 1－10】 CD 唱片上所存储的立体声高保真音乐的采样频率为 44.1kHz,量化精度为 16 位,双声道,计算存储一小时时长音乐的数据量。

【解】 根据公式有:

一小时音乐的数据量＝采样频率×精度×声道数×持续时间/8

$$＝44.1kHz×16bit×2×3600s/8＝6350400B≈605.6MB$$

由计算可知,未经压缩处理的原始编码数据非常大,所以,在音频数据编码的时候常常使用压缩的方式来减少储存空调提高传输效率。

2. 图像数据编码存储

图像数字化是将连续色调的模拟图像经采样量化后转换成数字影像的过程,是进行数字图像处理的前提。要在计算机中处理图像,必须先把真实的图像(照片、画报、图书、图纸等)通过数字化转变成计算机能够接受的显示和存储格式,然后再用计算机进行分析处理。图像的数字化过程主要分采样、量化与编码三个步骤。

采样的实质就是要用多少点来描述一幅图像,一幅图像就被采样成有限个像素点构成的集合。采样结果质量的高低使用图像分辨率来衡量。例如:一幅 640×480 分辨率的图像,表示这幅图像是由 640×480＝307200 个像素点组成。

量化是指要使用多大范围的数值来表示图像采样之后的每一个点。为表示量化的色彩值所需的二进制位数称为量化字长或颜色深度,它决定了图像能够容纳的颜色总数。一般可用 8 位、16 位、24 位或更高的量化字长来表示图像的颜色,量化字长越大,则越能真实地反映原有的图像的颜色,但得到的数字图像的容量也越大。

【例 1－11】 小明在网吧制作一段 10 分钟的高清视频(未压缩),想用 U 盘把它拷贝回家,已知视频分辨率为 1280×720,真彩色(24 位),每秒 30 帧,请问小明的 U 盘至少需要多少可存储空间。

【解】 根据图像存储容量公式:

存储量＝水平像素×垂直像素×每个像素所需位数/8(字节)

故视频中的一幅图像数据量＝水平像素×垂直像素×每个像素所需位数/8(字节)

$$=1280×720×24/8=2764800B$$

如果视频每秒 30 帧,则存储此视频需要的数据量为

$$=每幅图像数据量×30 帧/秒×时长(秒)$$

$$=2764800B×30 帧/秒×600 秒$$

$$=49766400000B$$

$$≈46.3GB$$

可见,数字化后得到的图像、视频数据量十分巨大,所以在计算机中进行图像、视频的处理时,必须采用编码技术来压缩其信息量。在一定意义上讲,编码压缩技术是实现图像、视频传输与储存的关键。

3. 媒体数据的压缩

数据压缩编码就是以最少的数码表示信源所发出的信号,也就是将庞大数据中的冗余信息去掉,保留相互独立的信息分量。数据压缩包括信源的有损压缩和无损压缩,有损压缩是指经过压缩后经解码再还原的信号与原信号不能严格一致;无损压缩是指压缩后经解码还原的信号与原信号严格一致。

目前,国际广泛认可和应用的通用数据压缩编码标准主要有:H. 261、JPEG、MPEG 和 DVI。

4. 信息的存储单位

在计算机内部,信息都是采用二进制的形式进行存储、运算、处理和传输的。常用的信息存储、处理的单位有位、字节、字及常见各种存储设备的容量单位如 KB、MB、GB 和 TB,等等。

位(bit):二进制数中的一个数位,可以是 0 或者 1,是计算机中表示和处理数据的最小单位。

字节(Byte,B):计算机中数据的基本单位,每 8 位组成一个字节。字节是计算机中各种信息存储的基本单位。例如,一个 ASCII 码用一个字节表示,一个汉字编码用两个字节表示。

字(Word):计算机进行数据处理时,一次存取、加工和传送的数据,称为一个字,其可表示的二进制的位数称为字长。字是计算机进行信息交换、处理的基本单元。一个字的长度通常可能是 8、16、32、64 个二进制位。

存储容量主要指存储器所能存储信息的字节数,是衡量计算机存储能力常用的一个名词。常用的容量单位及之间的关系如下:

1B(Byte,字节,一般简写为 B)＝8b(bit,位,一般简写为 b);

1KB(KiloByte,千字节)＝1024B;

1MB(MegaByte,兆字节,简称"兆")＝1024KB;

1GB(GigaByte,吉字节,又称"千兆")＝1024MB;

1TB(TrillionByte,万亿字节,又称"太"字节)＝1024GB;

1PB(PetaByte,千万亿字节,又称"拍"字节)＝1024TB;

【例 1 - 12】 把 1962934272 bit 转换为 B、KB、MB 的表示形式

【解】　$1962934272 \text{ bit} = (1962934272 \div 8)\text{B} = 245366784\text{B}$
$$= (245366784 \div 2^{10})\text{KB} = 239616\text{KB}$$
$$= (239616 \div 2^{10})\text{MB} = 234\text{MB}$$

1.5 信息素养与道德法规

信息化对人类社会产生了全方位的重大而又深刻的影响,也给我国主流道德建设提出了许多新问题、新挑战。信息社会中的公民,既要掌握一定的信息技术,还要具备较高的信息素养。

1.5.1　信息素养

信息素养是一个内容丰富的概念。信息素养是学生根据社会信息环境和信息发展的要求,在接受学校教育和自我提高的过程中形成的对信息活动的态度,以及利用信息和信息手段去解决问题的能力。它既应该包括学生对信息基本知识的了解,对信息工具使用方法的掌握以及在未来的工作所具备的信息知识的学习能力,还应该包括对信息道德伦理的了解与遵守。具体来说它主要包括四个方面:

1. 信息意识

信息意识,即人的信息敏感程度,是人们对自然界和社会的各种现象、行为、理论观点等,从信息角度的理解、感受和评价。通俗地讲,面对不懂的东西,能积极主动地去寻找答案,并知道到哪里、用什么方法去寻求答案,这就是信息意识。信息时代处处蕴藏着各种信息,能否很好地利用现有信息资料,是人们信息意识强不强的重要体现。使用信息技术解决工作和生活问题的意识,这是信息技术教育中最重要的一点。

2. 信息知识

信息知识,既是信息科学技术的理论基础,又是学习信息技术的基本要求。通过掌握信息技术的知识,才能更好地理解与应用它。它不仅体现着学生所具有的信息知识的丰富程度,而且还制约着他们对信息知识的进一步掌握。

3. 信息能力

信息能力,包括信息系统的基本操作能力,信息的采集、传输、加工处理和应用的能力,以及对信息系统与信息进行评价的能力等。身处信息时代,如果只是具有强烈的信息意识和丰富的信息知识,而不具备较高的信息能力,还是无法有效地利用各种信息工具去搜集、获取、传递、加工、处理有价值的信息,不能提高学习效率和质量。信息能力是信息素质诸要素中的核心,也是信息时代重要的生存能力,学生必须具备较强的信息能力,不然难以在信息社会中生存和发展下去。

4. 信息道德

要具有正确的信息伦理道德修养,要学会对媒体信息进行判断和选择,自觉地选择对学习、生活有用的内容,抵制不健康的内容,不组织和参与非法活动,不利用计算机网络从事危害他人信息系统和网络安全、侵犯他人合法权益的活动。

信息素养的四个要素共同构成一个不可分割的统一整体。信息意识是先导,信息知识是基础,信息能力是核心,信息道德是保证。

1.5.2 信息道德与法规

信息时代,人们感受到了信息技术给生活、学习、工作带来的便利。但是在促进人类全面发展和社会进步的同时,各类病毒、木马、谣言、诈骗等有害信息也给人们带来了危害以及恐慌。为了更好地利用计算机网络,我们必须对网络社会中的违法失德行为进行约束。

对此,各国的情况有所不同,比较著名的是美国计算机伦理协会制定的"计算机伦理十戒":

(1)你不应当用计算机去伤害别人;

(2)你不应当干扰别人的计算机工作;

(3)你不应当偷窥别人的文件;

(4)你不应当用计算机进行偷盗;

(5)你不应当用计算机作伪证;

(6)你不应当使用或拷贝没有付过钱的软件;

(7)你不应当未经许可而使用别人的计算机资源;

(8)你不应当盗用别人的智力成果;

(9)你应当考虑你所编制的程序的社会后果;

(10)你应当用深思熟虑和审慎的态度来使用计算机。

我国早在 2001 年就制定了《全国青少年网络文明公约》:要善于网上学习,不浏览不良信息。要诚实友好交流,不侮辱欺诈他人。要增强自护意识,不随意约会网友。要维护网络安全,不破坏网络秩序。要有益身心健康,不沉溺虚拟时空。

另外,为了运用刑罚手段对计算机入侵、制作和传播计算机病毒等破坏性程序以及破坏计算机信息系统和程序、数据等危害网络安全的行为予以处罚,确保信息的安全。自 1994 年国务院颁布《中华人民共和国计算机信息系统安全保护条例》起,国家先后颁布了一系列有关计算机及国际互联网络的法规、部门规章或条例。

2017 年 6 月 1 日,《中华人民共和国网络安全法》正式实施,作为我国第一部全面规范网络空间安全管理方面问题的基础性法律,《网络安全法》是我国网络空间法治建设的重要里程碑,是依法治网、化解网络风险的法律重器,是让互联网在法治轨道上健康运行的重要保障。

"网络自由的边界是法律,网络空间的任何活动,都要受制于法律的约束。"各国政府都已经充分认识到互联网对社会的巨大影响,依法管理互联网已经成为国际通行做法,正得到越来越多人的支持。希望大家在虚拟的网络世界中享受信息技术成果的同时,加强网络道德和法治意识的培养,坚持文明上网,自觉遵守网络生活中的道德规范,做到以下四点:正确使用网络工具、健康进行网络交往、自觉避免沉迷网络、养成网络自律精神。

第 2 章　计算机系统

一个完整的计算机系统应包括硬件系统和软件系统两大部分。硬件系统是指组成计算机的各种物理设备,由机械、光、电、磁器件构成的具有计算、控制、存储、输入和输出功能的实体部件。软件指程序以及开发、使用和维护程序所需要的所有文档与数据,是用户与硬件之间的接口界面。软件相当于计算机的灵魂,两者相辅相成,协调工作,共同构成了一个完整的计算机系统。

学习目标
- 了解计算机系统的组成。
- 熟悉计算机系统的工作原理。
- 掌握计算机硬件的功能和特点。

2.1　计算机系统组成

2.1.1　计算机系统

计算机系统的软、硬件系统是相辅相成的,共同完成任务处理。计算机如果没有软件支持,就无法实现任何处理任务的。反之,若没有硬件设备的支持,软件也就失去其发挥作用的物质基础。计算机系统的组成如图 2-1 所示。

2.1.2　计算机工作原理

1946 年 6 月,冯·诺依曼提出了计算机的硬件结构主要由运算器、控制器、存储器、输入设备和输出设备五大部件组成。从第一台计算机诞生到今天,计算机的工作原理都是建立在冯·诺依曼提出的"存储程序和程序控制"理论基础上的。

冯·诺依曼理论的核心内容是:

(1)计算机由运算器、控制器、存储器、输入设备和输出设备五大部件组成。

(2)计算机内部采用二进制表示数据和存储指令。

(3)定义了五大部件的基本功能。通过输入设备将编写好的程序和原始数据输入计算机,存储在内存储器中。控制器从存储器中取出程序指令,对指令进行分析。由运算器进行

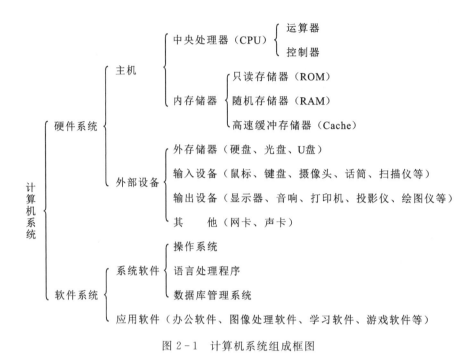

图 2-1 计算机系统组成框图

算术运算和逻辑运算,将结果存入内存储器,通过输出设备将结果转换成人们能够识别的内容,如图 2-2 所示。

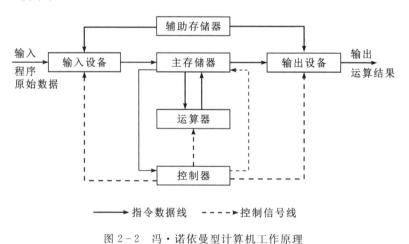

图 2-2 冯·诺依曼型计算机工作原理

2.2 计算机硬件系统

在冯·诺依曼体系结构中,通常将存储器分为内部存储器和外部存储器,运算器和控制器一起构成了中央处理器(central processing unit,CPU)。中央处理器和存储器合起来统称为计算机主机,而把各种输入和输出设备统称为计算机外部设备。

2.2.1 主板

主板，又叫主机板、系统板或母板；它分为商用主板和工业主板两种。它安装在机箱内，是微机最基本的也是最重要的部件之一。主板一般为矩形电路板，上面安装了组成计算机的主要电路系统，一般有 BIOS 芯片、I/O 控制芯片、键盘和面板控制开关接口、指示灯插接件、扩充插槽、主板及插卡的直流电源供电接插件等元件，如图 2-3 所示。

图 2-3 主板

主板在整个微机系统中扮演着举足轻重的角色，是整个计算机硬件系统中最重要的部件之一，它不但是整个计算机系统平台的载体，也是系统中各种信息交流的中心。可以说，主板的类型和档次决定着整个微机系统的类型和档次，主板的性能影响着整个微机系统的性能。主要的主板生产厂商都集中在我国的台湾地区，著名的主板品牌有华硕、微星等。

2.2.2 中央处理器(CPU)

中央处理器，是一块超大规模的集成电路，由于制造技术越来越先进，其集成度也越来越高，内部的晶体管数已经达到数十亿支。

CPU 由运算器和控制器组成，如图 2-4 所示。在计算机体系结构中，CPU 是对计算机的所有硬件资源(如存储器、输入输出单元)进行控制调配、执行通用运算的核心硬件单元，其重要性好比大脑之于人。

图 2-4 中央处理器(CPU)

1. 运算器(arithmetic unit)

运算器是数据处理的核心部件,是计算机中对信息进行加工、运算的部件,它的速度决定了计算机的运算速度。运算器的功能是对二进制编码进行算术运算(加、减、乘、除)和逻辑运算(与、或、非、比较、移位)。

2. 控制器(control unit)

控制器是计算机的神经中枢和指挥中心。其功能是控制计算机各部分按照程序指令的要求协调工作,自动地执行程序。它的工作是按程序计数器的要求,从内存中取出一条指令并进行分析,根据指令的内容要求,向有关部件发出控制命令,控制各部件执行指令中规定的任务。

CPU 的两个重要指标是字长和主频。

字长是计算机一次同时能处理的数据的二进制位数。字长越长,计算精度越高,运算速度也越快。

主频就是 CPU 内核工作时的时钟频率,通常所说的某某 CPU 是多少兆赫的,而这个多少兆赫就是"CPU 的主频"。主频反映了计算机的工作速度,主频越高,计算机的速度也越快。例如,目前市面上的大多数产品是 64 位的,主频一般在 1.4GHz～3.2GHz。

"龙芯"系列芯片是由中国科学院计算所设计研制的,具有自主知识产权,产品现包括龙芯 1 号小 CPU、龙芯 2 号中 CPU 和龙芯 3 号大 CPU 三个系列。

龙芯 1 号系列 32/64 位处理器专为嵌入式领域设计,主要应用于云终端、工业控制、数据采集、手持终端、网络安全、消费电子等领域,具有低功耗、高集成度及高性价比等特点。2015 年,新一代北斗导航卫星搭载着我国自主研制的龙芯 1E 和 1F 芯片,这两颗芯片主要用于完成星间链路的数据处理任务。

龙芯 2 号系列是面向桌面和高端嵌入式应用的 64 位高性能低功耗处理器。可用于个人计算机、行业终端、工业控制、数据采集、网络安全等领域。2018 年,龙芯推出龙芯 2K1000 处理器,它主要是面向网络安全领域及移动智能领域的双核处理芯片,主频可达 1 GHz,可满足工业物联网快速发展、自主可控工业安全体系的需求。

龙芯 3 号系列是面向高性能计算机、服务器和高端桌面应用的多核处理器,具有高带宽、高性能、低功耗的特征。龙芯 3A3000/383000 处理器采用自主微结构设计,主频可达到 1.5GHz 以上;2019 年设计的龙芯 3A4000 为龙芯第三代产品的首款四核芯片,该芯片基于 28 nm 工艺,采用新研发的 GS464V 64 位高性能处理器核架构,并实现 256 位向量指令,同时优化片内互连和访存通路,集成 64 位 DDR3/4 内存控制器,集成片内安全机制、主频和性能将再次得到大幅提升。

2.2.3 存储器

存储器用来保存各种信息,如程序(指令)、数据及运算结果等。存储器分为内存储器(主存)和外存储器(辅存)两类。内存储器容量表示存储二进制数据的能力,是计算机的一项重要的技术指标。外存储器设置在计算机主机的外部,主要用来存储暂不执行或不被处理的程序和数据,相当于一个大的仓库,标志计算机存储信息的能力。在微型计算机中,主要指硬盘存储器。存储容量以字节(Byte)为单位,1 字节由 8 位二进制位组成,即 1Byte＝

8bit。实用单位为 KB、MB、GB、TB、PB。

1. 内存储器

内存储器简称内存或主存,是计算机的主要组成部件,与中央处理器(CPU)合称为主机。用来存放正在运行的程序或正在加工处理的数据。内存储器直接与 CPU 相连接,交换数据信息,其速度快、容量小,但价格高。内存储器主要采用半导体集成电路制成,又可分为随机存取存储器(random access memory,RAM)和只读存储器(ROM)。

随机存取存储器简称为随机存储器或 RAM,如图 2-5 所示。计算机工作时,其中的数据可以随机读出或者写入。关机或者停电时,其中的数据全部丢失。只读存储器简称为ROM(Read Only Memory)。其中的信息事先写入,计算机开机工作后只能读出,不能随机写入。关机或者停电时,ROM 中的数据信息不会丢失,因此常用来存放固定数据或常数。

在微型计算机中,内存储器的容量一般为 4GB、8GB、16GB、32GB 等。在微型计算机的主机板上,都安装有若干个内存插槽,只要插入相应的内存条,就可方便地构成所需容量的内存储器。

图 2-5　随机存取存储器

2. 外存储器

外存储器简称外存或辅存(如硬盘),用于永久数据。外存储器大多采用磁性或光学材料制成,存取速度慢,但容量大、价格低,一般只能与内存交换信息,不能被计算机系统的其他部件直接访问。常见的外存储器有硬盘、移动硬盘、光盘及 U 盘等。

(1)硬盘。硬盘作为计算机上最主要的外存储器,一直以来是组装计算机的核心部件,它与 CPU、内存通常称为组装机市场的三大件。硬盘主要有希捷、西部数据、日立、三星等几个品牌。

当前硬盘在市场上基本分为 3 种,分别为机械硬盘(HDD,传统硬盘)、固态硬盘(SSD)、混合硬盘(HHD,一种基于传统机械硬盘与固态硬盘叠加诞生出来的新硬盘)。

机械硬盘(HDD)即传统的普通硬盘,主要由盘片、盘片转轴、磁头组件、磁头驱动机构、控制电路组成,如图 2-6 所示。

固态硬盘(SSD)类似于 U 盘技术,全电子结构,没有机械运动部件,采用集成电路存储技术,是基于固态电子存储芯片阵列制成的硬盘,由控制单元和存储单元组成,如图 2-7 所示。

图 2-6　机械硬盘

图 2-7　固态硬盘

混合硬盘(HHD)即包含机械硬盘与固态硬盘相结合的产物,主要应用于个人电脑,其优势是比机械硬盘速度快、功耗低。

(2)光驱。光驱是光盘驱动器,装载数据信息的载体被称之为光盘。向光盘读取或写入数据的叫光驱。光驱可分为 CD-ROM 驱动器、DVD 光驱(DVD-ROM)、康宝(COMBO)、蓝光光驱(BD-ROM)和刻录机等。

CD-ROM 光驱:又称为致密盘只读存储器,是一种只读的光存储介质。它是利用原本用于音频 CD 的 CD-DA(Digital Audio)格式发展起来的。

DVD 光驱:是一种可以读取 DVD 碟片的光驱,除了兼容 DVD-ROM、DVD-VIDEO、DVD-R、CD-ROM 等常见的格式外,对 CD-R/RW,CD-I,VIDEO-CD,CD-G 等格式都能很好地支持。

COMBO 光驱:"康宝"光驱是人们对 COMBO 光驱的俗称。COMBO 光驱是一种集合了 CD 刻录、CD-ROM 和 DVD-ROM 为一体的多功能光存储产品。蓝光 COMBO 光驱指的是能读取蓝光光盘,并且能刻录 DVD 的光驱。

蓝光光驱:即能读取蓝光光盘的光驱,向下兼容 DVD、VCD、CD 等格式。

刻录光驱:包括了 CD-R、CD-RW 和 DVD 刻录机以及蓝光刻录机等,其中 DVD 刻录机又分 DVD+R、DVD-R、DVD+RW、DVD-RW(W 代表可反复擦写)和 DVD-RAM。刻录机的外观和普通光驱差不多,只是其前置面板上通常都清楚地标识着写入、复写和读取三种速度,光驱如图 2-8 所示。

图 2-8　光盘驱动器

光盘(Optical Disk)存储器是一种利用激光技术存储信息的装置。目前用于计算机系统的光盘有三类:只读型光盘、一次写入型光盘和可抹型(可擦写型)光盘。光盘的特点是容量大、成本低廉、稳定性好、使用寿命长、便于携带。

只读型光盘 CD-ROM(Compact Disk-Read Only Memory)是一种小型光盘只读存储器。它的特点是只能写一次,而且是在制造时由厂家用冲压设备把信息写入的。写好后信息将永久保存在光盘上,用户只能读取,不能修改和写入。CD-ROM 最大的特点是存储容量大,一张 CD-ROM 光盘,其容量为 650MB 左右。

计算机上用的 CD-ROM 有一个数据传输速率的指标:倍速。一倍速的数据传输速率是 150Kb/s;24 倍速的数据传输速率是 150Kb/s×24＝36Mb/s。CD-ROM 适合于存储容量固定、信息量庞大的内容。

一次写入型光盘 WORM(write once read memory,WO)可由用户写入数据,但只能写一次,写入后不能擦除修改。一次写入多次读出的 WORM 适用于用户存储允许随意更改文档。

可擦写光盘(magnetic optical,MO)指能够重写的光盘,它的操作完全和硬盘相同,故称磁光盘,MO 磁光盘具有可换性、高容量和随机存取等优点。

(3)闪存。闪存是一种电子式可清除程序化只读存储器的形式,允许在操作中被多次擦或写的存储器,如储存卡与 U 盘。主要应用在各种各样的设备(如电脑、数码相机、移动电话)上。

Compact Flash(CF 卡)和 SmartMedia(SM 卡)存储卡目前主要应用到数字相机上。

U 盘是 USB(universal serial bus)盘的简称,据谐音也称"优盘"。U 盘是闪存的一种,故有时也称作闪盘,是一种使用 USB 接口的无须物理驱动器的微型高容量移动存储产品,通过 USB 接口与电脑连接实现即插即用。

U 盘主要是用来存储数据资料,根据实际需要将 U 盘开发出了更多的功能,如:加密 U 盘、启动 U 盘、杀毒 U 盘以及音乐 U 盘等。U 盘与硬盘的最大不同是,它不需物理驱动器,即插即用,且其存储容量远超过软盘,又便于携带。U 盘和 CF 卡如图 2-9 所示。

图 2-9 U 盘和 CF 卡(右侧)

2.2.4 显卡

显卡又称为显示卡(Video card),是计算机中一个很重要的组成部分,承担输出显示图形的任务,它工作在 CPU 和显示器之间,其基本功能就是把 CPU 送来的图像数据经过处理后,转换成数字信号,再将其传输到显示器上。通常显卡是以附加卡的形式安装在电脑主板的扩展槽中或集成在主板上的。独立显卡如图 2-10 所示,集成显卡图 2-11 所示。

图 2-10　独立显卡

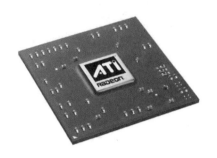

图 2-11　集成显卡

2.2.5　声卡

声卡(sound card)也叫音频卡,是计算机多媒体系统中最基本的组成部分,是实现声波/数字信号相互转换的一种硬件。声卡的基本功能是把来自电脑、话筒、光盘的原始声音进行采集、数字化、压缩、存储和回放等处理,输出到耳机、扬声器、扩音等声响设备,或通过音乐设备数字接口(MIDI)发出合成乐器的声音。

现在的声卡一般有板载声卡和独立声卡之分。早期的电脑上并没有板载声卡,电脑要发声必须通过独立声卡来实现。随着主板整合程度的提高以及 CPU 性能的日益强大,同时出于主板厂商降低用户采购成本的考虑,板载声卡出现在越来越多的主板中,板载声卡几乎成为主板的标准配置。主板集成的音频处理芯片如图 2-12 所示。

图 2-12　音频处理芯片

2.2.6　网卡

网卡是网络接口卡 NIC(network interface card)的简称,也叫网络适配器,它是物理上连接计算机与网络的硬件设备,是局域网最基本的组成部分之一。网卡的主要作用是通过网线(双绞线、光钎等)或者其他的媒介来实现与网络中的其他用户实现共享资源和交换数据的功能。按照网卡支持的传输速率主要分为 10Mb/s 网卡、100Mb/s 网卡、10/100Mb/s 自适应网卡和 1000Mb/s 网卡四类；按照网卡接入方式分为有线网卡和无线网卡，如图 2-13所示。

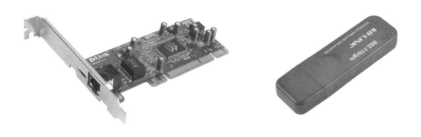

图 2-13　网卡

2.2.7　输入设备

输入设备是把数据和程序输入到计算机中的设备。常用的输入设备包括键盘、鼠标、扫描仪、数码摄像头、数字化仪、触摸屏、麦克风等。

1. 键盘和鼠标

键盘是最常用也是最主要的输入设备，通过键盘可以将英文字母、数字、标点符号等输入到计算机中，从而向计算机发出命令、输入数据等。键盘通常由三部分组成：主键盘、小键盘、功能键。

鼠标也是一种常用输入设备。其功能与键盘的光标键相似。通过移动鼠标可以快速定位屏幕上的对象，是计算机图形界面交互的必用外设之一。

鼠标一般通过微型机中的 PS/2 鼠标插口或 USB 接口与主机相连。另外还有红外接口和无线接口。鼠标按检测原理可分为光电式、光电/机械式、轨迹球式三种，按照按键形式可分为双键、三键、滚动条控制式等，各键的功能由所使用的软件来定义，在不同软件的支持下各键的作用可能有所不同。就一般而言，左键定义为确认键，右键定义为清除键或专用功能键，中键为菜单选择（或屏幕滚动）键。键盘和鼠标如图 2-14 所示。

图 2-14　键盘和鼠标

2. 扫描仪

扫描仪(scanner),是利用光电技术和数字处理技术,以扫描方式将图形、图像、照片或文本信息转换为数字信号的装置。扫描仪通常被用于计算机外部仪器设备,通过捕获图像并将之转换成计算机可以显示、编辑、存储和输出的数字化输入设备。扫描仪如图 2-15 所示。

图 2-15　扫描仪

2.2.8　输出设备

输出设备是将计算机的处理结果或处理过程中的有关信息交付给用户的设备。常用的输出设备有显示器、打印机、绘图仪、音响等。

1. 显示器

显示器是计算机必不可少的输出设备,其作用是将计算机中的文字、图片和视频数据转换成人肉眼可以识别的信息显示出来。根据制造材料的不同,显示器可分为:阴极射线管显示器(CRT)、液晶显示器 LCD。其中,液晶显示器因为机身薄,占地小,辐射小等优点,已经被广泛使用,如图 2-16 所示。

图 2-16　显示器

2. 打印机

打印机是信息输出的主要设备。常用的打印机有针式打印机、喷墨打印机和激光打印机三种,如图 2-17 所示。

(1)针式打印机。针式打印机打印的字符和图形是以点阵的形式构成的。它的打印头由若干根打印针和驱动电磁铁组成。打印时使相应的针头接触色带击打纸面来完成。针式

图 2-17　针式打印机、喷墨打印机和激光打印机(由左至右)

打印机经久耐用、价格低廉、打印成本低,目前使用较多的是 24 针打印机,现在主要用在银行、超市、学校等,完成票单和报表的打印。

(2)喷墨打印机。喷墨打印机是直接将墨水喷到纸上来实现打印的。喷墨打印机价格低廉、打印效果较好,较受用户欢迎,但喷墨打印机使用的纸张要求较高,墨盒消耗较快。可以打印各种胶片、照片纸、卷纸等介质。

(3)激光打印机。激光打印机是激光技术和电子照相技术的复合产物。激光打印机的技术来源于复印机,但复印机的光源是用灯光,而激光打印机用的是激光。由于激光光束能聚焦成很细的光点,因此,激光打印机能输出分辨率很高且色彩很好的图形,具有打印质量更高、速度更快、成本更低等特点。

2.3　计算机软件系统

软件系统是指为运行、管理和维护计算机而编制的各种程序、数据和文档的总称。程序是完成某一任务的指令或语句的有序集合;数据是程序处理的对象和处理的结果;文档是描述程序操作及使用的相关资料。计算机的软件是计算机硬件与用户之间的一座桥梁,是计算机系统必不可少的组成部分。

计算机软件按其功能分为系统软件和应用软件两大类。系统软件一般包括操作系统、语言编译程序、数据库管理系统。应用软件是指计算机用户为某一特定应用而开发的软件。例如,文字处理软件、表格处理软件、绘图软件、财务软件、过程控制软件等。用户与计算机系统各层次之间的关系如图 2-18 所示。

图 2-18　计算机系统的层次结构

2.3.1　系统软件

系统软件是指控制计算机的运行,管理计算机的各种资源,并为应用软件提供支持和服务的一类软件。其功能是方便用户,提高计算机使用效率,扩充系统的功能。系统软件具有两大特点:一是通用性,其算法和功能不依赖特定的用户,无论哪个应用领域都可以使用;二是基础性,其他软件都是在系统软件的支持下开发和运行的。

系统软件是构成计算机系统必备的软件,系统软件通常包括以下几种。

1.操作系统

操作系统(operating system,OS)是管理计算机的各种资源、自动调度用户的各种作业程序、处理各种中断的软件。它是计算机硬件的第一级扩充,是用户与计算机之间的桥梁,是软件中最基础和最核心的部分。它的作用是管理计算机中的硬件、软件和数据信息,支持其他软件的开发和运行,使计算机能够自动、协调、高效地工作。操作系统多种多样,目前常用的操作系统有 Windows XP、Windows 7、Windows server 2008、Windows 10、苹果的 MAC OS、UNIX、Linux 等,还有应用到移动设备上的苹果 iOS、Google 的 Android 和华为的鸿蒙系统,常用操作系统如图 2-19 所示。

图 2-19　常用操作系统

操作系统主要包括以下几个方面的功能。

(1)处理器管理最基本的功能是处理中断事件。处理器只能发现中断事件并产生中断而不能进行处理。配置了操作系统后,就可以对各种事件进行处理。处理器管理的另一功能是处理器调度。处理器可能是一个,也可能是多个,不同类型的操作系统将针对不同情况采取不同的调度策略。

(2)存储器管理主要是指针对内存储器的管理。主要任务是:分配内存空间,保证各作业占用的存储空间不发生矛盾,并使各作业在自己所属存储区中不互相干扰。

(3)设备管理是指负责管理各类外围设备(简称:外设),包括分配、启动和故障处理等。主要任务是:当用户使用外部设备时,必须提出要求,待操作系统进行统一分配后方可使用。当用户的程序运行到要使用某外设时,由操作系统负责驱动外设。操作系统还具有处理外设中断请求的能力。

(4)文件管理是指操作系统对信息资源的管理。在操作系统中,将负责存取的管理信息的部分称为文件系统。文件是在逻辑上具有完整意义的一组相关信息的有序集合,每个文件都有一个文件名。文件管理支持文件的存储、检索和修改等操作以及文件的保护功能。

操作系统一般都提供功能较强的文件系统,有的还提供数据库系统来实现信息的管理工作。

(5)每个用户请求计算机系统完成的一个独立的操作称为作业。作业管理包括作业的输入和输出,作业的调度与控制(根据用户的需要控制作业运行的步骤)。

随着计算机技术的迅速发展和计算机的广泛应用,用户对操作系统的功能、应用环境、使用方式不断提出了新的要求,因而逐步形成了不同类型的操作系统。根据操作系统的功能和使用环境,大致可分为以下五类。

(1)分布式软件系统。分布式软件系统(distributed software systems),是支持分布式处理的软件系统,是在由通信网络互联的多处理机体系结构上执行任务的系统。它包括分布式操作系统、分布式程序设计语言及其编译(解释)系统、分布式文件系统和分布式数据库系统等。

(2)批处理操作系统。批处理操作系统是以作业为处理对象,连续处理在计算机系统运行的作业流。这类操作系统的特点是:作业的运行完全由系统自动控制,系统的吞吐量大,资源的利用率高。

(3)分时操作系统。分时操作系统使多个用户同时在各自的终端上联机使用同一台计算机,CPU 按优先级分配各个终端的时间段,轮流为各个终端服务,对用户而言,有"独占"这一台计算机的感觉。分时操作系统侧重于及时性和交互性,使用户的请求尽量能在较短的时间内得到响应。常用的分时操作系统有:UNIX。

(4)实时操作系统。实时操作系统是对随机发生的外部事件在限定时间范围内作出响应并对其进行处理的系统。外部事件一般指来自于与计算机系统相联系的设备的服务要求和数据采集。实时操作系统广泛用于工业生产过程的控制和事务数据处理中,常用的系统有 RDOS 等。

(5)网络操作系统。为计算机网络配置的操作系统称为网络操作系统。它负责网络管理、网络通信、资源共享和系统安全等工作。常用的网络操作系统有 NetWare 和 Windows NT。NetWare 是 Nove ll 公司的产品,Windows NT 是 Microsoft 公司的产品。

2. 语言处理程序

将计算机不能直接执行的非机器语言源程序,翻译成能直接执行的机器语言的语言翻译程序,总称为语言处理程序。语言处理程序可以分为三种类型,即汇编程序、编译程序和解释程序。通常将用汇编语言或高级语言编写的程序称之为源程序,经汇编或编译而生成的机器语言程序称之为目标程序。高级语言程序不能在计算机上直接运行,只有机器语言程序才能在计算机上直接运行。

各种高级语言和汇编语言均配有语言处理程序,它们将高级语言和汇编语言编写的程序(源程序)翻译为机器所能理解的机器语言程序(目标程序)。翻译的方法有两种:解释方式和编译方式。前者是对源程序的每个语句边解释边执行,这种方式灵活方便,但效率较低;后者则是把全部源程序一次性翻译处理后,产生一个等价的目标程序,然后再去执行。这种方式效率较高,但不够灵活。早期的高级语言要么是解释方式,要么是编译方式。近年来新发展的语言常常是一个集成环境,既有解释方式的灵活性,又有编译方式的高效性。

(1)机器语言。机器语言是指计算机能直接识别的语言,它是由"1"和"0"组成的一组代码指令。例如,01001001 作为机器语言指令,可能表示将某两个数相加。由于机器语言比较难记,所以基本上不能用来编写程序。

（2）汇编语言。汇编语言是由一组与机器语言指令一一对应的符号指令和简单语法组成的。例如，"ADD A，B"表示将 A 与 B 相加后存入 B 中，它可能与上例机器语言指令01001001 直接对应。汇编语言程序要由一种"翻译"程序来将它翻译为机器语言程序，这种翻译程序称为汇编程序。任何一种计算机都配有只适用于自己的汇编程序。汇编语言适用于编写直接控制机器操作的低层程序，它与机器密切相关，一般很少有人使用。

（3）高级语言。高级语言是一种比较接近自然语言和数学表达式的一种计算机程序设计语言。一般用高级语言编写的程序称为"源程序"，计算机不能识别和执行，要把用高级语言编写的源程序翻译成机器指令，通常有编译和解释两种方式。

编译方式是将源程序整个编译成目标程序，然后通过链接程序将目标程序链接成可执行程序。

解释方式是将源程序逐句翻译，翻译一句执行一句，边翻译边执行，不产生目标程序。由计算机执行解释程序自动完成。目前，高级语言已发明出很多种，常用的高级语言程序有：

（1）C 语言。C 语言是一门面向过程的计算机编程语言，具有很高灵活性，适用于系统软件、数值计算、数据处理等。使用非常广泛。

（2）JAVA 语言。JAVA 语言是近几年发展起来的一种新型的高级语言。它简单、安全、可移植性强。JAVA 适用于网络环境的编程，多用于交互式多媒体应用。

3. 数据库管理系统

在信息社会里，社会和生产活动产生的信息很多，使人工管理难以应付，人们希望借助计算机对信息进行搜集、存储、处理和使用。数据库系统（data base system，DBS）就是在这种需求背景下产生和发展的。

数据库是指按照一定联系存储的数据集合，可为多种应用共享。数据库管理系统（data base management system，DBMS）则是能够对数据库进行加工、管理的系统软件。其主要功能是建立、消除、维护数据库及对库中数据进行各种操作。数据库系统主要由数据库（DB）、数据库管理系统（DBMS）以及相应的应用程序组成。数据库系统不但能够存放大量的数据，更重要的是能迅速、自动地对数据进行检索、修改、统计、排序、合并等操作，以得到所需的信息。这一点是传统的文件柜无法做到的。

数据库技术是计算机技术中发展最快、应用最广的一个分支。可以说，在今后的计算机应用开发中大都离不开数据库。因此，了解数据库技术尤其是在微机环境下的数据库应用是非常必要的。数据库管理系统主要用于档案管理、财务管理、图书资料管理、仓库管理、人事管理等数据处理中。

2.3.2　应用软件

为解决各类实际问题而设计的程序系统称为应用软件。从其服务对象的角度，应用软件可分为通用软件和专用软件两类。应用软件随着计算机应用领域的不断扩展而与日俱增。

1. 通用软件

通用软件是为解决某一类问题而经过精心设计的、结构严密的独立系统，是一套满足同类应用的许多用户所需要的软件。例如,金山办公软件股份有限公司发布的 WPS Office 应用软件包含文档、表格和演示三个组件等应用软件,是实现办公自动化的很好的应用软件包,还有日常使用的管理工具和杀毒软件以及各种游戏软件等都属于通用软件。

2. 专用软件

专用软件是用户为了解决特定的具体问题而开发的软件。编制用户程序应充分利用计算机系统的各种现成软件,在系统软件和通用软件的支持下可以更加方便、有效地研制用户专用程序。例如,火车站或汽车站的票务管理系统、人事管理部门的人事管理系统和财务部门的财务管理系统等。

第3章 计算思维

计算思维(computational thinking),理论思维(theoretical thinking)和实验思维(experimental thinking)并称为三大思维。计算思维不是数学计算的能力,也不是运用计算机的能力,而是运用计算机科学的思维方式进行问题求解、系统设计以及人类行为理解等一系列活动的思维方法。

学习目标

- 了解计算思维的基本含义、内容及其特点。
- 掌握计算机程序设计过程中的常见算法思维。
- 理解数据思维的含义,掌握常见的关系运算。
- 了解网络思维,掌握常见网络模型分层模式。

3.1 计算思维概述

科学界一般认为,科学方法分为理论、实验和计算三大类。与三大科学方法相对的是三大科学思维:理论思维以数学为代表,强调定义、性质、公理、定理及其证明;实验思维以物理、化学为代表,强调通过观察实验发现现象,对现象进行归纳总结从而进行研究;计算思维以计算机科学为基础。三大科学思维构成了科技创新的三大支柱。作为三大科学思维支柱之一,并具有鲜明时代特征的计算思维,尤其引起我们国家的高度重视。

理论思维是以推理和演绎为特征的"逻辑思维",用假设/预言-推理和证明等理论手段来研究社会/自然现象以及规律。实验思维是以观察和总结为特征的"实验思维",用实验-观察-归纳等实验手段研究社会/自然现象。而计算思维是以设计和构造为特征的"构造思维",用计算的手段研究社会/自然现象,计算思维的本质就是抽象(abstraction)与自动化(automation),即在不同层面进行抽象,以及将这些抽象机器化。

计算思维关注的是人类思维中有关可行性、可构造性和可评价性的部分。当前环境下,理论与实验手段在面临大规模数据的情况下,不可避免地要用计算手段来辅助进行。

3.1.1 计算

了解了计算机的组成,就能理解计算机解决问题的过程。下面来看一个常见任务——

用计算机写文章。为了完成这个任务,首先需要编写具有输入、编辑、保存等功能的程序,如金山公司的 WPS 程序。如果计算机的辅助存储器(磁盘)中已经存在这个程序,那么可以通过双击 WPS 程序图标等方式启动程序,使该程序从磁盘加载到主存储器(内存)中;然后CPU 逐条取出该程序的指令并执行,直至最后一条指令执行完毕,程序即告结束。在执行过程中,有些指令会与用户进行交互,如用户利用键盘输入或删除文字,利用鼠标操作进行保存或打印等。这样,通过执行成千上万条简单的指令,最终完成了利用计算机写文章的任务。

针对一个问题,设计出解决问题的程序(指令序列),并由计算机来执行这个程序,这就是计算。通过计算,只会执行简单操作的计算机就能够完成复杂的任务,所以计算机的各种复杂功能其实都是计算的"威力"。下面举一个关于计算的例子。

小王是一个只学过加法的一年级学生,她能完成一个乘法运算任务吗? 解决问题的关键在于编写出合适的指令序列让小王机械地执行。例如,下列算法就能使小王算出 $m×n$:

在纸上写下 0,记住结果;给所记结果加上第 1 个 n,记住结果;给所记结果加上第 2 个 n,记住结果;

……

给所记结果加上第 m 个 n,记住结果。至此就得到了 $m×n$ 的结果。

不难看出,这个指令序列的每一步都是小王能够做到的,因此最后她也能完成乘法运算。这就是"计算"带来的成果。计算机就是通过这样的"计算"来解决所有复杂问题的。执行大量简单指令组成的程序虽然枯燥烦琐,但计算机作为一种机器,其优点正是可以机械地、忠实地、不厌其烦地执行大量的简单指令。

3.1.2 计算思维

2006 年 3 月,美国卡内基·梅隆大学计算机科学系主任周以真教授(见图 3 - 1)在美国计算机权威期刊 *Communications of the ACM* 上定义了计算思维(Computational Thinking)。周教授认为,计算思维是运用计算机科学的基础概念进行问题求解、系统设计及人类行为理解等涵盖计算机科学之广度的一系列思维活动。

图 3 - 1 周以真

正如数学家在证明数学定理时有独特的数学思维,工程师在设计制造产品时有独特的工程思维,艺术家在创作诗歌、音乐、绘画时有独特的艺术思维一样,计算机科学家在用计算机解决问题时也有自己独特的思维方式和解决方法,人们将其统称为计算思维。从问题的计算机表示、算法设计到编程实现,计算思维贯穿于计算的全过程。学习计算思维,就是学会像计算机科学家一样思考和解决问题。

图灵奖获得者艾兹格·W.迪科斯彻(Edsger Wybe Dijkstra,见图 3 - 2)曾指出,人们所使用的工具影响着人们的思维方式和思维习惯,从而也将深刻地影响着人们的思维能力。

图 3 - 2 艾兹格·W.迪科斯彻

计算思维吸取了解决问题所采用的一般数学思维方法、现实世界中巨大复杂系统设计与评估的一般工程思维方法,以及复杂性、智能、心理、人类行为的理解等一般科学思维方法。作为一种思维方法,计算思维的优点体现在,其建立在计算过程的能力和限制之上,由人或机器执行。

计算思维的关键是用计算机模拟现实世界。对于计算思维可以用"抽象""算法"四个字来概括,也可以用"合理抽象""高效算法"八个字来概括。

3.1.3 计算思维的内容

计算思维建立在计算过程的能力和限制之上,由机器执行。计算方法和模型使我们敢于去处理那些原本无法由任何人独自完成的问题求解和系统设计。计算思维直面机器智能的不解之谜:什么事情人类比计算机做得好? 什么事情计算机比人类做得好? 最基本的问题是:什么是可计算的? 迄今为止,我们对这些问题仍是一知半解。

计算思维不仅仅属于计算机科学家,应该是每个人的基本技能。每个人在培养解析能力时不仅要掌握阅读、写作和算术(Reading,wRiting,aRithmetic,3R),还要学会计算思维。正如印刷出版促进了3R的普及一样,计算和计算机也以类似的正反馈促进着计算思维的传播。

当我们求解一个特定问题时,首先会问:解决这个问题有多么困难? 怎样才是最佳的解决方法? 计算机科学可根据坚实的理论基础来准确地回答这些问题。表述问题的难度就是工具的基本能力,必须考虑的因素包括机器的指令系统、资源约束和操作环境。为了有效地求解一个问题,我们可能要进一步询问:一个近似解是否满足,是否可以利用随机化,以及是否允许误报(false positive)和漏报(false negative)? 计算思维就是通过约简、嵌入、转化和仿真等方法,把一个看似困难的问题重新阐释成一个容易解决的问题。

计算思维是一种递归思维。它是并行处理的,可以把代码译成数据,又可把数据译成代码。对于间接寻址和程序调用等这些功能强大但较为烦琐的方法,计算思维既知道其威力又了解其代价。在评价一个程序时,不仅仅根据其准确性和效率,还有美学考量,而对于系统的设计,还考量简洁和优雅。

计算思维采用抽象和分解来迎接庞杂的任务或设计复杂的系统。它选择合适的方式去陈述一个问题,或者选择合适的方式对一个问题相关方面的建模进行处理。它利用不变量简明扼要且表述性地刻画系统的行为,使我们在不必理解每一个细节的情况下就能够安全地使用、调整和影响一个大型复杂系统的信息。它就是为预期的未来应用而进行的预取和缓存。

计算思维利用启发式推理来寻求解答,就是在不确定情况下的规划、学习和调度,是搜索、搜索、再搜索,其结果是一系列的网页,或一个赢得游戏的策略,或一个反例。计算思维利用海量数据来加快计算,在时间和空间之间,在处理和存储容器之前进行权衡。

考虑下面日常生活中的实例:当早晨去学校时,你会把当天需要的书放进书包,这就是预置和缓存;当弄丢手套时,你会沿走过的路寻找,这就是回推;你会思考什么时候租用充电宝而不是自己买一个,这就是在线算法;在超市付账时,你选择排哪个队,这就是多服务器系统的性能模型;为什么停电时电话仍然可用,这就是失败的无关性和设计的冗余性。

3.1.4 计算思维的特点

计算思维的所有特征和内容都在计算机科学中得到了充分体现,并且随着计算机科学的发展而同步发展。

1. 概念化,不是程序化

计算机科学不只是计算机编程,像计算机科学家那样思维意味着不仅能为计算机编程,还要能够在抽象的多个层次上思维。

2. 基础的,不是机械的技能

计算思维是一种基础的技能,是每一个人为了在现代社会中发挥职能所必须掌握的。生搬硬套的、机械的技能意味着机械地重复。具有讽刺意味的是,只有当计算机科学解决了人工智能的宏伟挑战——使计算机像人类一样思考之后,思维才会变成机械的生搬硬套。

3. 人的,不是计算机的思维

计算思维是人类求解问题的一条途径,但绝非试图使人类像计算机那样思考。计算机枯燥且沉闷,人类聪颖且富有想象力。人类赋予计算机激情,计算机赋予人类强大的计算能力,人类应该好好利用这种力量解决各种需要大量计算的问题。配置了计算设备,人们就能用自己的智慧去解决那些计算时代之前不敢尝试的问题,就能建造那些过去无法建造的系统。

4. 数学和工程思维的互补与融合

计算机科学本质上源于数学思维,因为像所有的科学一样,它的形式化解析基础筑于数学之上。计算机科学本质上又源于工程思维,因为人们建造的是能够与实际世界互动的系统。基本计算设备的限制迫使计算机科学家必须计算性地思考,而不能只是数学性地思考。构建虚拟世界的自由使人们能够超越物理世界去打造各种系统。

5. 是思想,不是人造品

计算思维不只是人们生产的软件、硬件等人造品以物理形式到处呈现并时时刻刻触及人们的生活,更重要的是,还有人们用于接近和求解问题、管理日常生活、与他人交流和互动的计算性概念。

6. 面向所有的人、所有地方

当计算思维真正融入人类活动的整体而不再是一种显式哲学的时候,它就成为现实。它作为解决问题的有效工具,人人都应当掌握,处处都会被使用。计算思维最根本的内容,即其本质是抽象(abstraction)和自动化(automation)。它反映了计算的根本问题,即什么能被有效地自动进行。计算是抽象的自动执行,自动化需要某种计算机去解释、抽象。从操作层面上讲,计算就是如何让计算机求解问题,隐含地说就是要确定合适的抽象,选择合适的计算机去解释并执行该抽象,后者就是自动化。计算思维中的抽象完全超越物理的时空观,并完全用符号来表示,其中数字抽象只是一类特例。

与数学和物理科学相比,计算思维中的抽象显得更为丰富,也更为复杂。数学抽象的最大特点是抛开现实事物的物理、化学和生物学等特性,仅保留其量的关系和空间的形式。而计算思维中的抽象不仅仅如此,计算思维虽然具有计算机的许多特征,但其本身并不是计算机的专属。实际上,即使没有计算机,计算思维也会逐步发展,甚至有些内容与计算机没有关系。但是,正是计算机的出现给计算思维的发展带来了根本性变化。这些变化不仅推进了计算机的发展,而且推进了计算思维本身的发展。在这个过程中,一些属于计算思维的特点被逐步揭示出来,计算思维与理论思维、实验思维的差别也越来越清晰。

3.2 算法思维

算法思维具有非常鲜明的计算机科学特征。算法思维是学习编写计算机程序时需要掌握的核心技术。我们操作计算机时,每单击一次鼠标,在手机上每一次点击购物,都会启动一个程序,而这些程序都构筑在各种各样的算法上。下面我们主要介绍计算机程序设计过程中常见的算法思维。

3.2.1 分治法

概念:将一个难以直接解决的大问题,分割成一些规模较小的相同问题,以便各个击破,分而治之。

思想策略:对于一个规模为 n 的问题,若该问题可以容易地解决(比如说规模 n 较小)则直接解决,否则将其分解为 k 个规模较小的子问题。这些子问题互相独立且与原问题形式相同,递归地解这些子问题,然后将各子问题的解合并得到原问题的解。

特征:

(1)该问题的规模缩小到一定的程度就可以容易地解决。

(2)该问题可以分解为若干个规模较小的相同问题,即该问题具有最优子结构性质。

(3)利用该问题分解出的子问题的解可以合并为该问题的解。

(4)该问题所分解出的各个子问题是相互独立的,即子问题之间不包含公共的子问题。

第一条特征是绝大多数问题都满足的,因为问题的计算复杂性一般是随着问题规模的增加而增加;第二条特征是应用分治法的前提,这也是大多数问题可以满足的,此特征反映了递归思想的应用;第三条特征是关键,能否利用分治法完全取决于问题是否具有第三条特征,如果具备了第一条和第二条特征,而不具备第三条特征,则可以考虑用贪心法或动态规划法;第四条特征涉及分治法的效率,如果各子问题是不独立的则分治法要做许多不必要的工作,重复地解公共的子问题,此时虽然可用分治法,但一般用动态规划法较好。

基本步骤:

(1)分解,将原问题分解为若干个规模较小,相互独立,与原问题形式相同的子问题。

(2)解决,若子问题规模较小而容易被解决则直接解,否则递归地解各个子问题。

(3)合并,将各个子问题的解合并为原问题的解。

适用分治法求解的经典问题:二分搜索、大整数乘法、Strassen 矩阵乘法、棋盘覆盖、合并排序、快速排序、线性时间选择、最接近点对问题、循环赛日程表、汉诺塔等问题。

3.2.2 动态规划

概念:每次决策依赖于当前状态,又随即引起状态的转移。一个决策序列就是在变化的状态中产生出来的,所以,这种多阶段最优化决策解决问题的过程就称为动态规划。

思想策略:将待求解的问题分解为若干个子问题(阶段),按顺序求解子阶段,前一子问题的解,为后一子问题的求解提供了有用的信息。在求解任一子问题时,列出各种可能的局部解,通过决策保留那些有可能达到最优的局部解,丢弃其他局部解。依次解决各子问题,最后一个子问题就是初始问题的解。

特征：

能采用动态规划求解的问题一般要具有 3 个性质。

（1）最优化原理：如果问题的最优解所包含的子问题的解也是最优的，就称该问题具有最优子结构，即满足最优化原理。

（2）无后效性：即某阶段状态一旦确定，就不受这个状态以后决策的影响。也就是说，某状态以后的过程不会影响以前的状态，只与当前状态有关。

（3）有重叠子问题：即子问题之间是不独立的，一个子问题在下一阶段决策中可能被多次使用到。（该性质并不是动态规划适用的必要条件，但是如果没有这条性质，动态规划算法同其他算法相比就不具备优势）。

基本步骤：

（1）分析最优解的性质，并刻画其结构特征。

（2）递归的定义最优解。

（3）以自底向上或自顶向下的记忆化方式（备忘录法）计算出最优值。

（4）根据计算最优值时得到的信息，构造问题的最优解。

适用动态规划求解的经典问题：矩阵连乘、走金字塔、最长公共子序列（LCS）、最长递增子序列（LIS）、凸多边形最优三角剖分、背包问题、双调欧几里得旅行商问题等。

3.2.3　贪心法

概念：在对问题求解时，总是做出在当前看来是最好的选择。也就是说，不从整体最优上加以考虑，他所做出的仅是在某种意义上的局部最优解。

思想策略：贪心算法没有固定的算法框架，算法设计的关键是贪心策略的选择。必须注意的是，贪心算法不是对所有问题都能得到整体最优解，选择的贪心策略必须具备无后效性，即某个状态以后的过程不会影响以前的状态，只与当前状态有关。所以对所采用的贪心策略一定要仔细分析其是否满足无后效性。

基本步骤：

（1）建立数学模型来描述问题。

（2）把求解的问题分成若干个子问题。

（3）对每一子问题求解，得到子问题的局部最优解。

（4）把子问题的局部最优解合成原来问题的一个解。

适用贪心法求解的经典问题：活动选择问题、钱币找零问题、小船过河问题、区间覆盖问题、销售比赛、Huffman 编码、Dijkstra 算法（求解最短路径）、最小生成树算法等问题。

3.2.4　回溯法

概念：回溯算法实际上一个类似枚举的搜索尝试过程，主要是在搜索尝试过程中寻找问题的解，当发现已不满足求解条件时，就"回溯"返回，尝试别的路径。

回溯法是一种选优搜索法，按选优条件向前搜索，以达到目标。但当探索到某一步时，发现原先选择并不优或达不到目标，就退回一步重新选择，这种走不通就退回再走的技术为回溯法，而满足回溯条件的某个状态的点称为"回溯点"。

许多复杂的、规模较大的问题都可以使用回溯法,有"通用解题方法"的美称。

思想策略:在包含问题的所有解的解空间树中,按照深度优先搜索的策略,从根结点出发深度探索解空间树。当探索到某一结点时,要先判断该结点是否包含问题的解,如果包含,就从该结点出发继续探索下去,如果该结点不包含问题的解,则逐层向其祖先结点回溯。(其实回溯法就是对隐式图的深度优先搜索算法)。

若用回溯法求问题的所有解时,要回溯到根,且根结点的所有可行的子树都要已被搜索遍才结束。

特征:

(1)针对所给问题,确定问题的解空间:首先应明确定义问题的解空间,问题的解空间应至少包含问题的一个(最优)解。

(2)确定结点的扩展搜索规则。

(3)以深度优先方式搜索解空间,并在搜索过程中用剪枝函数避免无效搜索。

适用回溯法求解的经典问题:八皇后问题、图的着色问题、装载问题、批处理作业调度问题、最大团问题、连续邮资问题、符号三角形问题等。

3.2.5　分支限界法

概述:类似于回溯法,也是一种在问题的解空间树 T 上搜索问题解的算法。但在一般情况下,分支限界法与回溯法的求解目标不同。回溯法的求解目标是找出 T 中满足约束条件的所有解,而分支限界法的求解目标则是找出满足约束条件的一个解,或是在满足约束条件的解中找出使某一目标函数值达到极大或极小的解,即在某种意义下的最优解。

策略:在扩展结点处,先生成其所有的儿子结点(分支),然后再从当前的活结点表中选择下一个扩展对点。为了有效地选择下一扩展结点,以加速搜索的进程,在每一活结点处,计算一个函数值(限界),并根据这些已计算出的函数值,从当前活结点表中选择一个最有利的结点作为扩展结点,使搜索朝着解空间树上有最优解的分支推进,以便尽快地找出一个最优解。

与回溯法的区别:①求解目标,回溯法的求解目标是找出解空间树中满足约束条件的所有解,而分支限界法的求解目标则是找出满足约束条件的一个解,或是在满足约束条件的解中找出在某种意义下的最优解。②搜索方式的不同,回溯法以深度优先的方式搜索解空间树,而分支限界法则以广度优先或以最小耗费优先的方式搜索解空间树。

适用分支限界法求解的经典问题:分支限界法之装载问题、分支限界法之布线问题、分支限界法之背包问题、分支限界法之旅行售货员问题。

3.3　数据化思维

当前,"数据"已经渗透到每一个行业和业务领域,和人们的生活密切相关。例如,普通股民会密切关注股票指数、股票动态交易数据,通过股票买卖获取收益。连锁超市会密切关注每日或每月商品销售数据,通过优化组织货源,提高销售数量和销售收入。普通百姓会通过对比网上同类商品的价格来选购物美价廉的商品。各类企业通过关注购销存数据来优化供销渠道,扩大销售收入,降低采购成本。

数据之所以成为重要的生产因素,是因为其可以精确地描述事实,以量化的方式反映逻辑和理性,将基于数据和分析而作出决策,而并非基于经验和直觉。

数据被视为知识的来源,被认为是一种财富,数据收集、数据管理、数据分析的能力常常被视为核心的竞争力。

数据化思维的关键首先是将数据聚集成"数据库",实现数据的积累;其次是对"数据库"的应用——数据的分析和运用,实现数据积累的效益。当数据积累能够由部分到全部,能够由小规模到大规模时,思维方式与决策能力将会发生很大变化。

3.3.1　数据处理的发展

数据处理是指从某些已知的数据出发,推导加工出一些新的数据,这些新的数据又表示了新的信息。数据管理是指数据的收集、整理、组织、存储、维护、检索、传送等操作,这些操作是数据处理业务的基本环节,而且是任何数据处理业务中必不可少的共有部分。

数据处理能力与数据管理方式有着密切的关系,数据管理技术大致经历了人工管理、文件管理、数据库管理及分布式数据库管理等 4 个阶段。

人工管理阶段(20 世纪 50 年代中期以前):这一时期的计算机主要用于科学计算,计算处理的数据量很小,也不存在专门管理数据的软件,数据依附于处理它的应用程序,使数据和应用程序一一对应,互为依赖。由于数据与应用程序的依赖关系,使得数据的独立性很差,如果数据的类型、结构、存储方式或输入输出方式发生变化,处理它的程序必须相应改变;另一方面,应用程序中的数据无法被其他程序利用,程序与程序之间存在着大量重复数据,即数据冗余。

文件管理阶段(20 世纪 50 年代后期—60 年代中期):应用程序通过专门管理数据的软件即文件管理系统来使用数据。文件系统为程序与数据之间提供了一个公共接口,使应用程序通过统一的方法来存取、操作数据,程序与数据之间不再是直接的对应关系,因而程序与数据有了一定的独立性。此外,由于文件系统没有一个相应的模型约束数据的存储,因而仍有较多的数据冗余。

数据库管理阶段(20 世纪 60 年代后期开始):随着计算机系统性价比的持续提高和软件技术的不断发展,人们开发了一类数据管理软件——数据库管理系统,从而将数据管理技术推向了数据库管理阶段。数据库技术使数据有了统一的结构,对所有的数据实行统一、集中、独立的管理,以实现数据的共享,保证数据的完整性和安全性,提高了数据管理效率。

分布式数据库管理阶段(20 世纪 80 年代初开始):随着计算机通信技术发展,把数据库技术与计算机网络技术、分布处理技术相结合,使得原本集中存放和管理的数据库分布在网络不同结点上,但在逻辑上又属于同一个数据库。这种方式使得对数据库的处理变得更加灵活、多样和安全。

3.3.2　数据的基本形态:表与关系

日常生活中,通常将各类数据组织成一张张"表"来进行管理,如图 3-3 所示,围绕着各种表,数据管理人员日复一日地做着"填表""查表""汇集""统计"等相关工作。这种表形式的数据是最基本的数据形态,被称为结构化数据。随着互联网的发展,又出现许多其他形态的数据,如网页数据、社交媒体数据、视频流数据、物联网数据等多种形态的数据,被称为半结构化或非结构化的数据。如果先理解了结构化数据管理，则再理解非结构化数据管理相对而言就非常容易了，因为非结构化数据管理借鉴了很多结构化数据管理的术语和概念。

学生登记表

学号	姓名	性别	出生年月	入学日期	家庭住址
210033001	张三	男	2003/7/5	2021/9/21	陕西省渭南市
210033002	李四	女	2003/10/9	2021/9/21	陕西省西安市
210033003	王五	男	2002/11/22	2021/9/21	河南省开封市
210034001	赵六	男	2004/12/11	2021/9/21	山东省曲阜市
210034002	张七	女	2003/8/7	2021/9/21	河北省石家庄市
210034003	周八	男	2004/5/7	2021/9/21	安徽省合肥市

图 3-3 学生登记表

例如，图 3-4 中，“学号”是一个列名，而 210033001 等则是列值，列名“学号”指明该列所有列值的含义是“学号”。

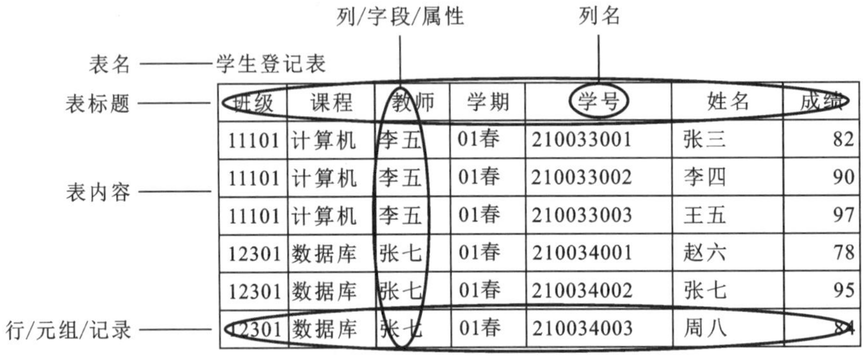

班级	课程	教师	学期	学号	姓名	成绩
11101	计算机	李五	01春	210033001	张三	82
11101	计算机	李五	01春	210033002	李四	90
11101	计算机	李五	01春	210033003	王五	97
12301	数据库	张七	01春	210034001	赵六	78
12301	数据库	张七	01春	210034002	张七	95
12301	数据库	张七	01春	210034003	周八	84

图 3-4 学生成绩表

下面先来熟悉表，理解其相关的术语。这些术语首先是围绕“表”的各种形式要素的区分而形成的术语，对理解并表达相关的数据管理操作有非常重要的作用，是数据管理中非常重要的术语。

直观来看，数据表是由简单的行列关系约束的一种二维数据结构，如图 3-4 所示。

1. 列(column)

列是指表中垂直方向的一组数据，由列名和列值两部分构成。一般地，表的一列包含同一类型的信息，列名指出了该列信息的含义。在数据库领域，属性(attribute)、字段(field)和列是同义词，即也可以用属性名/字段名、属性值/字段值来取代列名、列值。

2. 行(row)

行是指表中水平方向的一组数据。一般地，表中每一行由若干个列值组成，描述一个对象的不同特性。在数据库领域，元组(tuple)、记录(record)和行是同义词，即如果说一个元组或者一条记录，都是指一行。

例如，图 3-4 中，“123201，数据库，张七，01 春，210034003，周八，84”描述了学号为

210034003 的学生学习"数据库"课程的相关信息,即这行数据是围绕某个对象被关联在一起的。

3. 表(table)

表由表名、列名及若干行数据组成。如上所述,表中的一行反映的是某一个对象的相关数据,表中的一列反映的是所有对象在某一属性方面的数据,即数据是相互关联的,因此,这种简单结构的二维表又被称为"关系(Relation)"。

因此,在数据库领域,以"小表"这种形式反映数据组织结构的模型被称为"关系模型"。如图 3-4 所示,这整张表,包含了结构部分和数据部分,被称为"关系"。而其结构部分,包括表名和表的标题(即表中所有列的列名),被称为"关系模式"。图 3.4 的关系模式为"学生成绩表(班级、课程、教师、学期、学号、姓名、成绩)"。

在表的各种属性中,有两种类型的属性或属性组很重要,一个是码/键,一个是外码/外键。

4. 码/关键字

表中的某个属性或某些属性组合,如果它们的值能唯一地区分该表中的每一行,且如果去掉其中的任何一个属性便区分不开,这样的属性或属性组合称作"码(key)",也称为"键",或者关键字。如果一个关系有若干个码,则可选择其中的一个作为主码。

码的定义包含了两个特性:唯一性和最小性。例如,图 3.4 中的表,属性组{学号,课程}就是码,它既可以唯一区分每个元组,又具有最小性,即学号和课程二者缺一不可。换言之,有两个元组,如果它们的"学号"和"课程"的值完全相同,那么,它们的姓名、专业和任课教师属性的值肯定相同,即它们只能是同一个元组。

5. 外码/外键(foreign key)

外码也称为外键,是 R 表中的某个属性或某些属性的组合 A,它可能不是 R 表的码,但它却是与 R 表有某种关联的另一关系 S 表的码。此时,A 被称为 R 表的外码,它与 S 表的码有关联。

通常,一个表用于描述客观世界中的一件事情,对不同事情的描述则用不同结构的表,如此若干数据表的集合便形成了一个数据库,因此,在关系模型中,数据库是指若干个关系的集合。

3.3.3　关系运算

关系操作是指关系模型能够提供哪些运算或操作以便用户可以源源不断地构造新的关系。关系模型至少提供 5 种基本的关系操作,包括并、差、笛卡儿积、选择、投影,以及两种常用的关系操作包括交和连接操作。依靠这些操作的各种组合,可以表达对一个或多个关系的各种查询和处理需求。

下面给出这 7 种操作简单而直观的描述,读者可通过练习熟悉并掌握这些操作的应用。并、差和交操作需要有个前提,就是关系 R 和关系 S 必须具有相同的属性数目,且相应的属性值必须是同一类型的数据。其他操作无须满足此前提。

一、选择

选择又称为限制,它是在关系 R 中选择满足给定条件的诸元组,记作:

$$\sigma_F(R) = \{t \mid t \in R \land F(t) = \text{'真'}\}$$

其中 F 表示选择条件,它是一个逻辑表达式,取逻辑值"真"或"假"。逻辑表达式 F 的基本形式为:$X1\theta Y1[\varphi X2\theta Y2]\cdots$,其中 θ 表示比较运算符号,可以是 $>$、$\geqslant$、$<$、$\leqslant$、$=$ 或 $\neq$。$X1$、$Y1$ 等是属性名、常量或简单函数。属性名也可以用它的序号来代替。φ 表示逻辑运算符,可以是 $\land$ 或 $\lor$ 等。$[\ ]$ 表示任选项。即 $[\ ]$ 中的部分可以要也可以不要。$\cdots$ 表示上述格式可以一直重复下去。

因此选择运算实际上是从关系 R 中选取使逻辑表达式 F 为真的元组,这是从行的角度进行的运算。

现举例说明。有如下学生关系 student,课程关系 Course 和选修关系 SC,如图 3-5 所示,以下所有的例子都是针对这三个关系的运算。

student

学号 Sno	姓名 Sname	性别 Ssex	年龄 Sage	所在系 Sdept
95001	李勇	男	20	CS
95002	刘晨	女	19	IS
95003	王名	女	18	MA
95004	张立	男	19	IS

course

课程号 Sno	课程名 Cname	先行课 Cac	学分 Ccredit
1	数据库	5	4
2	数学		2
3	信息系统	1	4
4	操作系统	6	3
5	数据结构	7	4
6	数据处理		2
7	C语言	6	4

SC

学号 Sno	课程号 Cno	成绩 Grande
95001	1	92
95001	2	85
95001	3	88
95002	2	90
95002	3	90

图 3-5 学生关系 student,课程关系 course 和选修关系 SC

【例 3-1】 查询信息系(IS 系)全体学生。

$\sigma_{\text{Sdept}=\text{'IS'}}(\text{student})$ 结果如图 3-6。

Student

学号 Sno	姓名 Sname	性别 Ssex	年龄 Sage	所在系 Sdept
95002	刘晨	女	19	IS
95004	张立	男	19	IS

图 3-6 查询信息系(IS 系)全体学生

二、投影

关系 R 上的投影是从 R 中选择出若干属性列组成新的关系。记作:

$$\prod_A(R) = \{t[A] \mid t \in R\}$$

其中 A 为 R 中的属性列。

投影操作是从列的角度进行的运算。

【例 3-2】 查询学生关系 student 在学生姓名和所在系两个属性上的投影。

$\prod_{\text{Sname,Sdept}}(\text{student})$，其结果如图 3-8 所示：

Sname	Sdept
李勇	CS
刘晨	IS
王名	IS
张立	IS

图 3-8 学生关系 student 在学生姓名和所在系两个属性上的投影

三、连接

连接也称为 θ 连接，它是从两个关系的笛卡儿积中选取属性间满足一定条件的元组，记作：

$$R \underset{A\theta B}{\bowtie} S = \{\widehat{t_s t_r} \mid t_r \in R \land t_s \in S \land t_r[A]\theta t_s[B]\}$$

其中 A 和 B 分别为 R 和 S 上度数相等且可比的属性组。θ 是比较运算符。连接运算从 R 和 S 的笛卡尔积 $R \times S$ 中选取关系 R 在 A 属性组上的值与关系 S 在 B 属性组上值满足比较关系 θ 的元组。

连接运算有两种最为重要也是最为常用的连接，即等值连接和自然连接。

当 θ 为"="时的连接称为等值连接。它是从关系 R 与 S 的笛卡儿积中选取 A，B 属性值相等的那些元组。即等值连接为：

$$R \underset{A=B}{\bowtie} S = \{\widehat{t_s t_r} \mid t_r \in R \land t_s \in S \land t_r[A]=t_s[B]\}$$

自然连接是一种特殊的等值连接，它要求两个关系中进行比较的分量必须是相同的属性组，并且要在结果中把重复的属性去掉。即若 R 与 S 具有相同的属性组 B，则自然连接可记作：

$$R \bowtie S = \{\widehat{t_s t_r} \mid t_r \in R \land t_s \in S \land t_r[A]=t_s[B]\}$$

一般的连接是从行的角度进行运算的。但自然连接还需要取消重复列，所以是同时从行和列的角度进行运算的。

【例 3-3】 如有如下 R 和 S 关系

A	B	C
a1	b1	5
a1	b2	6
a2	b3	8
a2	b4	12

B	E
b1	3
b2	7
b3	10
B3	2
B5	2

RS

则 $R \underset{C < E}{\overset{\bowtie}{}} S$

A	$R.B$	C	$S.B$	E
a1	b1	5	b2	7
a1	b1	5	B3	10
a1	B2	6	b2	7
a1	B2	6	B3	10
a2	B3	8	B3	10

四、笛卡儿积

广义笛卡儿积(extended cartesian product):两个分别为 n 目和 m 目关系 R 和 S 的广义笛卡儿积是一个 $(n+m)$ 列的元组的集合,元组的前 n 列是关系 R 的一个元组,后 m 列是关系 S 的一个元组。若 R 有 $k1$ 个元组,S 有 $k2$ 个元组,则关系 R 和关系 S 的广义笛卡儿积有 $k1 \times k2$ 个元组,记作:

$$R \times S = \{\widehat{t_s t_r} \mid t_r \in R \wedge t_s \in S]\}$$

或记做 $R \times S = (r_1, \cdots, r_n, s_1, \cdots, s_m) \mid ((r_1, \cdots, r_n) \in R \wedge (s_1, \cdots, s_m) \in S)$。

r, s 为 R 和 S 中的相应分量。

简单来说,就是把 R 表的第一行与 S 表第一行组合写在一起,作为一行。然后把 R 表的第一行与 S 表第二行依此写在一起,作为新一行。依此类推。当 S 表的每一行都与 R 表的第一行组合过一次以后,换 R 表的第二行与 S 表第一行组合,以此类推,直到 R 表与 S 表的每一行都组合过一次,则运算完毕。如果 R 表有 n 行,S 表有 m 行,那么笛卡儿积 $R \times S$ 有 $n \times m$ 行。

五、并

关系 R 和 S 的并集结果,由属于 R 或属于 S 的所有元组组成,其结果是一个新关系,运算符为 $\cup$。记为 $Q = R \cup S = \{t \mid t \in R \vee t \in S\}$。

六、差

设有两个相同的结构关系 R 和 S,R 与 S 的差是由属于 R 但不属于 S 的元组组成的集合。运算符为 $-$。记为 $Q = R - S = \{t \mid t \in R \wedge t \notin S\}$。

七、交

两个有相同结果的关系 R 和 S,它们的交是由既属于 R 又属于 S 的元组组成的集合。运算符为 $\cap$。记为 $Q = R \cap S = \{t \mid t \in R \wedge t \in S\}$。

3.3.4 数据库

数据库是存放数据的仓库。它的存储空间很大,可以存放百万条、千万条、上亿条数据。但是数据库并不是随意地将数据进行存放,是有一定规则的,否则查询的效率会很低。当今世界是一个充满着数据的互联网世界,数据的来源有很多,比如出行记录、消费记录、浏览的网页、发送的消息,等等。

数据库是一个按数据结构来存储和管理数据的计算机软件系统。数据库的概念实际包括两层意思:

(1)数据库是一个实体,它是能够合理保管数据的"仓库",用户在该"仓库"中存放要管理的事务数据,"数据"和"库"两个概念结合成为数据库。

(2)数据库是数据管理的新方法和技术,它能更合适地组织数据、更方便地维护数据。数据库管理系统是为管理数据库而设计的电脑软件系统,一般具有存储、截取、安全保障、备份等基础功能。数据库管理系统可以依据它所支持的数据库模型来分类,例如关系式、XML;或依据所支持的计算机类型来分类,例如服务器群集、移动电话;或依据所用查询语言来分类,例如 SQL、XQuery;或依据性能冲量重点来做分类,例如最大规模、最高运行速度;亦或其他的分类方式。

数据库管理系统是数据库系统的核心组成部分,主要完成对数据库的操纵与管理功能,实现数据库对象的创建,数据库存储数据的查询、添加、修改与删除操作和数据库的用户管理、权限管理等。可以更严密地控制数据和更有效地利用数据。

早期较为盛行的数据库种类有三种,分别是层次式数据库、网络式数据库和关系型数据库。当今互联网中,最常见的数据库种类主要有两种,即关系型数据库和非关系型数据库。

关系型数据库存储的格式可以直观地反映实体间的关系。关系型数据库和常见的表格比较相似,关系型数据库中表与表之间有很多复杂的关联关系。常见的关系型数据库有MySQL、SQLServer 等。在轻量或者小型的应用中,使用不同的关系型数据库对系统的性能影响不大,但是在构建大型应用时,则需要根据应用的业务需求和性能需求,选择合适的关系型数据库。

虽然关系型数据库有很多,但是大多数都遵循 SQL(结构化查询语言,structured query language)标准。常见的操作有查询、新增、更新、删除、求和、排序等。

关系型数据库对于结构化数据的处理更合适,如学生成绩、地址等,这样的数据一般情况下需要使用结构化的查询,这样的情况下,关系型数据库就会比 NoSQL 数据库性能更优,而且精确度更高。由于结构化数据的规模不算太大,数据规模的增长通常也是可预期的,所以针对结构化数据使用关系型数据库更好。关系型数据库十分注意数据操作的事务性、一致性,如果对这方面的要求关系型数据库无疑可以很好地满足。

关系型数据库支持事务的 ACID 原则,即原子性(atomicity)、一致性(consistency)、隔离性(isolation)、持久性(durability),这四种原则保证在事务过程当中数据的正确性,其中原子性是指一个事务的所有系列操作步骤被看成一个动作,所有的步骤要么全部完成,要么一个也不会完成。如果在事务过程中发生错误,则会返回到事务开始前的状态,将要被改变的数据库记录不会被改变。一致性是指在事务开始之前和事务结束以后,数据库的完整性约束没有被破坏,即数据库事务不能破坏关系数据的完整性及业务逻辑上的一致性。隔离性主要用于实现并发控制,隔离能够确保并发执行的事务按顺序一个接一个地执行。通过隔离,一个未完成事务不会影响另外一个未完成事务。持久性是指一旦一个事务被提交,它应该持久保存,不会因为与其他操作冲突而取消这个事务。

随着近些年技术方向的不断拓展,大量的非关系型(NoSQL)数据库如 MongoDB、Redis、Memcache 出于简化数据库结构、避免冗余、影响性能的表连接、摒弃复杂分布式的目的被设计。

非关系型(NoSQL)数据库指的是分布式的、非关系型的、不保证遵循 ACID 原则的数据存储系统。NoSQL 数据库技术与 CAP(consistency(一致性)、availability(可用性)、partition tolerance(分区容错性))理论、一致性哈希算法有密切关系。所谓 CAP 理论,简单来说就是一个分布式系统不可能满足可用性、一致性与分区容错性这三个要求,一次性满足两种要求是该系统的上限。而一致性哈希算法则指的是 NoSQL 数据库在应用过程中,为满足工作需求而在通常情况下产生的一种数据算法,该算法能有效解决工作方面的诸多问题但也存在弊端,即工作完成质量会随着节点的变化而产生波动,当节点过多时,相关工作结果就无法那么准确。这一问题使整个系统的工作效率受到影响,导致整个数据库系统的数据乱码与出错率大大提高,甚至会出现数据节点的内容迁移,产生错误的代码信息。尽管如此,NoSQL 数据库技术还是具有非常明显的应用优势,如数据库结构相对简单,在大数据量下的读写性能好;能满足随时存储自定义数据格式需求,非常适用于大数据处理工作。

NoSQL 数据库适合追求速度和可扩展性、业务多变的应用场景。对于非结构化数据的处理更合适,如文章、评论,这些数据通常只用于模糊处理,并不需要像结构化数据一样,进行精确查询,而且这类数据的数据规模往往是海量的,数据规模的增长往往也是不可能预期的,而 NoSQL 数据库的扩展能力几乎也是无限的,所以 NoSQL 数据库可以很好地满足这一类数据的存储。

NoSQL 数据库利用 key-value 可以获取大量的非结构化数据,并且数据的获取效率很高,但用它查询结构化数据效果就比较差。

目前 NoSQL 数据库仍然没有一个统一的标准,它现在有四种大的分类。

(1)键值对存储(key-value):代表软件 Redis,它的优点是能够进行数据的快速查询,而缺点是需要存储数据之间的关系。

(2)列存储:代表软件 Hbase,它的优点是能快速查询数据,数据存储的扩展性强。而缺点是数据库的功能有局限性。

(3)文档数据库存储:代表软件 MongoDB,它的优点是对数据结构要求并不严格。而缺点是查询性的性能不好,同时缺少一种统一查询语言。

(4)图形数据库存储:代表软件 InfoGrid,它的优点是可以方便地利用图结构相关算法进行计算,而缺点是要想得到结果必须进行整个图的计算,而且遇到不适合的数据模型时,图形数据库很难使用。

3.4 网络思维

计算机网络已得到迅猛的成长与发展。20 世纪 70 年代以来,计算机通信已从深奥的研究话题演变为社会基础结构的一个基本组成部分。网络已被应用于各行各业,包括广告、生产、传输、计划、报价和会计等。计算机网络已无处不在。

很多计算过程需要将多个部件连接在一起形成一个计算系统。这些部件往往被称为节点(node),一个计算系统就是由多个节点连接通信而形成的网络(network)。网络计算系统中的一个节点可以是一台计算机,也可以是一个硬件部件、一个软件服务、一个数据文档、一个人或一个物理世界中的物体。因此,网络计算系统可以是一个硬件系统、软件系统、数据系统、应用服务系统、社会网络系统。

强调计算过程中的连通性(connectivity)与消息传递(message passing)特征的思维方式称为网络思维。当代计算机科学发展了名字空间(namespace)和网络拓扑(topology)概念来体现连通性,发展了协议栈(protocol stack)技术以实现消息传递。

网络思维的一个核心抽象是协议(protocol),即确定节点集合以及两个或多个节点之间连接与通信的规则。作为计算思维的网络体现,协议的一个基本要求是无歧义地、足够精确地描述网络连接与通信的操作序列,而且每个基本动作应该是可行的。此外,协议还需要有助于解决资源冲突、异常处理、故障容错等问题。

网络思维的另外两个核心概念是名字空间和网络拓扑。它们可以看作协议的重要组成部分,但往往单独说明。名字空间主要用于规定网络节点的名字及其合法使用规则,也可包括命名其他客体(如消息、操作等)的规则。拓扑有时也称网络拓扑结构。拓扑说明节点间可能的连接和连接的实际使用。拓扑往往可用节点和边组成的图表示(节点间的连接称为边)。在一个实用的网络计算系统中,一个协议往往不够,需要几个相互配合的协议一起工作。这些相互配合的协议称为一个协议栈。因此,网络思维是名字空间、拓扑、协议栈形成的整体思维。

3.4.1 分层和协议

抽象是系统设计者用于处理复杂性的基本工具。抽象的思想是定义一个能捕获系统某些特征的模型,并将这个模型封装为一个对象,为系统的其他组件提供一个可操作的接口,同时向对象使用者隐藏对象的实现细节。困难在于如何确定抽象,使得它们既能够提供适用于大多数情况的服务同时能够在底层系统中高效实现。我们想为应用提供一个抽象,对应用开发者隐藏网络的复杂性。

分层是抽象的自然结果,特别是在网络系统中。分层的总体思想是从底层硬件提供的服务开始,然后增加一系列的层,每一层都提供更高级(更抽象)的服务。高层提供的服务用低层提供的服务来实现。例如,可以将一个网络简单设想为夹在应用程序和底层硬件之间的两层抽象,如图 3-9 所示。在这种情况下,硬件上面的第一层可提供主机到主机的连接,对两台主机之间任意复杂的网络拓扑进行抽象。上面一层基于主机到主机的通信服务,对进程到进程的信道提供支持。对网络偶尔丢失消息这样的事实进行抽象。

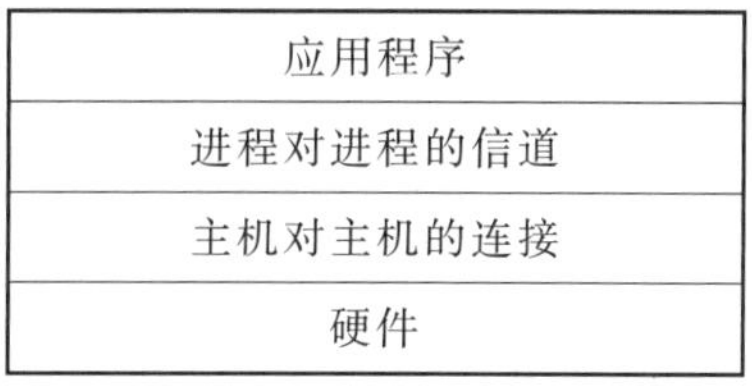

应用程序
进程对进程的信道
主机对主机的连接
硬件

图 3-9 分层网络系统示例

分层具有两个优点。第一,它将建造网络这个问题分解为多个可处理的部分。不是把想要的所有功能都集中在一个软件中,而是可以实现多个层。每一层解决一部分问题。第二,它提供一种更为模块化的设计。如果想增加一些新服务、只需要修改某一层的功能,同时可以继续使用其他各层提供的功能。

然而,将系统看作层次的线性序列是一种过分简化。通常,在系统的任意一层上都提供多种抽象,每种抽象都建立在同样的低层抽象上,却分别向高层提供不同的服务。一般提供两种信道:一种提供请求/应答服务,另一种支持消息流服务。这两种信道在多层网络系统的某个特定层上是可选的,如图 3-10 所示。

图 3-10 特定层上具有可选抽象的分层系统

在有关分层讨论的基础之上,我们能够更准确地讨论网络的体系结构。对初学者而言,构成网络系统分层的抽象对象称为协议。就是说,一个协议提供一种通信服务,供高层对象(如一个应用进程或更高层的协议)交换消息。例如,我们可以设想一个支持请求/应答协议和消息流协议的网络,分别对应于上面讨论过的请求/应答信道和消息流信道。

每个协议定义两种不同的接口。首先,它为同计算机上想使用其通信服务的其他对象定义一个服务接口(service interface)。这个服务接口定义了本地对象可以在该协议上执行的操作。例如,一个请求/应答协议可支持应用的发送和接收消息的操作。HTTP 协议(hyper text transfer protocol,超文本传输协议)的实现能够支持从远程服务器获取超文本页面的操作。当用户在当前页面上单击链接时,像 Web 浏览器这样的应用将调用该操作来获取新页面。

其次,协议为另一台机器上的对等实体定义一个对等接口(peer interface)。第二种接口定义了对等实体之间为实现通信服务而交换的消息的格式和含义。这将决定一台机器上的请求/应答协议以什么方式与另一台机器上的对等实体进行通信。例如,在 HTTP 议中,协议规范详细定义了"GET"命令的格式,包括该命令可以使用哪些参数,以及当接收到此命令时 Web 服务器该如何响应。

总之,协议定义了一个本地输出的通信服务(服务接口)以及一组规则,这些规则用于管理协议及其对等实体为实现该服务而交换的消息(对等接口)。这种情况如图 3-11 所示。

3.4.2 OSI 模型

我们先学习一下以太网最基本也是重要的知识——OSI 参考模型。OSI 的来源 OSI (open system interconnect),即开放式系统互联。一般都叫 OSI 参考模型,是 ISO(国际标准化组织)组织在 1985 年研究的网络互连模型。ISO 为了使网络应用更为普及,推出了OSI 参考模型。其含义就是推荐所有公司使用这个规范来控制网络,这样所有公司都有相同的规范,就能互联了。

1. OSI 七层模型的划分

OSI 定义了网络互连的七层框架(物理层、数据链路层、网络层、运输层、会话层、表示

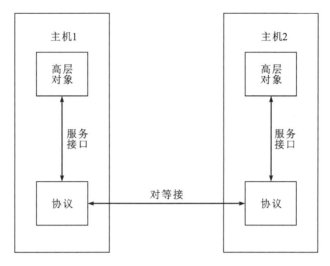

图 3-11 服务接口和对等接口

层、应用层),即 ISO 的开放互连系统参考模型,如图 3-12 所示。

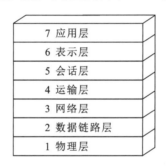

图 3-12 OSI 模型

每一层实现各自的功能和协议,并完成与相邻层的接口通信。OSI 的服务定义详细说明了各层所提供的服务。某一层的服务就是该层及其下各层的一种能力,它通过接口提供给更高一层。各层所提供的服务与这些服务是怎么实现的无关。

2. 各层功能定义

这里我们只对 OSI 各层进行功能上的大概阐述,不详细深究,因为每一层实际都是一个复杂的层。后面读者可以根据个人的兴趣方向展开部分层的深入学习。我们从最顶层——应用层开始介绍。整个过程以公司 A 和公司 B 的一次商业报价单发送为例进行讲解。

(1)应用层:OSI 参考模型中最靠近用户的一层,是为计算机用户提供应用接口,也为用户直接提供各种网络服务。我们常见应用层的网络服务协议有:HTTP、HTTPS、FTP、POP3、SMTP 等。

(2)表示层:提供各种用于应用层数据的编码和转换功能,确保一个系统的应用层发送的数据能被另一个系统的应用层识别。如果必要,该层可提供一种标准表示形式,用于将计算机内部的多种数据格式转换成通信中采用的标准表示形式。数据压缩和加密也是表示层可提供的转换功能之一。

（3）会话层：负责建立、管理和终止表示层实体之间的通信会话。该层的通信由不同设备中的应用程序之间的服务请求和响应组成。

（4）运输层：建立主机端到端的链接，运输层的作用是为上层协议提供端到端的可靠和透明的数据传输服务，包括处理差错控制和流量控制等问题。该层向高层屏蔽了下层数据通信的细节，使高层用户看到的只是在两个传输实体间的一条主机到主机的、可由用户控制和设定的、可靠的数据通路。我们通常说的，TCP/UDP 就是在这一层。端口号即是这里的"端"。

（5）网络层：通过 IP 寻址来建立两个节点之间的连接，为源端的运输层送来的分组，选择合适的路由和交换节点，正确无误地按照地址传送给目的端的运输层。就是通常说的 IP层。这一层就是我们经常说的 IP 协议层。IP 协议是 Internet 的基础。

（6）数据链路层：将比特组合成字节，再将字节组合成帧，使用链路层地址（以太网使用 MAC 地址）来访问介质，并进行差错检测。数据链路层又分为两个子层：逻辑链路控制子层（LLC）和媒体访问控制子层（MAC）。MAC 子层处理 CSMA/CD 算法、数据出错校验、成帧等；LLC 子层定义了一些字段使上次协议能共享数据链路层。在实际使用中，LLC 子层并非必需的。

（7）物理层：实际最终信号的传输是通过物理层实现的。通过物理介质传输比特流。规定了电平、速度和电缆针脚。常用设备有（各种物理设备）集线器、中继器、调制解调器、网线、双绞线、同轴电缆。这些都是物理层的传输介质。

3. 通信特点

OSI 模型的通信特点就是对等通信。为了使数据分组从源传送到目的地，源端 OSI 模型的每一层都必须与目的端的对等层进行通信，这种通信方式称为对等层通信。在每一层通信过程中，使用本层自己协议进行通信。

3.4.3　TCP/IP 模型

TCP/IP 是一组用于实现网络互连的通信协议。Internet 网络体系结构以 TCP/IP 为核心。基于 TCP/IP 的参考模型将协议分成四个层次，它们分别是：网络接口层、网际层、运输层和应用层，如图 3-13 所示。网络接口层对于计算机网络来说，这一层并没有什么特别新的具体的内容，因此在学习计算机网络原理是往往采用折中的办法，即综合 OSI 和

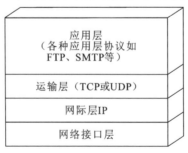

图 3-13　TCP/IP 的四层协议

TCP/IP的优点,采用一种只有五层协议的体系结构,将网络接口层分为数据链路层和物理层。本书采用四层协议讲述。

1. 应用层

应用层对应于OSI参考模型的高层,为用户提供所需要的各种服务,例如:FTP、Telnet、DNS、SMTP等。

2. 运输层

运输层对应于OSI参考模型的运输层,为应用层实体提供端到端的通信功能,保证了数据包的顺序传送及数据的完整性。该层定义了两个主要的协议:传输控制协议(TCP)和用户数据报协议(UDP)。

TCP协议提供的是一种可靠的、通过"三次握手"来连接的数据传输服务;而UDP协议提供的则是不保证可靠的(并不是不可靠)、无连接的数据传输服务。

3. 网际互联层

网际互联层对应于OSI参考模型的网络层,主要解决主机到主机的通信问题。它所包含的协议设计数据包在整个网络上的逻辑传输。注重重新赋予主机一个IP地址来完成对主机的寻址,它还负责数据包在多种网络中的路由。该层有三个主要协议:网际协议(IP)、互联网组管理协议(IGMP)和互联网控制报文协议(ICMP)。

IP协议是网际互联层最重要的协议,它提供的是一个可靠、无连接的数据报传递服务。

4. 网络接入层(即主机-网络层)

网络接入层与OSI参考模型中的物理层和数据链路层相对应。它负责监视数据在主机和网络之间的交换。事实上,TCP/IP本身并未定义该层的协议,而由参与互连的各网络使用自己的物理层和数据链路层协议,然后与TCP/IP的网络接入层进行连接。地址解析协议(ARP)工作在此层,即OSI参考模型的数据链路层。

3.4.4 网络拓扑

网络拓扑(network topology)结构是指用传输介质互连各种设备的物理布局,指构成网络的成员间特定的物理的即真实的或者逻辑的即虚拟的排列方式。如果两个网络的连接结构相同,我们就说它们的网络拓扑相同,尽管它们各自内部的物理接线、节点间距离可能会有不同。

拓扑是一种不考虑物体的大小、形状等物理属性,而仅仅使用点或者线描述多个物体实际位置与关系的抽象表示方法。拓扑不关心事物的细节,也不在乎相互的比例关系,而只是以图的形式表示一定范围内多个物体之间的相互关系。

在实际生活中,计算机与网络设备要实现互联,就必须使用一定的组织结构进行连接,这种组织结构就叫做"拓扑结构"。网络拓扑结构形象地描述了网络的安排和配置方式,以及各节点之间的相互关系,通俗地说,"拓扑结构"就是指这些计算机与通信设备是如何连接在一起的。计算机网络中常见的拓扑结构有网状结构、星型结构、环型结构、总线型结构、混合型结构,如图3-14所示。

每一种网络结构都由结点、链路和通路等几部分组成。

(1)结点:又称为网络单元,它是网络系统中的各种数据处理设备、数据通信控制设备和

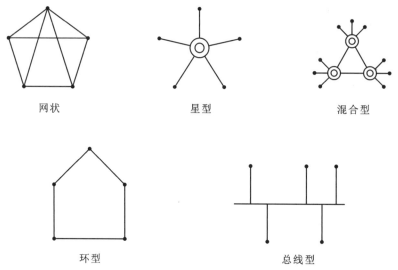

图 3-14 计算机网络常见的拓扑结构

数据终端设备。常见的结点有服务器、工作站、集线路和交换机等设备。

(2)链路:两个结点间的连线,可分为物理链路和逻辑链路两种,前者指实际存在发通信线路,后者指在逻辑上起作用的网络通路。

(3)通路:是指从发出信息的结点到接受信息的结点之间的一串结点和链路,即一系列穿越通信网络而建立起的结点到结点的链。

3.4.5 名字空间

为了对一个分布式系统中的实体进行区分和访问,有必要给其中的每个实体分配一个名字,或称为标识。一个概念范畴内的实体可以被分配的所有名字的集合,称为名字空间。比如,所有合法的 IPv4 地址的集合,组成了 IPv4 地址的名字空间。

当前互联网采用的是 TCP/IP 四层结构,从下到上依次是网络接口层、网络层、运输层和应用层。除网络接口层的部分内容以外,每层协议实体都有自己的名字空间,如图 3-15 所示。链路层实体的名字空间是 MAC 地址,网络层实体的名字空间是 IP 地址(IP address),运输层实体的名字空间是(IP 地址,端口号);而应用层实体的名字空间通常是域名(full qualified domain name)及其扩展(如 HTTP 地址、E-mail 地址等)。

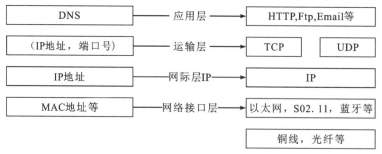

图 3-15 当前互联网的名字空间

第 4 章 计算机网络

所谓通信就是利用工具传送信息,从古代的狼烟烽火到后来的电话电报,人类使用了许许多多的通信工具;当通信运用计算机作为工具实现时,就产生了计算机网络。计算机网络可以理解为人类采用计算机处理、传递信息的一种技术。

计算机网络正在以前所未有的方式影响和改变人们的生活、学习和工作方式,使人们之间的交流摆脱了时间和空间的束缚。通过计算机网络,人们可以办公、学习、娱乐、游戏、购物、通信等。

本章主要介绍计算机网络的发展、网络的体系结构、Internet 体系结构,以及 Internet 常见接入方式等内容。

学习目标:
- 了解计算机网络的发展、组成及分类。
- 了解计算机网络体系结构、常用网络互联设备。
- 掌握 Internet 地址结构及接入方式。

4.1 计算机网络概述

4.1.1 计算机网络的发展

1. 互联网的发展

计算机网络自诞生至今,其发展历程分为四个阶段:远程终端联机、计算机-计算机网络、网络互联、信息高速公路。

第一阶段:远程终端联机。1954 年,收发器诞生,使用此设备,人们可通过电话线路将穿孔纸带或卡片上的信息发送到中心计算机,远距离信息传送器械——电传打字机也作为远程终端和计算机相连,用户可利用电传打字机发送自己的程序,并接收中心计算机计算出来的结果。此时计算机可与多台终端设备相连,初阶计算机网络诞生。

第二阶段:计算机-计算机网络。20 世纪 60 年代中期,经过一定的研究,计算机技术不断提升,计算机硬件价格逐步下降,计算机应用飞速发展,具有一定规模的公司已有能力负担多台计算机主机,而由于处于不同地域的多台计算机之间有通信需求,科学家逐渐研发出了计算机到计算机的通信技术。计算机-计算机的网络逐渐形成。

计算机-计算机网络的代表实例是 ARPANET。ARPANET 由美国国防部高级研究计划署(advanced research projects agency,ARPA)研制,该网络最初仅由位于洛杉矶四所大学中的 4 台大型计算机组成,目的是方便大学之间共享资源。

到了 1975 年,ARPANET 已连入了 100 多台主机,网络互联问题成为需要研究的核心,在研究此问题的过程中,网络协议簇 TCP/IP 应运而生,且有越来越多的人投入到了此协议簇的研究工作中。1983 年,TCP/IP 研制成功,ARPANET 主机使用的通信协议全部转换为 TCP/IP,ARPANET 逐渐成熟。之后美国国防部国防通信局将 APRANET 分为独立的两部分,一部分仍叫 APRANET,主要用于科研和教育;另一部分称为 MILNET,用于军方的非机密通信。

1985 年,美国国家科学基金会(national science foundation,NSF)开始建立计算机网络 NSFNET。1989 年,MILNET 与 NSFNET 连接,开始采用 Internet 这个名称,之后其他部门的计算机网络相继并入 Internet,APRANET 宣告解散。Internet 是一个由路由器实现多个广域网和局域网互联的大型国际网,它是世界性的信息网络,且在全球的经济、文化、科研、教育以及人类生活等之中发挥着越来越重要的作用。

第三阶段:网络互联。20 世纪 70 年代后期,人们已经意识到了网络体系结构与网络协议的多样化对计算机网络自身发展和应用的限制,并将研究重心逐渐放到了网络体系结构与网络协议国际化标准的建立与应用工作上。

1977 年,国家标准化组织(international standards organization,ISO)以各计算机制造厂家的网络体系结构为基础,开始制定一系列标准。1984 年,ISO 发布了开放系统互联参考模型(open system interconnection reference model,OSI/RM,OSI)。OSI 的目的是方便不同厂家的计算机互联,它制定了可以互联的计算机系统间使用的通信协议。符合 OSI 标准的网络也被称为第三代计算机网络。

20 世纪 80 年代,个人计算机(person computer,PC)得到了极大发展,计算机逐渐被应用于办公室与家庭环境。办公室与家庭环境无需使用远程公共数据网,局域网技术也开始被普遍应用。1980 年 2 月,局域网标准 IEEE 802 发布。局域网产生初期标准已制定,各成熟计算机网络厂商均按照标准制造设备,极大地促进了局域网的发展。

第四阶段:信息高速公路。进入 20 世纪 90 年代,随着计算机网络技术的迅猛发展,特别是 1993 年 9 月,美国推出一项重要的高科技项目——国家信息基础设施(national information infrastructure,NII),全世界许多国家都纷纷制定和建立本国的 NII,从而极大地推动了计算机网络技术的发展,使计算机网络的发展进入一个崭新的阶段,这就是计算机网络互联与高速网络阶段,也被称为信息高速公路计划。

信息高速公路是“网络的网络”,是一个由许多客户机/服务器和同等层组成的大规模网络,它能以每秒数兆位、数十兆位、甚至数千兆位的速率在其主干网上传输数据。它是由通信网、计算机、数据库以及日用电子产品组成的无缝网络。

2. 我国计算机网络的发展

1986 年,北京市计算机应用技术研究所实施的国际联网项目——中国学术网(Chinese academic network,CANET)启动,1987 年 9 月 14 日,北京计算机应用技术研究所钱天白教授通过意大利公用分组交换网 ITAPAC 设在北京的 PAD 发出我国的第一封电子邮件："Across the Great Wall we can reach every corner in the world"，如图 4-1 所示，揭开了中国人使用互联网的序幕。

```
(Message # 50: 1532 bytes, KEEP, Forwarded)
Received: from unikal by irmull.germany.csnet id aa21216; 20 Sep 87 17:36 MET
Received: from Peking by unikal; Sun, 20 Sep 87 16:55 (MET dst)
Date:    Mon, 14 Sep 87 21:07 China Time
From:    Mail Administration for China <MAIL@zel>
To:      Zorn@germany, Rotert@germany, Wacker@germany, Finken@unikal
CC:      lhl@parmesan.wisc.edu, farber@udel.edu,
         jennings%irlean.bitnet@germany, cic%relay.cs.net@germany, Wang@zel,
         RZLI@zel
Subject: First Electronic Mail from China to Germany

"Ueber die Grosse Mauer erreichen wie alle Ecken der Welt"
"Across the Great Wall we can reach every corner in the world"
```

图 4-1　我国的第一封电子邮件

1988 年初，中国邮电部正式建成了国内第一个 X.25 分组交换网（computer packet siwitchng telecom-munication network），覆盖了北京、上海、广州、沈阳、西安、武汉、成都、南京、深圳等城市。中国科学院高能物理研究所采用 X.25 协议使该单位的 DECnet 成为西欧中心 DECnet 的延伸，实现了计算机国际远程连网以及与欧洲和北美地区的电子邮件通信。

1989 年 9 月，原国家计委组织建立中关村地区教育与科研示范网络（national computing and networking facility of China，NCFC）。1990 年 11 月 28 日，钱天白教授代表中国正式在国际互联网络信息中心登记注册了 CN 顶级域名，并开通了使用该域名的国际电子邮件服务，提出了我国的域名体系。

1993 年 3 月 2 日，中科院高能物理研究所接入美国斯坦福线性加速器中心（SLAC）的 64K 专线正式开通，成为中国部分连入 Internet 的第一根专线。1994 年 4 月 20 日，中关村地区教育与科研示范网络（NCFC）工程通过美国 Sprint 公司连入 Internet 的 64K 国际专线开通，实现了中国与 Internet 的全功能连接。

从 1994 年开始，分别由当时的邮电部、国家计委、国教教委和中科院主持，建成了我国的 4 大计算机骨干网络，即中国公用计算机互联网、中国金桥信息网、中国教育科研计算机网和中国科学技术网。

1995 年 1 月，邮电部电信总局通过美国 Sprint 公司分别在北京、上海开通了接入美国 Internet 的 64K 专线，北京和上海两个节点之间采用 2M 带宽相连。1996 年 1 月，电信总局通过电话网、DDN 专线以及 X.25 网等方式正式开始向全社会提供 Internet 接入服务，中国互联网民用化时代开始。

1997 年 5 月 30 日，国务院信息化工作领导小组办公室发布《中国互联网络域名注册暂行管理办法》，授权中国科学院组建和管理中国互联网络信息中心（CNNIC），授权中国教育和科研计算机网网络中心与 CNNIC 签约并管理二级域名".edu.cn"。

1999 年 1 月 22 日，由中国电信和国家经贸委经济信息中心牵头、联合四十多家部委（办、局）信息主管部门在京共同举办"政府上网工程启动大会"，倡议发起了"政府上网工程"，政府上网工程主站点 www.gov.cn 开通试运行。

1999 年 9 月,招商银行率先在国内全面启动"一网通"网上银行服务,并经中国人民银行批准首家开展网上个人银行业务,成为国内首先实现全国联通"网上银行"的商业银行。

2000 年 1 月 18 日,经信息产业部批准,中国互联网络信息中心(CNNIC)推出中文域名试验系统。2000 年 9 月,中国教育科研技计算机网的信息服务中心在国内率先提供 IPv6 地址分配服务。

中国互联网络信息中心(CNNIC)在京发布第 47 次《中国互联网络发展状况统计报告》显示,截至 2020 年 12 月,我国网民规模达 9.89 亿,较 2020 年 3 月增长 8540 万,互联网普及率达 70.4%,我国互联网政务服务用户规模达 8.43 亿,较 2020 年 3 月增长 1.50 亿,占网民整体的 85.3%。我国电子政务发展指数为 0.7948,排名从 2018 年的第 65 位提升至第 45 位,取得历史新高,其中在线服务指数由全球第 34 位跃升至第 9 位,迈入全球领先行列。各类政府机构积极推进政务服务线上化,服务种类及人次均有显著提升;各地区各级政府"一网通办""异地可办""跨区通办"渐成趋势,"掌上办""指尖办"逐步成为政务服务标配,营商环境不断优化。2020 年,我国互联网行业在抵御新冠肺炎疫情和疫情常态化防控等方面发挥了积极作用,我国成为全球唯一实现经济正增长的主要经济体,国内生产总值(GDP)首度突破百万亿,为圆满完成脱贫攻坚任务做出了重要贡献。

4.1.2 计算机网络的组成与分类

1. 计算机网络的组成

计算机网络由若干结点(node)和连接这些结点的链路(link)组成。从不同角度,可以将计算机网络的组成分为如下几类:

(1)从组成成分上,一个完整的计算机网络由硬件、软件、协议三大部分组成。

硬件主要由主机、通信链路(如双绞线、光纤等)、交换设备(如路由器、交换机等)和通信处理机(如网卡)等组成。

软件主要包括各种实现资源共享、方便用户使用的程序资源(如网络操作系统、邮件收发程序、FTP 程序、各种应用程序等)。

协议是计算机网络的核心,规定了网络传输数据所遵循的规范。

(2)从功能组成上看,计算机网络由通信子网和资源子网组成。

通信子网由各种传输介质、通信设备和相应的网络协议组成,使网络具有数据传输、交换、控制和存储的能力,实现联网计算机之间的数据通信。

资源子网是实现资源共享功能的设备及其软件的集合,向网络用户提供共享其他计算机上的软、硬件资源及数据资源的服务。

2. 计算机网络的分类

(1)按照分布范围

广域网(wide area network,WAN) 任务主要是提供长距离通信,覆盖范围大。广域网也是因特网的核心部分。连接广域网的各结点交换机的链路一般都是高速链路,通信容量大。

城域网(metropolitan area network,MAN) 覆盖范围相对小很多,一般都在一个城市内。城域网大多采用以太网技术,所以也可以并入局域网进行讨论。

局域网(local area network,LAN)　局域网一般用微机或者工作站通过高速线路相连,覆盖范围较小。目前在局域网中常见的有:以太网(ethernet)、令牌环网(token ring)、光纤分布式数据接口网(fiber distributed data interface,FDDI)、异步传输模式网(asynchronous transfer mode,ATM)、无线局域网(wirress local area network,WLAN)等几类。

个人区域网(personal area network,PAN)　在个人生活工作的地方将电子设备(如平板电脑、智能手机等)用无线技术连接起来的网络,也常称为无限个人区域网 WPAN,范围大约在 10 m。若中央处理器之间距离非常近(如仅 1 m 或甚至更小),则一般称为多处理器系统,而不称为计算机网络。

(2)按照传输技术

广播式网络　在网络中只有一个单一的通信信道,由这个网络中所有的主机所共享,即多个计算机连接到一条通信线路上的不同分支点上,任意一个节点所发出的报文分组被其他所有节点接受,发送的分组中有一个地址域,指明了该分组的目标接受者和源地址。

点对点网络(peer-to-peer,P2P)　又称对等式网络,是无中心服务器、依靠用户群交换信息的互联网体系,它的作用在于,减低以往网络传输中的节点,以降低资料遗失的风险。与有中心服务器的中央网络系统不同,对等网络的每个用户端既是一个节点,也有服务器的功能,任何一个节点无法直接找到其他节点,必须依靠其户群进行信息交流。

(3)按照拓扑结构

星型网络　是指各工作站以星形方式连接成网,网络有中央节点,其他节点(工作站、服务器)都与中央节点直接相连,这种结构以中央节点为中心,因此又称为集中式网络。这种结构的优点是结构简单,便于控制管理,便于建网,网络延迟时间较小,传输误差较低;缺点也是成本高、可靠性较低、资源共享能力也较差。

总线型网络　指各工作站和服务器均挂在一条总线上,各工作站地位平等,无中心节点控制,公用总线上的信息多以基带形式串行传递,其传递方向总是从发送信息的节点开始向两端扩散,如同广播电台发射的信息一样,因此又称广播式计算机网络。各节点在接受信息时都进行地址检查,看是否与自己的工作站地址相符,相符则接收网上的信息。这种结构的优点是结构简单,可扩充性好;缺点是维护难、单点的结构可能会影响全网络。

环型网络　由网络中若干节点通过点到点的链路首尾相连形成一个闭合的环,这种结构使公共传输电缆组成环形连接,数据在环路中沿着一个方向在各个节点间传输,信息从一个节点传到另一个节点。这种结构的优点是由于每个节点都同时与两个方向的各一个节点相连接,此路不通彼路通,因此环状拓扑具有天然的容错性;缺点是由于存在来自两个方向的数据流,因此必须对这两个方向加以区分,或者进行限制,以避免无法区分的冗余数据流对正常通信的干扰。

树型网络　采用分级的集中控制结构,与星型相比,它的通信线路总长度短,成本较低,节点易于扩充,寻找路径比较方便,但除了叶节点及其相连的线路外,任一节点或其相连的线路故障都会使系统受到影响。

蜂窝结构网络　是无线局域网中常用的结构,它以无线传输介质(微波、卫星、红外等)点到点和多点传输为特征,是一种无线网,适用于城市网、校园网、企业网等。

分布式网络　将分布在不同地点的计算机通过线路互连起来的一种网络形式,由于采用分散控制,即使整个网络中的某个局部出现故障,也不会影响全网的操作,因而具有很高的可靠性,延迟时间少,传输速率高,但控制复杂,连接线路长,造价高。

混合拓扑网络 由星型结构、环型结构或总线型结构等结合在一起的网络结构,这样的拓扑结构更能满足较大网络的拓展,解决星型网络在传输距离上的局限,而同时又解决了总线型网络在连接用户数量上的限制。这种结构的优点是扩展相当灵活,速度较快;缺点是由于仍采用广播式的消息传送方式,所以在总线长度和节点数量上也会受到限制,较难维护。

(4)按照使用者

公用网(public network) 主要是指电信公司建造的大型网络(比如移动、联通、电信的宽带)。

专用网(private network) 指某个部门为本单位特殊业务而建造的网络,不向公众提供服务,比如电力、军队等部门都有自己专门的网络。

(5)按照传输介质

有线网络 采用同轴电缆、双绞线和光纤等来连接的计算机网络。

无线网络 指无需布线就能实现各种通信设备互联的网络,涵盖的范围很广,既包括允许用户建立远距离无线连接的全球语音和数据网络,也包括为近距离无线连接进行优化的红外线及射频技术。

4.1.3 计算机网络体系结构

计算机网络体系结构是指计算机网络层次结构模型,它是各层的协议以及层次之间的端口的集合。网络协议是为计算机网络中进行数据交换而建立的规则、标准或者说是约定的集合。

1.计算机网络体系结构的形成

计算机网络出现初期,为了抢占计算机网络这个新兴的市场,很多大型公司都拥有了网络技术,公司内部的计算机可以相互连接,但因为没有一个统一的规范,不同厂商都制定了各自的标准,生产的设备互不兼容,不同公司的网络计算机之间传输的信息相互不能理解,从而形成了一个个的网络孤岛,这种情况严重阻碍了网络应用的发展。

最早提出计算机网络体系结构概念的是美国的 IBM 公司。在 1974 年,IBM 公司研究开发出了著名的网络标准——系统网络体系结构(system network architecture,SNA),用于公司内部网络的建设。

为了让使用不同体系结构标准建设的计算机网络之间实现互连互通,国际标准化组织 ISO 于 20 世纪 70 年代后期提出了开放系统互连参考模型 OSI。该模型力图使在网络体系结构各个层次上工作的协议统一化、标准化。

2.OSI 体系结构

OSI 将计算机网络体系结构的通信协议划分为七层,自下而上依次为:物理层、数据链路层、网络层、传输层、会话层、表示层、应用层。如图 4-2 所示。

(1)物理层。物理层的功能是激活、维持、关闭通信端点之间的机械特性、电气特性、功能特性以及过程特性。该层完成数据在计算机内部(并行传输)与通信线路(串行传输)之间的串-并传输方式的转换,为上层协议提供了一个传输数据的可靠的物理媒体,确保原始的数据可在各种物理媒体上传输。该层主要的设备有中继器和集线器。

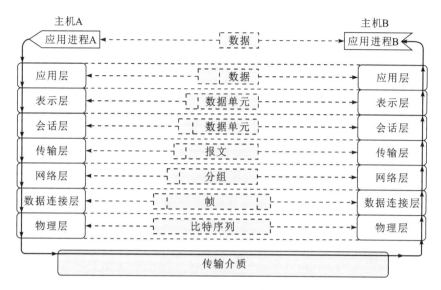

图 4-2 OSI 七层模型

（2）数据链路层。该层将网络层的数据包封装成帧（交给物理层）发送到链路上，或者把从物理层中接收到的帧中的 IP 数据包取出并交给网络层。功能主要包括物理地址寻址、数据的成帧、流量控制、数据的检错、重发等。该层主要的设备有网桥和交换机。

（3）网络层。网络层负责对子网间的数据包进行路由选择、连接的建立、保持和终止、拥塞控制、网际互连等功能，实现两个端系统之间的数据透明传送。

网络层中涉及众多的协议，主要包括 IP（internet protocol）协议、地址解析协议 ARP（address resolution protocol）、逆地址解析协议 RARP（reverse address resolution protocol）、因特网报文协议 ICMP（internet control message protocol）、因特网组管理协议 IGMP（internet group management protocol）等。该层主要的设备有路由器。

（4）传输层。传输层根据通信子网的特性，最佳的利用网络资源，为两个端系统的会话层之间，提供建立、维护和取消传输连接的功能，负责将上层数据分段并提供端到端的可靠数据传输，处理端到端的差错控制和流量控制。

网络层只是根据网络地址将源结点发出的数据包传送到目的结点，而传输层则负责将数据可靠地传送到相应的端口。

网络层的协议主要包括传输控制协议 TCP（transmission control protocol）、用户数据报协议 UDP（user datagram protocol）。该层主要的设备有网关。

（5）会话层。会话层主要管理主机之间的会话进程，负责建立、管理、终止进程之间的会话。不参与具体的传输，提供包括访问验证和会话管理在内的建立和维护应用之间通信的机制。如服务器验证用户登录便是由会话层完成的。

（6）表示层。该层主要对上层数据或信息进行变换以保证一个主机应用层信息可以被另一个主机的应用程序理解，包括数据的加密、压缩、格式转换等功能。

（7）应用层。应用层是专门用于应用程序的，为操作系统或网络应用程序提供访问网络服务的接口。该层的协议主要包括简单邮件传输协议 SMTP（simple mail transfer protocol）、域名系统协议 DNS（domain name system）、文件传输协议 FTP（file transfer protocol)、简单网络管理协议 SNMP(simple network management protocol)、超文本传输协议 HTTP(hyper text transfer protocol)等。

在 OSI 参考模型中,当一台主机需要传送用户的数据(DATA)时,数据首先通过应用层的接口进入应用层。在应用层,用户的数据被加上应用层的报头(AH),形成应用层协议数据单元,然后通过应用层与表示层的接口数据单元,递交到表示层。

表示层并不"关心"应用层的数据格式,而是把整个应用层递交的数据报看成是一个整体进行封装,加上表示层的报头(PH),然后递交到会话层。

同样,会话层、传输层、网络层、数据链路层也都要分别给上层递交下来的数据加上自己的报头。它们是会话层报头(SH)、传输层报头(TH)、网络层报头(NH)和数据链路层报头(DH)。其中,数据链路层还要给网络层递交的数据加上数据链路层报尾(DT)形成最终的一帧数据。

当一帧数据通过物理层传送到目标主机的物理层时,该主机的物理层把它递交到数据链路层。数据链路层负责去掉数据帧的帧头部 DH 和尾部 DT(同时还进行数据校验)。如果数据没有出错,则递交到网络层。

同样,网络层、传输层、会话层、表示层、应用层也要做类似的工作。最终,原始数据被递交到目标主机的具体应用程序中。如图 4-3 所示。

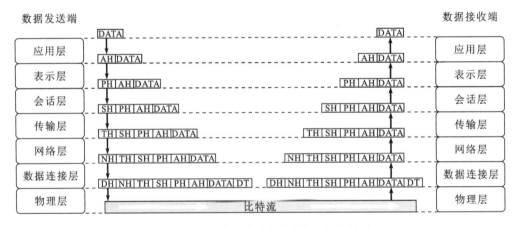

图 4-3 OSI 参考模型数据封装与通信过程

3. TCP/IP 体系结构

TCP/IP 协议栈是美国国防部高级研究计划局计算机网(advanced research projects agency network,ARPANET)及其后继 Internet 使用的参考模型。ARPANET 最早使用的是网络控制协议(network control protocol,NCP),但随着网络的发展和用户对网络的需求不断提高,设计者们发现,NCP 协议存在着很多的缺点以至于不能充分支持 ARPANET 网络,特别是 NCP 仅能用于同构环境中(网络上的所有计算机都运行相同的操作系统)。1980年,用于"异构"网络环境中的 TCP/IP 协议研制成功,可以在各种硬件和操作系统上实现互操作,1982 年,ARPANET 开始采用 TCP/IP 协议。

TCP/IP 体系结构从低层到高层依次为:网络接口层(对应 OSI 参考模型中的物理层和数据链路层)、网际层、传输层和应用层(对应 OSI 参考模型中的会话层、表示层和应用层)。

如图 4 - 4 所示。

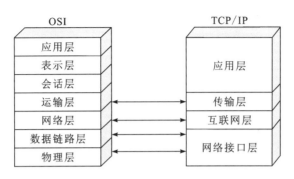

图 4 - 4 计算机网络体系结构分层

TCP/IP 协议在一定程度上参考了 OSI 的体系结构。OSI 模型共有七层,这有些复杂,所以在 TCP/IP 协议中,它们被简化为了四个层次,应用层、表示层、会话层三个层次提供的服务相差不是很大,所以在 TCP/IP 协议中,它们被合并为应用层一个层次。

OSI 引入了服务、接口、协议、分层的概念,TCP/IP 借鉴了 OSI 的这些概念建立 TCP/IP 协议簇模型。两种模型的层次划分和通信过程中的相关协议对应关系如表 4 - 1 所示。

表 4 - 1 OSI 和 TCP/IP 层次划分及相关协议对应关系表

OSI 模型	TCP/IP 概念层模型	功能	TCP/IP 协议簇
应用层	应用层	文件传输,电子邮件,文件服务,虚拟终端	TFTP, HTTP, SNMP, FTP, SMTP, DNS, Telnet, WAIS 等
表示层		数据格式化,代码转换,数据加密	没有协议
会话层		解除或建立与别的接点的联系	没有协议
传输层	传输层	提供端对端的接口	TCP, UDP 等
网络层	网络层	为数据包选择路由	IP, ICMP, RIP, OSPF, BGP, ICMP 等
数据链路层	链路层	传输有地址的帧以及错误检测功能	SLIP, CSLIP, PPP, ARP, RARP, MTU 等
物理层		以二进制数据形式在物理媒体上传输数据	ISO2110, IEEE802 等

4.1.4 网络互联设备

由于网络的普遍应用,为了在更大范围内实现相互通信和资源共享,网络之间的互联便成为一种信息快速传达的最好方式。

网络互联时,首先在物理上需要通过网络传输介质把两种网络连接起来。同时为了实现网络之间互访与通信、解决它们之间协议的差异、处理速率与带宽的差别等问题,还需要各种网络互联设备进行协调、转换,常见的有网络接口卡、中继器、交换机和路由器等。

1. 传输介质

网络传输介质是指在网络中传输信息的载体,分为有线传输介质和无线传输介质两大类。不同的传输介质具有不同的特性,对网络中数据通信质量和通信速度有较大影响。

有线传输介质主要有双绞线、同轴电缆和光纤,双绞线和同轴电缆传输电信号,光纤传输光信号。无线传输介质指利用空间的电磁波,将信息加载在电磁波上进行传输,实现站点之间通信。根据传输的电磁波频谱不同可将其分为无线电波、微波、红外线、激光等。

(1)双绞线。双绞线是由两条外面被覆塑胶类绝缘材料、内含铜缆线,互相绝缘的双线互相缠绕(一般以顺时针缠绕)绞合成螺旋状的一种电缆线,如图4-5所示。采用这种方式,不仅可以抵御一部分来自外界的电磁波干扰,也能减少发送中信号的衰减、减少串扰及噪声。

图 4 - 5   双绞线

双绞线型号标准如表4-2所示。常见的有3类线,5类线和超5类线、6类线,以及最新的7类线。

表 4 - 2   双绞线标准

标准	说明
CAT-1	目前未被 TIA/EIA 承认。以往用在传统电话网络(POTS)、ISDN 及门钟的线路
CAT-2	目前未被 TIA/EIA 承认。以往常用在 4 Mb/s 的令牌环网络
CAT-3	目前以 TIA/EIA-568.2-D 所界定及承认。并提供 16MHz 的带宽。曾经常用在 10 Mb/s 以太网络
CAT-4	目前以 TIA/EIA-568.2-D 所界定及承认。提供 20MHz 的带宽。以往常用在 16 Mb/s 的令牌环网络
CAT-5	目前以 TIA/EIA-568.2-D 所界定及承认。并提供 100MHz 的带宽。目前常用在快速以太网(100 Mb/s)中
CAT-5e	目前以 TIA/EIA-568.2-D 所界定及承认。并提供 125MHz 的带宽。目前常用在快速以太网及千兆以太网(1000Mb/s)中

续表

标准	说明
CAT-6	目前以 TIA/EIA-568.2-D 所界定及承认。提供 250MHz 的带宽,比 CAT-5 与 CAT-5e 高出一倍半
CAT-6A	目前以 TIA/EIA-568.2-D 所界定及承认。提供 500MHz 的带宽,使用在万兆位以太网(10 Gb/s)中
CAT-7	为 ISO/IEC 11801 Class F 缆线标准的非正式名称。此标准定义 4 对各别屏蔽的双绞线包覆在一个屏蔽内。设计供以 600MHz 频率传输信号
CAT-8/Class I	目前以 TIA/EIA-568.2-D 所界定及承认。提供 2000MHz 的带宽,使用在四万兆位以太网(40 Gb/s)中。(ISO/IEC 11801-1 2017-11 版,定义为 Class I)使用 8P8C 连接器
CAT-8.2/ClassII	目前以 ISO/IEC 11801-1 2017-11 版所界定及承认。提供 2000MHz 的带宽,使用在四万兆位以太网(40 Gb/s)中。使用 TERA 或 GG45 连接器

　　双绞线标准中应用最广的是 ANSI/EIA/TIA-568A 和 ANSI/EIA/TIA-568B。这两个标准最主要的不同就是芯线序列的不同,如图 4-6 所示。

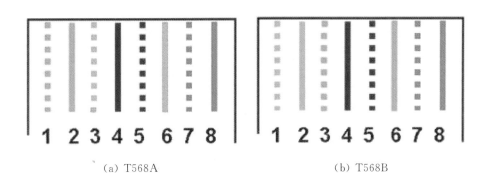

　　　　　(a) T568A　　　　　　　　　　　　　　(b) T568B

图 4-6　双绞线标准示例图

　　根据 568A 和 568B 标准,RJ—45 连接头(俗称水晶头)各触点在网络连接中对传输信号所起的作用分别是:1、2 用于发送,3、6 用于接收,4、5、7、8 是双向线。对与 RJ—45 头相连接的双绞线来说,为降低相互干扰,标准要求 1、2 必须是相互绞缠的一对线,3、6 也必须是相互绞缠的一对线,4、5 相互绞缠,7、8 相互绞缠。由此可见实际上两个标准 568A 和 568B 没有本质的区别,只是连接 RJ—45 时 8 根双绞线的线序排列不同。

　　(2)同轴电缆。同轴电缆是指有两个同心导体,而导体和屏蔽层又共用同一轴心的电缆,如图 4-7 所示,内导体和网状外导电层形成电流回路,因为内导体和网状外导电层为同轴关系而得名。

　　最常见的同轴电缆以硬铜线为芯(导体),外包一层绝缘材料(绝缘层),这层绝缘材料再用密织的网状导体环绕构成屏蔽,其外又覆盖一层保护性材料(护套)。同轴电缆的这种结构使它具有更高的带宽和极好的噪声抑制特性。

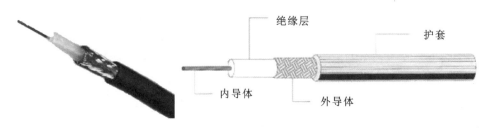

图 4 - 7　同轴电缆

同轴电缆可用于模拟信号和数字信号的传输,它比双绞线的屏蔽性更好,抗干扰能力强,传输数据稳定。因为同轴电缆可靠物理的特性,能够给音、视频信号传输提供优良的表现,适用于各种网络连接应用,如电视传播、长途电话传输、计算机系统之间的短距离连接以及局域网连接等。

（3）光纤。光导纤维,或称光学纤维,简称光纤,是一种由玻璃或塑料制成的纤维,利用光在这些纤维中以全内反射原理传输的光传导工具。微细的光纤封装在塑料护套中,使得它能够弯曲而不至于断裂,如图 4 - 8 所示。

图 4 - 8　光纤

通常光纤的一端的发射设备使用发光二极管或一束激光将光脉冲发送至光纤中,光纤的另一端的接收设备使用光敏组件检测脉冲。包含光纤的线缆称为光缆。由于信息在光导纤维的传输损失比电在电线传导的损耗低得多,而且主要生产原料是硅,蕴藏量极大,较易开采,所以价格便宜,促使光纤被用作长距离的信息传递介质。

光纤主要分为两类,渐变光纤与突变光纤。前者的折射率是渐变的,而后者的折射率是突变的。另外还分为单模光纤及多模光纤。近年来,又有新的光子晶体光纤问世。现在较好的光导纤维,其光传输损失每公里只有 0.2 分贝;相当于传播一公里后只损耗 4.5%。

（4）微波传输。微波是频率在 $10^8 \sim 10^{10}$ Hz 的电磁波。在 100MHz 以上,微波就可以沿直线传播,因此可以集中于一点。通过抛物线状天线把所有的能量集中于一小束,便可以防止他人窃取信号和减少其他信号对其的干扰,但是发射天线和接收天线必须精确地对准。

由于微波沿直线传播,所以如果微波塔相距太远,地表就会挡住去路。因此,隔一段距离就需要一个中继站,微波塔越高,传的距离越远。微波通信被广泛用于长途电话通信、电视传播等应用。

（5）红外线。红外线是频率在 $10^{12} \sim 10^{14}$ Hz 的电磁波。无导向的红外线被广泛用于短距离通信，如电视、录像机等使用的遥控装置都利用了红外线通信。

红外线有一个主要缺点：不能穿透坚实的物体。如一间房屋里的红外系统不会对其他房间里的系统产生串扰，所以红外系统防窃听的安全性要比无线电系统好。

（6）激光传输。通过装在楼顶的激光装置来连接两栋建筑物里的 LAN。由于激光信号是单向传输，因此每栋楼房都得有自己的激光以及测光的装置。激光传输的缺点之一是不能穿透雨和浓雾，但是在晴天里可以工作得很好。

2. 网络接口卡

网络接口卡又称为网络接口控制器（network interface controller，NIC）、网络适配器（network adapter）或网卡（network interface card），是一块被设计用来在计算机网络上进行通信的计算机硬件。

在网络上的每一个计算机都必须拥有一个独一无二的 MAC 地址。每一个网卡都有一个独一无二的 48 位 MAC 地址串行号，它被写在卡上的一块 ROM 中。没有任何两块被生产出来的网卡拥有同样的地址，国际电气电子工程师协会（IEEE）负责为网络接口控制器销售商分配唯一的 MAC 地址。

由于网卡拥有 MAC 地址，因此属于 OSI 模型的第 2 层，使得用户可以通过电缆或无线相互连接。

网卡以前是作为扩展卡插到计算机总线上的，但是由于其价格低廉而且以太网标准普遍存在，大部分新的计算机都在主板上集成了网络接口。

3. 交换机

网络交换机是一种网络硬件，通过报文交换，接收和转发数据到目标设备，它能够在计算机网络上连接不同的设备，一般也简称为交换机。以太网交换机是网络交换机最常见的形式。

交换机是一种多端口的网桥，在数据链路层使用 MAC 地址转发数据。通过引入路由功能，一些交换机也可以在网络层转发数据，这种交换机一般被称为三层交换机或者多层交换机。

交换机工作于 OSI 参考模型的第二层，即数据链路层。交换机内部的 CPU 会在每个端口成功连接时，通过将 MAC 地址和端口对应，形成一张 MAC 表。在今后的通信中，发往该 MAC 地址的数据包将仅送往其对应的端口，而不是所有的端口。因此交换机可用于划分数据链路层广播，即冲突域；但它不能划分网络层广播，即广播域。

交换机对数据包的转发是创建在 MAC 地址——物理地址基础之上的，对于 IP 网络协议来说，它是透明的，即交换机在转发数据包时，不知道也无须知道信源机和信宿机的 IP 地址，只需知道其物理地址。

4. 路由器

路由器是连接两个以上网络的设备，提供路由与转送两种重要机制，可以决定数据包从源端到目的端所经过的路径（称为路由），同时将路由器输入端的数据包移送至适当的路由器输出端（称为转送）。路由工作在 OSI 模型的第三层——即网络层，由于位于两个或更多个网络的交汇处,从而可在它们之间传递分组。

路由器与交换机在概念上有一定重叠但也有不同:交换机泛指工作于任何网络层次的数据中继设备(多指网桥),而路由器则更专注于网络层。

4.1.5 计算机网络的性能

1.计算机网络的功能

信息传递和资源共享是计算机网络产生与发展以来一直追求的目标,也是计算机网络最主要的两大功能。

(1)信息传递。信息传递是计算机网络最基本的功能,它用来快速传送计算机与终端、计算机与计算机之间的各种文字、图形图像、声音、视频等信息。

(2)资源共享。"共享"是指网络中的用户可以部分或全部享受网络中的资源,计算机网络可共享的资源包括硬件资源、软件资源和信息资源。

硬件资源共享指通过网络对处理资源、存储资源、输入输出资源等硬件设备资源的共享,可提高资源利用率、节约成本。

软件资源共享是指在保持数据完整性和统一性的前提下,允许多个用户同时调用服务器的各种软件资源。如通过网络共享语言处理程序、各种应用程序和服务程序等软件资源。

信息是网络世界里最宝贵的资源之一,随着互联网的普及,人们越来越习惯在网络上发布、浏览、应用各种信息。用户只要接入互联网,便能通过网络去搜索、访问、浏览或者下载所需信息。

2.计算机网络的性能指标

计算机网络的性能可以从以下几个重要的指标来衡量。

(1)速率。单位时间内通过计算机网络数字通道的位数,即数字信道上数据的传送速率,也称为数据率或比特率。速率的单位是比特每秒(b/s)。

(2)带宽。单位时间内通过计算机网络数字通道的最大数据量,即数字信道上所能传送的最高数据率,带宽一般直接用波特率或符号率来描述。

(3)吞吐量。单位时间内通过某个网络(或信道、接口)的实际的数据量。主机之间实际的传输速率,被称为吞吐量,不仅仅衡量带宽,还衡量 CPU 的处理能力,网络拥堵程度。吞吐量受网络的带宽或网络的额定速率的限制,吞吐量的单位通常表示为比特每秒(b/s)。

速率和带宽都是指单个信道,如果主机与网络有多个链路,那么主机与网络的吞吐量就是所有信道速率之和。

(4)时延。时延指数据(一个报文或分组,甚至比特)从网络(或链路)的一端传送到另一端所需的时间,也称为延迟或迟延。网络中的时延是由发送时延、传播时延、处理时延、排队时延几个不同的部分组成的。

发送时延:主机或路由器发送数据帧所需要的时间,也就是从发送数据帧的第一个比特算起,到该帧的最后一个比特发送完毕所需的时间。

$$发送时延 = \frac{数据块长度(\text{bit})}{发送速率(\text{bit/s})}$$

传播时延:电磁波在信道中传播一定的距离需要花费的时间。

$$传播时延 = \frac{信道长度(m)}{电磁波在信道上的传输速度(m/s)}$$

处理时延：主机或路由器在收到分组时要花费一定的时间进行处理，例如分析分组的首部、从分组中提取数据部分、进行差错检验或查找适当的路由等，这就产生了处理时延。

排队时延：分组在经过网络传输时，要经过许多路由器。但分组在进入路由器后要先在输入队列中排队等待处理。在路由器确定了转发接口后，还要在输出队列中排队等待转发。这就产生了排队时延。

这样，数据在网络中经历的总时延就是以上四种时延之和：

总时延＝发送时延＋传播时延＋处理时延＋排队时延

（5）往返时间。往返时间表示从发送端发送数据开始，到发送端收到来自接收端的确认（接收端收到数据后立即发送确认），总共经历的时延。

（6）利用率。利用率有信道利用率和网络利用率。信道利用率指出某信道有百分之几的时间是被利用的。网络利用率则是全网络的信道利用率的加权平均值。

信道利用率并非越高越好。这是因为，根据排队的理论，当某信道的利用率增大时，该信道引起的时延也就迅速增加。

4.2 Internet 基本技术及应用

4.2.1 Internet 概述

互联网泛指任何分离的实体网络集合，这些网络以一组通用的协议相连，形成逻辑上的单一网络。2002 年起，有学者认为互联网已经成为人类生活的一部分，失去专有的意义，2016 年，美联社认为互联网已和电话一样成为一件一般的事物，不具有专属商标的意义，于是将 internet 一词用小写表示。

internet 是用一个共同的协议族把多个网络连接在一起的逻辑网络；而 Internet 指的是通过 TCP/IP 互相通信的所有主机集合，专指前身为 ARPANET、基于 TCP/IP 协议将各种实体局域网和广域网互联而成的逻辑网络，Internet 是 internet 的其中一种形式。

Internet 的技术和 TCP/IP 的规范都是公开的，支持众多的底层协议，以太网（Ethernet）、令牌环（Token Ring）、光纤数据分布接口（FDDI）、点对点协议（PPP）、X.25、帧中继（Frame Relay）、ATM、Sonet、SDH 等通信方法中都可以应用，这正是后来 Internet 得到飞速发展的重要原因。

4.2.2 Internet 体系结构

Internet 不仅由许多异构网络组成，而且网络中许多计算机的系统结构不同、型号大小不一、处理能力差异大、功能各异。但它们都依靠 TCP/IP 协议集，自如地实现网与网、计算机与计算机之间的互联、互通和互操作。所以，人们也说 Internet 的本质就是 TCP/IP 协议集，或者说 TCP/IP 是 Internet 最成功的网络体系结构。

TCP/IP 是 Internet 网络通信协议集的总称，含有上百个协议，不仅仅指的是 TCP 和

IP 两个协议。TCP 和 IP 是这个集合中最基本的两个协议,即传输控制协议和网际协议。但长期以来,人们习惯于把 TCP/IP 协议集简称为 TCP/IP。TCP 向网络应用程序提供基本的通信连接等服务,IP 则为互连的网络以及互连的计算机提供通信等服务。

TCP/IP 的层次结构及各层的主要协议如图 4-9 所示。其中应用层接收来自传输层的数据或者按不同应用要求与方式将数据传输至传输层,传输层实现数据传输与数据共享,网络层负责网络中数据包的传送,网络接口层或数据链路层主要提供链路管理错误检测、对不同通信媒介有关信息细节问题进行有效处理等。

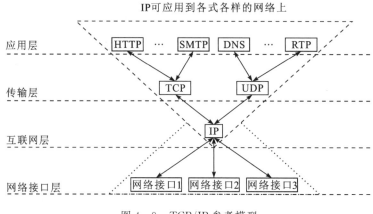

图 4-9　TCP/IP 参考模型

Internet 网络体系结构以 TCP/IP 为核心,将协议分成四个层次,分别是:网络接口层、网际互联层(主机到主机)、传输层和应用层。

(1)应用层。对应于 OSI 参考模型的高层,为用户提供所需要的各种服务,负责处理应用程序的逻辑,比如文件传输、名称查询和网络管理等。

常用的协议有:

开放最短路径优先协议(open shortest path first interior gateway protocol,OSPF),是一种动态路由更新协议,用于路由器之间的通信,以告知对方各自的路由信息。

域名服务协议(domain name system,DNS),是一种用于 TCP/IP 应用程序的分布式数据库,它提供主机名字和 IP 地址之间的转换及有关电子邮件的选路信息。如我们在访问百度时直接输入域名 www.baidu.com,DNS 会转化成百度的 IP 地址并访问。

远程登录协议 telnet(telecommunication network protocol),远程登录是 Interne 上最广泛的应用之一,我们可以先注册登录到一台主机然后再通过网络远程登录到任何其他一台网络主机上去。Telnet 是标准的提供远程登录功能的应用,它能够运行在不同操作系统的主机之间,通过客户进程和服务器进程之间的选项协商机制,从而确定通信双方可以提供的功能特性。

超文本传输协议(HTTP),是一种用于分布式、协作式和超媒体信息系统协议,提供一种发布和接收 HTML 页面的方法。通过 HTTP 协议请求的资源由统一资源标识符(uniform resource identifiers,URI)来标识。

文件传输协议(file transfer protocol,FTP),是一个用于在计算机网络上在客户端和服务器之间进行文件传输的应用层协议,是一个 8 位的客户端-服务器协议,能操作任何类型的文件而不需要进一步处理。

简单邮件传输协议(simple mail transfer protocol,SMTP),是一个在互联网上传输电子邮件的标准。

(2)传输层。对应于 OSI 参考模型的传输层,为应用层实体提供端到端的通信功能,保证了数据包的顺序传送及数据的完整性。

该层定义了两个主要的协议:

传输控制协议(transmission control protocol,TCP),是一种面向连接的、可靠的、基于字节流的传输层通信协议。应用层向 TCP 层发送用于网间传输的、用 8 位字节表示的数据流,然后 TCP 把数据流分割成适当长度的报文段(通常受该计算机连接的网络的数据链路层的最大传输单元(MTU)的限制)。之后 TCP 把结果包传给 IP 层,由它来透过网络将包传送给接收端实体的 TCP 层。TCP 为了保证不发生丢包,就给每个包一个序号,同时序号也保证了传送到接收端实体的包的按序接收。然后接收端实体对已成功收到的包发回一个相应的确认信息(ACK);如果发送端实体在合理的往返时延(RTT)内未收到确认,那么对应的数据包就被假设为已丢失并进行重传。

用户数据报协议(user datagram protocol,UDP),是一个简单的面向数据报的通信协议,为网络层提供了一个简单的接口,UDP 只提供数据的不可靠传递,它一旦把应用程序发给网络层的数据发送出去,就不保留数据备份(所以 UDP 有时候也被认为是不可靠的数据报协议)。

(3)网际层。对应于 OSI 参考模型的网络层,主要解决主机到主机的通信问题。它赋予主机一个 IP 地址来完成对主机的寻址,它还负责数据包在多种网络中的路由。

常用的协议有:

网际协议(IP),又称互联网协议,是用于分组交换数据网络的协议。IP 是在 TCP/IP 协议族中网际层的主要协议,任务仅仅是根据源主机和目的主机的地址来传送数据,为此目的,IP 定义了寻址方法和数据报的封装结构。

互联网组管理协议(Internet group management protocol,IGMP)是用于管理网络协议多播组成员的一种通信协议,IP 主机和相邻的路由器利用 IGMP 来创建多播组的组成员。

互联网控制消息协议(Internet control message protocol,ICMP),用于网际协议(IP)中发送控制消息,提供可能发生在通信环境中的各种问题反馈,通过这些信息,使管理者可以对所发生的问题作出诊断,然后采取适当的措施解决。ICMP 依靠 IP 来完成它的任务,它是 IP 的主要部分。

(4)网络接口层。与 OSI 参考模型中的物理层和数据链路层相对应。它负责监视数据在主机和网络之间的交换。事实上,TCP/IP 本身并未定义该层的协议,而由参与互连的各网络使用自己的物理层和数据链路层协议,然后与 TCP/IP 的网络接入层进行连接。

常用的协议有:

地址解析协议(address resolution protocol,ARP),它实现 IP 地址到物理地址(通常是 MAC 地址(media access control address),通俗的理解就是网卡地址)的转换。

逆地址解析协议(reverse address resolution protocol,RARP),RARP 使用与 ARP 相同的报头结构,作用与 ARP 相反,用于将 MAC 地址转换为 IP 地址。因为限于 IP 地址的运用以及其他的一些缺点,逐渐被更新的动态主机设置协议(dynamic host configuration protocol,DHCP)所取代。

光纤分布式数据接口(fiber distributed data interface,FDDI),是美国国家标准学会制定的在光缆上发送数字信号的一组协议,是使用光纤的局域网传输标准,基于令牌环协议。

综合业务数字网(integrated services digital network,ISDN),是一个数字电话网络国际标准,是一种典型的电路交换网络系统。它通过普通的铜缆以更高的速率和质量传输语音和数据。

4.2.3 Internet 地址结构

Internet 依靠 TCP/IP 协议,在全球范围内实现不同硬件结构、不同操作系统、不同网络系统的互联。在 Internet 上,每一个节点都依靠唯一的 IP 地址互相区分和相互联系,每一台联网的计算机无权自行设定 IP 地址,有一个统一的机构——互联网号码分配局(Internet assigned numbers authority,IANA)负责对申请的组织分配唯一的网络 ID。

1. IP 地址格式及分类

IP 地址是 IP 协议提供的一种统一的地址格式,它为互联网上的每一个网络和每一台主机分配一个唯一的逻辑地址,以此来屏蔽物理地址的差异。由于有这种唯一的地址,才保证了用户在连网的计算机上操作时,能够高效而且方便地从千千万万台计算机中选出自己所需的对象来。通过 IP 地址,设备间可以互相通信,如果没有 IP 地址,我们将无法知道哪个设备是发送方,无法知道哪个是接收方。

Internet 协议的原始版本于 1983 年在 ARPANET 中首次部署,其版本是 Internet 协议版本 4(IPv4)。到了 1990 年初期,可供分配给 Internet 服务器提供商(ISP)和用户组织的 IPv4 地址空间迅速耗尽,互联网工程工作小组(IETF)开始规划 IPv4 的下一代协议,除要解决即将遇到的 IP 地址短缺问题外,还要发展更多的扩展。1994 年正式提议 IPv6 发展计划,并于 1996 年 8 月 10 日成为 IETF 的草案标准,1998 年 12 月由互联网工程工作小组以互联网标准规范(RFC 2460)的方式正式公布。

IP 地址的编址方法共经过了三个历史阶段。

第一阶段:分类的 IP 地址。这是最基本的编址方法,在 1981 年就通过了相应的标准协议。第二阶段:子网的划分。这是对最基本的编址方法的改进,其标准 RFC950 在 1985 年通过。第三阶段:无分类编址(构成超网)。这是比较新的无分类编址方法。1993 年提出后很快就得到推广应用。

(1)分类的 IP 地址。所谓分类的 IP 地址就是将 IP 地址划分为若干个固定类,每一类地址都由两个固定长度的字段组成,如图 4－10 所示。其中第一个字段是网络号(net-id),它标志主机(或路由器)所连接到的网络,一个网络号在整个互联网范围内必须是唯一的。第二个字段是主机号(host-id),它标志该主机(或路由器),一台主机号在它 IP 地址网络号所指明的网络范围内必须是唯一的。由此可见,一个 IP 地址在整个互联网范围内是唯一的。

在 IPv4 中,用点分十进制四组表示法,即用四个取值从 0 到 255 的数字由点隔开,比如 192.168.47.82。

A 类、B 类和 C 类 IP 地址的网络号字段分别为 1 个、2 个和 3 个字节;网络号字段最前面 1～3 位为网络类别位,其数值规定为 0、10 和 110,分别表示 A 类、B 类和 C 类 IP 地址。

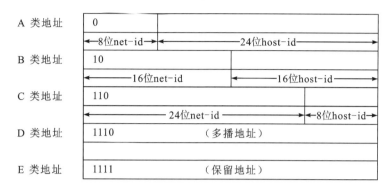

图 4-10　IP 地址分类

D 类地址(前 4 位是 1110)用于多播(一对多通信),E 类地址(前 4 位是 1111)保留为以后用。

例如,A 类地址的网络号字段占 1 个字节,因为网络号"0 0000000"(即为 0)的 IP 地址是个保留地址,意思是"本网络",网络号为"0 1111111"(即为 127)保留用作本地主机的进程通信测试。因此可指派的网络号是 126 个(2^7-2,即 1~126)。

A 类地址的主机号占 3 个字节,其中全 0 表示该 IP 地址是本主机所连接到的单个网络地址,而全 1 表示该网络上的所有主机。所以每一个 A 类网络中的最大主机数是 $2^{24}-2$(即 16777214)个。

(2)子网的划分。分类的 IP 地址不够灵活,IP 地址空间的利用率有时很低,另外给每一个物理网络分配一个网络号会让路由表变得太大而使网络性能降低。于是提出子网划分,把 IP 地址的主机号部分进行再划分,而不改变 IP 地址原来的网络号。

划分子网的方法是将网络 IP 地址的主机号再分成一个子网号和主机号,构成三级 IP 地址结构:网络号、子网号和主机号。这样,当一个单位拥有多个部门且每个部门具有相对独立的物理网络时,可给不同部门的物理网络分配一个子网号。划分子网纯属于一个单位内部的事情,只是把 IP 地址的主机号这部分进行再划分,而不改变 IP 地址原来的网络号,本单位以外的网络看不见这个网络是由多少个子网组成,因为这个单位对外仍然表现为一个网络。

(3)无分类 IP 编址。无分类 IP 编址即无类别域间路由选择(classless inter-domain routing,CIDR),消除了传统 A 类、B 类和 C 类地址以及划分子网的概念,使用网络前缀和主机号来对 IP 地址进行编码,使用变长子网掩码,使网络前缀的长度可以根据需要变化,进一步提高 IP 地址资源的利用率。

IP 地址使用"斜线记法",又称为"CIDR 记法",即在 IP 地址后面加上一个斜线"/",然后写上网络前缀所占的比特数。例如,IP 地址 192.168.47.82/20 表示在这个 32 位的 IP 地址中,前 20 位表示网络前缀,后面 12 位为主机号。

【例 4-1】　求 IP 地址 192.168.47.82/20 所在地址块中的最小地址和最大地址。

【解】　192.168.47.82 用二进制表示为:

11000000 10101000 0010　　1111 01010010

|←　　20 位网络前缀　　→|　|←12 位主机号→|

所以在网络前缀确定的地址块中,最小地址为:

11000000 10101000 0010 0000 00000000

最大地址为:

11000000 10101000 0010 1111 11111111

2. 子网掩码

子网掩码(subnet mask)又叫"网络掩码""地址掩码"或"子网路遮罩",它是一种用来指明一个 IP 地址的哪些位标识的是主机所在的网络地址以及哪些位标识的是主机地址的位掩码。子网掩码不能单独存在,它必须结合 IP 地址一起使用。

通常情况下,子网掩码的表示方法和地址本身的表示方法是一样的。在 IPv4 中,就是点分十进制四组表示法。无分类 IP 地址编码 CIDR 表示中,用斜线"/"后面的数字指出 IP 地址中网络地址的位数,如 192.168.47.82/20 指出前 20 位表示网络地址,和子网掩码 255.255.240.0 意思一样。

两台主机要通信,首先要判断是否处于同一网段,即网络地址是否相同。如果网络地址相同,表明接受方在本网络上,可以通过相关的协议把数据包直接发送到目标主机;如果网络地址不同,表明目标主机在远程网络上,那么数据包将会发送给本网络上的路由器,由路由器将数据包发送到其他网络,直至到达目的主机。子网掩码可以分离出 IP 地址中的网络地址和主机地址。

只要把子网掩码和 IP 地址进行逐位的"与"运算,即可将 IP 地址划分成网络地址和主机地址两部分,用于区别网络标识和主机标识,并说明该 IP 地址是在局域网上,还是在远程网上;另外,子网掩码可以将一个大的 IP 网络划分为若干小的子网络,以避免主机过多而拥堵或过少而浪费 IP。

【**例 4 - 2**】 已知 IP 地址为 141.14.72.24,子网掩码为 255.255.192.0,试求网络地址。

【**解**】

子网掩码 255.255.192.0 的二进制表示为: **11111111 11111111 11**000000 00000000

IP 地址   141.14.72.24 的二进制表示为: 10001101 00001110 01001000 00011000

将子网掩码和 IP 地址按位与运算后即为网络地址: 10001101 00001110 01000000 00000000

对应的十进制表示形式为: 141.14.64.0

3. IP 地址的分配

为了让计算机能在 Internet 中正常工作,需要给它配置相应的 IP 地址。计算机获取 IP 地址的过程被称为 IP 地址分配。Internet 给计算机分配 IP 地址的方式有静态分配方式和动态分配方式。

(1)静态分配 IP 地址。静态分配也称为手工分配。网络管理员在计算机中直接设置所使用的 IP 地址。在 Windows 系统中,用户可以在"Internet 协议版本 4(TCP/IPv4)属性"对话框中手动配置静态地址,如图 4 - 11(a)所示,IPv6 地址设置如图 4 - 11(b)所示。

选中"使用下面的 IP 地址(S)"单选按钮,然后输入所要使用的 IP 地址、子网掩码和默认网关,这些信息必须与自己所在的网络信息一致。在"使用下面的 DNS 服务器地址(E)"下的文本框中输入首选 DNS 服务器地址即备用 DNS 服务器地址。

(2)动态分配 IP 地址。动态分配是指计算机向动态主机配置协议服务器申请 IP 地址,

（a）Internet 协议版本 4（TCP/IPv4）属性　　　　（b）Internet 协议版本（TCP/IPv6）属性

图 4 - 11　Windows 系统静态分配 IP 地址示意图

获取后使用该地址。这时，计算机作为 DHCP 客户机。

在这个过程中，DHCP 客户机向 DHCP 服务器租用 IP 地址，DHCP 服务器只是暂时分配给客户机一个 IP 地址。只要租约到期，这个地址就会还给 DHCP 服务器，以供其他客户机使用。如果 DHCP 客户机仍需要一个 IP 地址来完成工作，则可以再申请另外一个 IP 地址。所以，计算机获取的 IP 地址每次都可能不一样，属于动态分配。

在 Windows 系统中，用户可以在"Internet 协议版本 4（TCP/IPv4）属性"或对话框中选中"自动获得 IP 地址（O）"和"自动获得 DNS 服务器地址（O）"单选按钮即可，计算机就会尝试向 DHCP 服务器请求 IP 地址了，如图 4 - 12 所示。

4. MAC 地址

MAC 地址即介质访问控制地址，也称物理地址或硬件地址，用来定义网络设备的位置。MAC 地址是网卡出厂时设定的，采用十六进制数表示，长度是 6 个字节（48 位），前 24 位叫组织唯一标志符（organizationally unique identifier，OUI），是由 IEEE 的注册管理机构给不同厂家分配的代码；后 24 位是由厂家自己分配的，称为扩展标识符，同一个厂家生产的网卡中 MAC 地址后 24 位是不同的。

5. 域名地址

Internet 上利用 IP 地址区别不同的计算机，由于一组 IP 地址数字很难记忆和使用，因此为网上的服务器取一个便于记忆和使用的名字，即域名地址。但网络工作中真正区分机器的还是 IP 地址，所以当用户输入域名后，浏览器要先去域名服务器数据库中查询这该域名对应的 IP 地址。

域名由一串用点分隔的字符组成，用以表示 Internet 上某一台计算机或计算机组的名称，域名可以说是一个 IP 地址的代称，目的是便于记忆和使用 IP 地址。例如，wikipedia.

（a）Internet 协议版本 4（TCP/IPv4）属性　　　　（b）Internet 协议版本 6（TCP/IPv6）属性

图 4-12　Windows 系统动态分配 IP 地址示意图

org 是一个域名，和 IP 地址 208.80.152.2 相对应，人们只需要记忆 wikipedia.org 这一串带有特殊含义的字符，就可以直接访问 wikipedia.org 来代替 IP 地址，域名系统（DNS）就会将它转化成便于计算机识别的 IP 地址。

一台主机名由他所属各级域和分配给主机的名字共同构成，如主机名、机构名、网络名、最高层域名，书写时按照由小到大的顺序，顶级域名放在最右面，分配给主机的名字放在最左面，各级名字之间用"."隔开。常见的顶级域名如表 4-3 所示。

表 4-3　常见的顶级域名

组织模式顶级域名	含义	地理模式顶级域名	含义
com	商业组织	cn	中国
edu	教育机构	hk	中国香港
gov	政府部门	mo	中国澳门
mil	军事部门	tw	中国台湾
net	主要网络支持中心	us	美国
org	上述以外组织	uk	英国
int	国际组织	jp	日本
top	高端、顶级企业（个人）	ru	俄罗斯

6. IPv6 地址

（1）背景与目标。网际协议第 6 版（Internet protocol version 6，IPv6）是网际协议的最新版本，用作互联网的协议。用它来取代 IPv4 主要是为了解决 IPv4 地址枯竭问题，同时它也在其他方面对于 IPv4 有许多改进。

IPv6 的设计目的是取代 IPv4,互联网数字分配机构(IANA)在 2016 年已向国际互联网工程任务组(IETF)提出建议,要求新制定的国际互联网标准只支持 IPv6,不再兼容 IPv4。然而长期以来 IPv4 在互联网流量中仍占据主要地位,IPv6 的使用增长缓慢。2020 年 3 月23 日,工业和信息化部发布《关于开展 2020 年 IPv6 端到端贯通能力提升专项行动的通知》,要求到 2020 年末,IPv6 活跃连接数达到 11.5 亿,较 2019 年 8 亿连接数的目标提高43%。到 2025 年末,中国 IPv6 网络规模、用户规模、流量规模位居世界第一,网络、应用、终端全面支持 IPv6。

(2)IPv6 格式。IPv6 采用 128 位的地址,一般采用 32 个十六进制数,具有比 IPv4 大得多的编码地址空间。在很多场合,IPv6 地址由两个逻辑部分组成:一个 64 位的网络前缀和一个 64 位的主机地址,主机地址通常根据物理地址自动生成,叫做 EUI-64(或者 64-位扩展唯一标识)。

IPv6 有 3 种表示方法。

①冒号分隔十六进制表示法

格式为 X：X：X：X：X：X：X：X,其中每个 X 为十六进制表示的地址,例如:

ABCD：EF01：2345：6789：ABCD：EF01：2345：6789

这种表示法中,每个 X 的前导 0 是可以省略的,例如:

2001：0DB8：0000：0023：0008：0800：200C：417A 可以省略表示为:

2001：DB8：0：23：8：800：200C：417A

②0 位压缩表示法。在某些情况下,一个 IPv6 地址中间可能包含很长的一段 0,可以把连续的一段 0 压缩为"::"。但为保证地址解析的唯一性,地址中"::"只能出现一次,例如:

FF01：0：0：0：0：0：0：1101 可以压缩表示为 FF01::1101,

0：0：0：0：0：0：0：1 可以压缩表示为　::1

③内嵌 IPv4 地址表示法。为了实现 IPv4 与 IPv6 互通,IPv4 地址会嵌入 IPv6 地址中,此时地址常表示为:X：X：X：X：X：X：d.d.d.d,前 96 位采用冒分十六进制表示,而最后 32 位地址则使用 IPv4 的点分十进制表示,例如::192.168.0.1 与::FFFF:192.168.0.1,注意在前 96 位中,压缩 0 位的方法依旧适用。

4.2.4　Internet 接入

任何需要使用互联网的计算机必须通过某种方式与互联网进行连接,接入方式由过去单一的电话拨号方式,发展成现在多样的有线和无线接入方式,接入终端也开始朝向移动设备发展,并且不断有更新更快的接入方式被研究和开发出来。

目前常用的 Internet 接入方法有 PSTN 接入、ISDN 接入、ADSL 接入、局域网接入及其他宽带接入。

1. PSTN 接入

通过公共交换电话网(public switched telephone network,PSTN)接入互联网,指用户计算机使用调制解调器通过普通电话与互联网服务提供商(Internet servic provider,ISP)相连接,再通过 ISP 接入互联网。用户的计算机与 ISP 的远程接入服务器均通过调制解调器与互联网相连。用户在访问互联网时通过拨号方式与 ISP 建立连接,通过 ISP 的路由器访问互联网。这种方式一般只适合于个人或小型企业使用。

2. ISDN 接入

综合业务数字网(ISDN)是一个欧洲普及的数字电话网络国际标准,是一种典型的电路交换网络系统。它通过普通的铜缆以更高的速率和质量传输语音和数据,GSM 移动电话标准也可以基于 ISDN 传输数据。

因为 ISDN 是全部数字化的电路(只有 0 和 1 这两种状态),所以它能够提供稳定的数据服务和连接速度,不像模拟线路那样对干扰比较明显,在数字线路上容易开展模拟线路无法保证质量的数字信息业务。

除了基本的打电话功能之外,ISDN 还能提供视频、视频会议、图像、传真、远距教学、个人电脑通信与数据服务。ISDN 需要一条全数字化的网络用来承载数字信号,故又称作"一线通"。

ISDN 有两种访问方式。

(1)基本速率接口(BRI):由每个带宽 64Kb/s 的 2 个 B 信道和一个带宽 16Kb/s 的 D 信道组成。三个信道设计成 2B＋D0。

(2)主速率接口(PRI):由很多的 B 信道和一个带宽 64Kb/s 的 D 信道组成,B 信道的数量取决于不同的国家,北美和日本为 23B＋1D2,总位速率 1.544 Mb/s(T1);欧洲、澳大利亚为 30B＋D2,总位速率 2.048 Mb/s(E1)。语音调用通过数据通道(B)传送,控制信号通道(D)用来设置和管理连接。

3. ADSL 接入

非对称数字用户线(asymmetric digital subscriber line,ADSL)是 xDSL 家族中的一员,因为上行(从用户到电信服务提供商方向,如上传动作)和下行(从电信服务提供商到用户的方向,如下载动作)带宽不对称(即上行和下行的速率不相同),因此称为非对称数字用户线路。它采用频分多路复用技术把普通的电话线分成了电话、上行和下行三个相对独立的信道,从而避免了相互之间的干扰。通常 ADSL 在不影响正常电话通信的情况下可以提供最高 3.5Mb/s 的上行速度和最高 24Mb/s 的下行速度。

ADSL 是一种异步传输模式(ATM)。在电信服务提供商端,需要将每条开通 ADSL 业务的电话线路连接在数字用户线路访问多路复用器(DSLAM)上。而在用户端,用户需要使用一个 ADSL 终端(和传统的调制解调器(Modem)类似)来连接电话线路。由于 ADSL 使用高频信号,所以在两端还都要使用 ADSL 信号分离器(splitter)将 ADSL 数据信号和普通音频电话信号分离出来,避免打电话的时候出现噪音干扰。

通常的 ADSL 终端有一个电话 Line-In,一个以太网口,有些终端集成了 ADSL 信号分离器,还提供一个连接的 Phone 接口。某些 ADSL 调制解调器使用 USB 接口与电脑相连,需要在电脑上安装指定的软件以添加虚拟网卡来进行通信。

由于受到传输高频信号的限制,ADSL 需要电信服务提供商端接入设备和用户终端之间的距离不能超过 5 km,也就是用户的电话线连到电话局的距离不能超过 5 km。

ADSL 通常提供三种网络登录方式:桥接(直接提供静态 IP)、PPPoA(基于 ATM 的端对端协议)、PPPoE(基于以太网的端对端协议),后两种通常不提供静态 IP,而是动态的给用户分配网络地址。

4. 通过局域网接入

用户通过局域网,使用路由器通过数据通信网与 ISP 相连接,再通过 ISP 接入互联网。数据通信网有很多类型,例如 DDN、ISDN、X.25、帧中继与 ATM 网等,它们均由电信部门营运与管理。用户端通常是有一定规模的局域网,例如一个企业网和一个校园网。

5. 其他宽带接入

(1) HFC(CABLE MODEM)。HFC 是一种基于有线电视网络资源的接入方式,具有专线上网的连接特点,允许用户通过有线电视网实现高速接入互联网。适用于拥有有线电视网的家庭、个人或中小团体。特点是速率较高,接入方式方便(通过有线电缆传输数据,不需要布线),可实现各类视频服务、高速下载等。缺点是基于有线电视网络的架构是属于网络资源分享型的,当用户剧增时,速率就会下降且不稳定,扩展性不够。

(2) 光纤宽带接入。通过光纤接入到小区节点或楼道,再由网线连接到各个共享点上(一般不超过 100 m),提供一定区域的高速互联接入。特点是速率高,抗干扰能力强,适用于家庭,个人或各类企事业团体,可以实现各类高速率的互联网应用(视频服务、高速数据传输、远程交互等),缺点是一次性布线成本较高。

(3) 无源光纤网络。无源光纤网络(passive optical network,PON)又称被动式光纤网络,为光纤通信网络的一种,其特色为不用电源就可以完成信号处理,就像家里的镜子,不需要电就能反射影像,除了终端设备需要用到电以外,其中间的节点则以精致小巧的光纤组件构成。

无源光纤网络技术是一种点对多点的光纤传输和接入技术,局端到用户端最大距离为 20 km,特点是接入速率高,可以实现各类高速率的互联网应用(视频服务、高速数据传输、远程交互等),缺点是一次性投入较大。

(4) 无线网络。无线网络指任何形式的无线电网络,不需电缆即可在节点之间相互链接传输信号。无线网络一般被应用在使用电磁波的遥控信息传输系统中,即物理层用无线电波作为载波的网络,如:LTE-A、LTE、WCDMA、CDMA2000、EDGE、GSM、Wi-Fi、WiMax、ZigBee、Z-Wave 等。

(5) 移动网络。移动网络又称蜂窝网络,是一种移动通信硬件架构,分为模拟蜂窝网络和数字蜂窝网络。由于构成网络覆盖的各通信基地台的信号覆盖呈六边形,从而使整个网络像一个蜂窝而得名。

目前世界的主流网络类型有:GSM、WCDMA/CDMA2000(3G)、LTE/LTE-A(4G)等。

移动网络组成主要有以下三部分:移动站,基站子系统,网络子系统。移动站就是我们的网络终端设备,比如手机或者一些蜂窝工控设备。基站子系统包括我们日常见到的移动基站(大铁塔)、无线收发设备、专用网络(一般是光纤)、无数的数字设备等等的。我们可以把基站子系统看作是无线网络与有线网络之间的转换器。

第五代移动通信技术(5th generation mobile networks 或 5th generation wireless systems、5th-Generation,5G 或 5G 技术)是最新一代蜂窝移动通信技术,也是继 4G(LTE-A、WiMax)、3G(UMTS、LTE)和 2G(GSM)系统之后的延伸。5G 的性能目标是高数据速率、减少延迟、节省能源、降低成本、提高系统容量和大规模设备连接。

2019 年 6 月 6 日,工信部正式向中国电信、中国移动、中国联通、中国广电发放 5G 商用牌照,中国正式进入 5G 商用元年。2019 年 10 月 31 日,我国三大运营商中国电信、中国移动、中国联通公布 5G 商用套餐,并于 2019 年 11 月 1 日正式上线 5G 商用套餐。到 2020 年底,国内已经累计开通 71.8 万个 5G 基站,5G 手机终端连接数突破 2 亿。目前,中国独占全球 30% 以上的 5G 标准专利,份额全球第一。华为凭借 15.39% 的 5G 专利申请量占比排行世界第一。

2019 年我国已启动 6G 技术研发,6G 的网速可达 1000Gb/s,延迟低于 $100\mu s$,速度是 5G 网络的 50 倍,延迟是 5G 网络的 1/10。

(6)量子网络。量子网络是指在多个通信节点间,利用量子密钥分发进行安全通信的网络。各节点间产生的量子密钥可以对传统的语音、图像以及数字多媒体等通信数据进行加密和解密。由于量子通信线路无法通过挂接旁路窃听或拦截窃听,只要被窃听就会让量子态发生变化从而改变通信内容被侦知,从而实现安全的通信。量子网络运用量子力学原理传输信息,使绝对安全的网络通信成为可能。

世界上已有美国、欧洲、中国、俄罗斯等多个研究小组和机构致力于量子通信网的研发。

2004 年,中国科学技术大学潘建伟教授的科研团队首次实现五光子纠缠和终端开放的量子态隐形传输。

2008 年 8 月,潘建伟团队研制 20km 级 3 方量子电话网络。

2014 年 11 月 15 日,中国研发的远程量子密钥分发系统的安全距离扩展至 200 km,刷新世界纪录。

2016 年 8 月 16 日,中国发射全世界首颗量子科学实验卫星。截至 2017 年 8 月,已完成了包括千公里级的量子纠缠分发、星地的高速量子秘钥分发,以及地球的量子隐形传态等预定的科学目标。

2017 年 9 月 29 日,世界首条量子保密通信干线"京沪干线"正式开通。当日结合京沪干线与"墨子号"量子卫星,成功实现人类首次洲际距离且天地链路的量子保密通信。干线连接北京、上海,贯穿济南和合肥全长 2000 余公里。

第 5 章　信息安全

人类社会逐步进入信息化时代,随着信息技术与产业的高速发展与广泛应用,社会的信息化程度越来越高,人类对信息环境的依赖程度也越来越高。同时,信息成为一种重要的战略资源,任何危害信息安全的行为都可能造成巨大损失。

目前,人类社会中的安全可信与网络空间中的安全可信是息息相关的,对于人类生存来说,只有同时解决人类社会和网络空间的安全可信,才能保证人类社会的安全、和谐、繁荣和进步。

本章主要介绍信息安全的基本概念、信息安全现状、信息安全技术基础以及与信息安全相关的前沿技术、法律法规等内容。

学习目标:
- 了解信息安全的基本概念、现状。
- 了解信息安全相关的内容、技术基础。
- 了解信息安全的前沿技术、相关法律法规。

5.1　信息安全概述

计算机网络的最主要功能和目的就是传递和共享信息,借助计算机网络,我们可以非常方便地使用网络上的信息资源,但同时也给信息带来了极大的安全隐患。

5.1.1　信息安全的基本概念

一、信息安全面临的威胁

计算机网络的美妙之处是你可以和每个人互联互通,但计算机网络的可怕之处正是每个人都可以和你互联互通。随着 Internet 的迅速发展,网络存取控制、逻辑连接数量剧增,相关软件规模空前膨胀,网络的全球开放性、共享性、自由性等特点导致越来越多的信息和重要数据被侵袭或破坏,任何缺陷、失误都可能造成巨大的损失。

信息是网络的灵魂,也是当今社会发展的重要战略资源,任何网络安全隐患都可能导致信息安全威胁,网络中的信息面临的威胁多种多样,通常主要来自以下几类。

1. 人为因素

由网络使用者或网络管理人员有意或无意而造成的信息安全威胁,主要包括:

(1)人为失误带来的威胁,如管理不善而造成系统信息丢失、设备被盗、发生火灾、水灾,安全设置不当而留下的安全漏洞,用户口令不慎暴露,信息资源共享设置不当而被非法用户访问等。

这类威胁主要是由网络用户或网络管理者的网络安全防范意识不强、操作失误、管理不当等原因造成的后果。

(2)人为攻击带来的威胁,如通过软件漏洞、密码破解、社会工程攻击等方式,窃取、破坏网络数据或网络资源。

这类威胁主要是由网络黑客、犯罪分子等通过一定的技术手段有目的地操作后带来的安全威胁。

2. 自然因素

由不可抗拒的自然环境或灾害而造成的网络及信息安全威胁,如地震、风暴、泥石流、洪水、闪电雷击、电磁辐射、高温、各种污染等对计算机网络构成破坏,从而产生的信息安全威胁。

3. 网络系统自身因素

由于网络中的计算机系统或网络设备自身存在的潜在风险而造成的网络安全威胁,主要包括:

(1)由各种计算机系统或网络通信设备自身存在的硬件故障而产生的网络安全威胁。

(2)由各类应用软件或系统软件故障或安全漏洞而产生的网络安全威胁,如操作系统、各种中间件、数据库管理系统、通信协议以及各种网络应用软件可能存在的后门或漏洞等故障或缺陷带来的安全威胁。

(3)由于安全策略设计不合理或安全配置不当造成的安全威胁,如防火墙配置不正确、安全认证机制设计不合理、访问控制策略设计不合理等。

二、信息安全的内涵

20 世纪 50 年代,科技文献中开始出现"信息安全"用词。进入 21 世纪后,信息安全成为各国安全领域聚焦的重点,从个人隐私、商业秘密到国家秘密,先后都有了相应的技术标准规范、国家战略规划和国际行为准则出台。

1. 信息安全

平常我们所说的信息一般指信息载体(如磁盘、光盘、数字终端、网络等)上存储和流动的数据,信息安全就是指保护这些数据信息不受威胁或侵害。

在目前环境下,可以将信息安全理解为保障国家、机构、个人的信息空间、信息载体和信息资源不受来自信息系统内外各种形式的威胁和侵害;从技术层面讲,信息安全是指信息系统的软、硬件及其系统中的数据受到保护,不会因偶然或恶意的原因而遭受破坏、更改和泄露,系统连接可靠、运行正常、信息服务不中断。

从信息论角度讲,系统是载体、信息是内涵,信息不能脱离它的载体而孤立存在。因此不能脱离信息系统而孤立地谈论信息安全,应当从信息系统角度来全面考虑信息安全的内涵。

信息系统安全主要包括四个方面：设备安全、数据信息安全、行为安全和内容安全。

设备安全包括信息系统的硬设备和软设备安全，主要指保证设备的稳定性、可靠性及可用性。数据信息安全主要指保护系统中信息的秘密性、完整性和可用性。行为安全主要指主体行为的秘密性、完整性和可控性。内容安全指从政治、法律、道德层次上保障信息内容健康、符合国家法律法规和道德规范。

信息安全是一个系统工程，要从信息系统的软、硬件底层做起，综合采取法律、管理、教育、技术等多方面措施，综合治理。"三分技术，七分管理"是信息安全领域的共识，也是人们在长期的信息安全工作中总结出来的经验。

2. 网络空间安全

在信息时代，人们生存在物理世界、人类社会和信息空间组成的三元世界中，为了刻画人类生存的信息环境，人们创造了 cyberspace 一词，我们称为网络空间，是人类生存的除陆、海、空、宇宙之外的第五空间。

网络空间是信息环境中的一个整体域，它由独立且相互依存的信息基础设施和网络组成，包括互联网、电信网、计算机系统、嵌入式处理器和控制器系统，是信息时代人们赖以生存的信息环境，是所有信息系统的集合。

因为网络空间既是人的生存环境也是信息的生存环境，在网络空间中，人与信息相互作用、相互影响，因此网络空间安全是人和信息对网络空间的基本要求。

网络空间安全的核心内涵是信息安全，没有信息安全就没有网络空间安全。网络空间安全事关国家安全、社会稳定、经济发展和公众利益。

自互联网诞生以来，国际社会就在不断探索网络空间的行为规范。在互联网发展初期，人们认为互联网应独立于现实空间成为信息自由传播的工具，要形成一套独立于政府的全新的治理模式。然而随着互联网的迅猛发展和广泛应用，网络犯罪、网络恐怖主义成为全球性问题，各国政府逐步开始通过立法和行政手段参与网络空间治理。由于互联网的跨国属性，生成符合各方利益的网络空间国际规范也成为大多数政府、跨国企业等行为体的共识。

自 20 世纪 90 年代起，网络空间就已成为各方关注的话题。在数十年间，网络空间治理理念经历了从"自由放任"到"全球治理"的过程。但本质上，无论是更早期的《互联网独立宣言》，还是联合国信息社会世界峰会的召开，尽管主张和形式各异，将网络空间问题"安全化"的进程已经启动，网络空间国际规范的公共议程创建已经完成。进入 21 世纪第二个十年，随着"棱镜门"等事件和网络技术的快速发展，各方对于网络空间的利益和主张逐渐明确，逐渐形成符合各自发展利益的网络空间国际规范主张，塑造了本国网络空间问题的"安全化"逻辑。上海合作组织、世界互联网大会、联合国政府专家组、北约网络合作防御卓越中心、网络空间稳定委员会等国际组织和平台，甚至微软等互联网企业纷纷提出网络空间国际规范蓝本，并随着互联网技术发展与网络空间的变化，逐步提升规范的具体性、持久性和一致性，试图推动网络空间国际规范由弱规范向强规范转变。

2013 年和 2015 年，联合国政府专家组成果报告两次确认国际法适用于网络空间。北约网络合作防御卓越中心则更进一步，试图建立适用于网络空间的国际法体系。2018 年法国总统马克龙提出的《网络空间巴黎倡议》囊括了网络空间稳定委员会，微软等非国家行为体所推动的规范，提出要"促进网络空间负责任国际行为规范和建立信任措施的广泛接受和实施"。后续在荷兰政府支持下，网络空间稳定委员会于 2019 年 11 月 12 日发布了《推进网络空间稳定性》报告,在其以往的主张上,进一步提出了促进网络稳定的框架、四项原则、八条行为规范以及六点建议,试图提出能够在各方形成共识的基础性主张。2020年10月,欧盟成员国联合其他国家提出制定"推进网络空间负责任国家行为的行动纲领",试图整合联合国政府专家组和开放式工作组,以期搭建能够继续推动构建网络空间国际规范的新机制。2020年9月,美国白宫发布《5号太空政策令:太空系统网络安全原则》加强太空网络安全。

中国推动发展网络空间国际规范的目的是通过国际社会平等参与和共同决策,构建多边、民主、透明的全球互联网治理体系,让网络空间更好地造福人类,符合历史发展的规律也符合全人类的利益。中国参与生成和推广符合"一带一路"、东盟域内以及周边国家共同利益的网络空间国际规范,2013年上海合作组织成员国将网络空间治理纳入《关于构建持久和平、共同繁荣地区的宣言》,反对将信息和通信技术用于危害成员国政治、经济和社会安全的目的,2016年12月27日,经中央网络安全和信息化委员会批准,国家互联网信息办公室发布《国家网络空间安全战略》,2020年9月,王毅外长提出《全球数据安全倡议》,2020年11月18日世界互联网大会组委会发布的《携手构建网络空间命运共同体行动倡议》指出,国际社会应采取更加积极、包容、协调、普惠的政策,加快全球信息基础设施建设,促进互联互通,推动数字经济创新发展,生成符合各方利益的网络空间国际规范,有助于网络空间更好地发挥正面作用服务人类。

3. 信息安全、网络安全、网络空间安全的区别

信息安全、网络安全和网络空间安全都是伴随着全球信息化而产生和发展起来的,每个概念的出现都有各自特有的特殊环境,同时,这三个概念之间也相互存在着一定的关联性。

(1)相同点。较之军事、政治和外交的传统安全而言,信息安全、网络安全、网络空间安全都属于非传统安全领域,是进入20世纪末特别是21世纪初以来人类所共同面临的日益突出的问题。

信息安全、网络安全、网络空间安全都聚焦于信息安全。信息安全可以理解为保障国家、机构、个人的信息空间、信息载体和信息资源不受来自内外各种形式的危险、威胁、侵害和误导的外在状态和方式及内在主体感受。网络安全、网络空间安全的核心也是信息安全,只是出发点和侧重点有所差别。

信息安全使用范围最广,可以指线下和线上的信息安全,既可以指传统的信息系统安全和计算机安全等类型的信息安全,也可以指网络安全和网络空间安全,但无法完全替代网络安全与网络空间安全的内涵;网络安全可以指信息安全或网络空间安全,但侧重点是线上安全和网络社会安全;网络空间安全可以指信息安全或网络安全,但侧重点是与陆、海、空、太空等并行的空间概念,并一开始就具有军事性质。

(2)不同点。信息安全所反映的安全问题基于信息,网络安全所反映的安全问题基于网络,网络空间安全所反映的安全问题基于空间。

信息安全最初是基于现实社会的信息安全所提出的概念,随着网络社会的来临,也可以指称网络安全或网络空间安全;网络安全则相对于现实社会的信息安全而言,是基于互联网的发展以及网络社会到来所面临的信息安全新挑战所提出的概念;而网络空间安全则是基于对全球五大空间的新认知,网域与现实空间中的陆、海域、空域、太空一起,共同形成了人类自然与社会以及国家的公域空间,具有全球空间的性质。

随着信息技术的发展,先后出现了物联网、智慧城市、云计算、大数据、移动互联网、智能

制造、空间地理信息集成等新一代信息技术和载体,这些新技术和新载体都与网络紧密相连,伴随着这些新技术和新载体的发展而带来的新的信息安全问题,形成了隐蔽关联性、集群风险性、泛在模糊性、跨域渗透性、交叉复杂性、总体综合性等新特点。网络安全和网络空间安全将安全的范围拓展至网络空间中所形成的一切安全问题,涉及网络政治、网络经济、网络文化、网络社会、网络外交、网络军事等诸多领域,使信息安全形成了综合性和全球性的新特点。

信息安全可以理解为保障国家、机构、个人的信息空间、信息载体和信息资源不受来自内外各种形式的危险、威胁、侵害和误导的外在状态和方式及内在主体感受。网络安全、网络空间安全的核心也是信息安全,只是出发点和侧重点有所差别。

5.2 信息安全策略和安全等级

在实际应用中,没有绝对意义上安全的网络信息系统存在。对于一个网络或系统来说,在安全方面要做的首要工作是制定一个合理可行的安全策略,并根据不同的应用需求制定相应的安全等级和规范。

5.2.1 信息安全策略

信息安全策略也称信息安全方针,是有关信息安全的行为规范,是组织对信息和信息处理设施进行管理、保护和分配的原则,它告诉组织成员在日常的工作中什么是可以做的、什么是必须做的、什么是不能做的、哪些是安全区、哪些是敏感区等。

信息安全策略是一个组织关于信息安全的基本指导规则,用来描述实现信息安全的目标和途径。信息安全策略需要明确信息安全保护的内容和目标、信息保护的职责落实、实施信息安全保护的方法、事故处理等内容。

信息安全策略要保护的对象包括硬件和软件、数据信息、人员等。设计范围需要包括物理安全策略、网络安全策略、数据加密、备份策略、病毒防护策略、系统安全策略、身份认证及授权策略、灾难恢复策略、事故处理及应急响应策略、口令、补丁管理策略、系统变更策略、合同条款安全策略、复查审计策略以及安全教育策略等。

信息安全策略的内容有别于技术方案,信息安全策略只是描述一个组织保证信息安全途径的指导性文件,一般不涉及具体做什么和怎么做的细节问题。信息安全策略设计时一般应遵循以下原则。

(1)要有威严的法律、先进的技术和严格的管理制度保障。

(2)最小特权原则。任何实体仅拥有该主体需要完成其被指定任务所必需的特权,此外没有更多的特权。即尽量避免将信息系统资源暴露在侵袭之下,并减少因特别的侵袭造成的破坏。

(3)建立阻塞点原则。在网络系统对外连接通道内,可以被系统管理人员进行监控的连接控制点。在那里系统管理人员可以对攻击者进行监视和控制。

(4)纵深防御原则。安全体系不应只依靠单一安全机制和多种安全服务的堆砌,而应该建立相互支撑的多种安全机制,建立具有协议层次和纵向结构层次的完备体系,通过多层机制互相支撑来获取整个信息系统的安全。

(5)监测和消除最弱点连接原则。系统安全链的强度取决于系统连接的最薄弱环节的安全态势。入侵者通常是找出系统中最弱的一个点并集中力量对其进行攻击。系统管理人员应该意识到网络系统防御中的弱点,以便采取措施进行加固或消除它们的存在,同时也要监测那些无法消除的缺陷的安全态势。

(6)失效保护原则。一旦系统运行错误,当其发生故障必须拒绝入侵者的访问,更不允许入侵者跨入内部网络。

(7)普遍参与原则。一个安全系统的运行需要全体人员共同维护。为了使安全机制更为有效,绝大部分安全系统要求员工普遍参与,以便集思广益来规划网络的安全体系和安全策略,发现问题,使网络系统的安全设计更加完善。

(8)防御多样化原则。通过使用大量不同类型、不同等级的系统得到额外的安全保护。

(9)简单化原则。一是安全策略简单便于理解;二是安全策略复杂化可能会为安全带来隐藏的漏洞,直接威胁网络安全。

(10)动态化原则。网络信息安全问题是一个动态的问题,因此对安全需求和事件应进行周期化的管理,对安全需求的变化应及时反映到安全策略中去,并对安全策略的实施加以评审和审计。一是安全策略要适应动态网络环境发展和安全威胁的变化;二是安全设备要满足安全策略的动态需要;三是安全技术要不断发展,以充实安全设备。

5.2.2 安全等级

1.安全性指标和安全等级

制定安全策略时,往往需要在安全性和可用性之间采取一个折中方案,要重点保护一些主要的安全性指标。

(1)数据完整性:在传输过程中,数据是否保持完整;

(2)数据可用性:在系统发生故障时,数据是否会丢失;

(3)数据保密性:在任何时候,数据是否有被非法窃取的可能。

美国可信计算机系统评价标准(Trusted Computer System Evaluation Criteria,TC-SEC)是计算机系统安全评估的第一个正式标准,1985 年 12 月由美国国防部公布。TCSEC 最初只是军用标准,后来延至民用领域。

TCSEC 将计算机系统的安全可信度从低到高分为 D、C、B、A 四类共七个级别:D 级、C1 级、C2 级、B1 级、B2 级、B3 级、A1 级。

(1)D 级(最小保护):该级的计算机系统除了物理上的安全设施外没有任何安全措施,任何人只要启动系统就可以访问系统的资源和数据,如 DOS、Windows 的低版本和数据库均是这一类(指不符合安全要求的系统,不能在多用户环境中处理敏感信息)。

(2)C1 级(自主保护类):具有自主访问控制机制、用户登录时需要进行身份鉴别。

(3)C2 级(自主保护类):具有审计和验证机制((对 TCB)可信计算机基进行建立和维护操作,防止外部人员修改)。如多用户的 UNIX 和 ORACLE 等系统大多具有 C 类的安全设施。

(4)B1 级(强制安全保护类):引入强制访问控制机制,能够对主体和客体的安全标记进行管理。

(5)B2 级：具有形式化的安全模型，着重强调实际评价的手段，能够对隐通道进行限制，主要是对存储隐通道。

(6)B3 级：具有硬件支持的安全域分离措施，从而保证安全域中软件和硬件的完整性，提供可信通道，指对时间隐通道的限制。

(7)A1 级：要求对安全模型作形式化的证明，对隐通道作形式化的分析，有可靠的发行安装过程。

2. 信息安全等级保护

信息安全等级保，是对信息和信息载体按照重要性等级分级别进行保护的一种工作，在中国、美国等很多国家针对信息安全采取的一种保护制度和技术规范。信息安全等级保护工作包括定级、备案、安全建设和整改、信息安全等级测评、信息安全检查五个阶段。

在中国，信息安全等级保护广义上为涉及该工作的标准、产品、系统、信息等均依据等级保护思想的安全工作；狭义上一般指信息系统安全等级保护。

(1)等级划分。《信息安全等级保护管理办法》规定，国家信息安全等级保护坚持自主定级、自主保护的原则。信息系统的安全保护等级应当根据信息系统在国家安全、经济建设、社会生活中的重要程度，信息系统遭到破坏后对国家安全、社会秩序、公共利益以及公民、法人和其他组织的合法权益的危害程度等因素确定。

信息系统的安全保护等级分为以下五级，一至五等级逐级增高：

第一级，信息系统受到破坏后，会对公民、法人和其他组织的合法权益造成损害，但不损害国家安全、社会秩序和公共利益。第一级信息系统运营、使用单位应当依据国家有关管理规范和技术标准进行保护。

第二级，信息系统受到破坏后，会对公民、法人和其他组织的合法权益产生严重损害，或者对社会秩序和公共利益造成损害，但不损害国家安全。国家信息安全监管部门对该级信息系统安全等级保护工作进行指导。

第三级，信息系统受到破坏后，会对社会秩序和公共利益造成严重损害，或者对国家安全造成损害。国家信息安全监管部门对该级信息系统安全等级保护工作进行监督、检查。

第四级，信息系统受到破坏后，会对社会秩序和公共利益造成特别严重损害，或者对国家安全造成严重损害。国家信息安全监管部门对该级信息系统安全等级保护工作进行强制监督、检查。

第五级，信息系统受到破坏后，会对国家安全造成特别严重损害。国家信息安全监管部门对该级信息系统安全等级保护工作进行专门监督、检查。

(2)实施原则。根据《信息系统安全等级保护实施指南》精神，明确了以下基本原则。

自主保护原则：信息系统运营、使用单位及其主管部门按照国家相关法规和标准，自主确定信息系统的安全保护等级，自行组织实施安全保护。

重点保护原则：根据信息系统的重要程度、业务特点，通过划分不同安全保护等级的信息系统，实现不同强度的安全保护，集中资源优先保护涉及核心业务或关键信息资产的信息系统。

同步建设原则：信息系统在新建、改建、扩建时应当同步规划和设计安全方案，投入一定比例的资金建设信息安全设施，保障信息安全与信息化建设相适应。

动态调整原则：要跟踪信息系统的变化情况，调整安全保护措施。由于信息系统的应用类型、范围等条件的变化及其他原因,安全保护等级需要变更的,应当根据等级保护的管理规范和技术标准的要求,重新确定信息系统的安全保护等级,根据信息系统安全保护等级的调整情况,重新实施安全保护。

(3)政策标准。2007年,《信息安全等级保护管理办法》(公通字[2007]43号)文件的正式发布,标志着等级保护1.0的正式启动。等级保护1.0规定了等级保护需要完成的"规定动作",即定级备案、建设整改、等级测评和监督检查,为了指导用户完成等级保护的"规定动作",我国在2008—2012年陆续发布了等级保护的一些主要标准,构成等级保护1.0的标准体系。

2017年,《中华人民共和国网络安全法》正式实施,网络安全法明确国家实行网络安全等级保护制度,国家对一旦遭到破坏、丧失功能或者数据泄露,可能严重危害国家安全、国计民生、公共利益的关键信息基础设施,在网络安全等级保护制度的基础上,实行重点保护。《网络安全法》为网络安全等级保护赋予了新的含义,重新调整和修订等级保护1.0标准体系,配合网络安全法的实施和落地,指导用户按照网络安全等级保护制度的新要求,履行网络安全保护义务,标志着我国等级保护2.0的正式启动。

随着信息技术的发展,等级保护对象已经从狭义的信息系统,扩展到网络基础设施、云计算平台/系统、大数据平台/系统、物联网、工业控制系统、采用移动互联技术的系统等,基于新技术和新手段提出新的分等级的技术防护机制和完善的管理手段是等级保护2.0标准必须考虑的内容。

5.3 信息安全现状及发展方向

由于互联网技术的飞速发展,信息已成为社会发展的重要战略资源,对信息的开发、控制和利用所涵盖的内容和范畴越来越大,由此产生的信息安全问题已跨越了时间和空间界限,成为衡量一个国家综合国力的重要标志,引起了全球的关注。

5.3.1 信息安全现状

随着信息技术的迅速发展,特别是云计算、大数据、物联网和人工智能等新一代信息技术的飞速发展,网络与信息安全风险全面泛化,种类和复杂度均显著增加。同时,随着网络空间安全形势的复杂化,网络武器、网络间谍、网络水军、网络犯罪、网络政治动员等新威胁相继产生,网络空间所面临安全问题的范围由传统领域拓展至政治、经济、文化、社会、国防等诸多领域,并呈现综合性和全球性的新特点。

1. 信息安全成为国家安全的重要组成部分

目前,网络已经成为社会发展的重要保证,信息化已成为世界各国当今及未来整体的发展战略之一,信息也成了各国争夺的重要战略资源,信息产业日渐成为国家的支柱产业,信息安全直接关系到国家的金融环境、意识形态、政治氛围、工农业生产、人们生活及社会稳定等各个方面的安全稳定。

信息安全已成为信息时代国家安全中最突出、最核心的问题,信息安全已上升至直接影响国家经济有序发展、政治稳定、军事安全的全局性战略性地位。

2. 网民信息安全意识淡薄,信息泄露现象严重

互联网技术发展迅速、普及快,人们对网络的依赖程度不断增大。但互联网用户对相关技术的掌握及接受程度相对比较滞后,同时,受现实生活环境影响,大部分网民对虚拟的网络世界里信息的传播途径、存储及获取方式了解不够,对网络软件及工具的运用不熟练、操作方法不当,对网络信息的保密、保护技术欠缺,再加上人们整体网络安全意识形态还不够完善,从而对网络信息的保护意识淡薄,导致网络信息泄露、黑客活动频发。

3. 信息安全法律法不断完善

传统安全会有一个明确的防范边界,但由于信息的无界性、共享性、开放性等特征,使得信息安全没有一个特定的防范边界。

经过长期的实践证明,靠技术对抗去保障信息安全只能使安全威胁不断升级,所有信息安全问题全都归罪于人,只有将软件、硬件和人三者结合起来考虑,才能形成一个完整的安全体系。因此我们在不断加强软硬件技术的同时,还要通过制定完善的信息安全管理制度和相应的法律法规,约束人的行为,保障信息安全。

为了更好地保障和推进信息安全管理工作,各个国家都先后制定了相应的法律法规及保障制度。我国"十五""十一五""十二五""十三五"连续四个国民经济和社会发展五年规划均将信息安全保障体系建设列为重要内容。2016 年《中华人民共和国网络安全法》发布,规定"国家实行网络安全等级保护制度",标志了等级保护制度的法律地位。2019 年,网络安全等级保护核心标准《信息安全技术网络安全等级保护测评要求》《信息安全技术网络安全等级保护基本要求》《信息安全技术网络安全等级保护安全设计技术要求》等多项国家标准先后正式发布,标志我国等级保护制度进入等保 2.0 时代,网络安全已经上升为国家战略。

5.3.2　信息安全发展方向

全球各国政府不断细化完善有关信息安全的政策和标准体系,以提升整体信息安全防御水平为重点,加大对信息安全预算的投入力度,通过顶层安全战略的制定来引导信息安全良性发展。

从技术层面上看,近几年云计算、大数据、物联网、人工智能等互联网新技术、新应用和新模式陆续出现,对网络信息安全提出了新的要求,如云安全、数据安全、安全智能和移动安全等。在新场景驱动下,网络边界逐渐消失,政府和企业网络信息安全防护理念发生较大变化,网络信息安全不再是被动修补模式,而是与信息系统建设同时规划。

1. 云安全、数据安全等备受关注。

随着云计算、大数据、物联网以及人工智能等新兴技术的快速发展,各行业数字化转型进程不断加速,安全防护对象也由传统的计算机、服务器拓展至云平台、大数据及泛终端,网络信息面临的安全威胁将会更加复杂。

随着云服务市场规模不断增长,传统安全问题在云计算环境下仍存在并出现新的表现形式,云安全需求也不断增长。随着信息化进程的不断深入,数据已成为新兴的生产要素,是国家基础性和战略性资源,数据安全需求也越发凸显。但数字时代数据信息所处的环境变得更加复杂,数据安全也面临新的挑战。

2. 5G 安全、零信任安全等成为新焦点。

5G 技术在数字化建设过程中，起到了通信平台和纽带作用，它将物联网、云计算、大数据、人工智能以及区块链等技术融合到一起构成数字基础设施，其高速率、大容量、低延时的特点使得这种融合无缝化，成为数字基础设施的首选并领跑新基建。

随着新基建的加速建设，5G 成为新基建中最根本的通信网络基础设施，为大数据中心、人工智能和工业互联网等其他基础设施提供重要的网络支撑，同时将大数据、云计算等数字科技快速赋能给各行各业，加快其数字化转型进程。

5G 网络在核心网和接入网采用了虚拟化、网络切片、边缘计算以及网络能力开放等关键技术，这些技术在赋予 5G 优秀的传输性能的同时，也给 5G 带来了新的安全风险。

零信任是一种以资源保护为核心的网络安全模式，其核心思想是默认企业内部和外部的所有人、事、物都是不可信的情况下，需要基于认证和授权重构访问控制的信任基础。零信任的本质是以身份为中心进行动态访问控制，零信任对访问主体与访问客体之间的数据访问和认证验证进行处理，将一般的访问行为分解为作用于网络通信的控制平面及作用于应用程序通信的数据平面。

面对日益复杂的网络安全态势，零信任构建的新型网络安全架构被认为是数字时代下提升信息化系统和网络整体安全性的有效方式，逐渐得到关注并应用，呈现出蓬勃发展的态势。

3. 终端安全需要加强建设

终端是网络攻防的最前沿和最直接的战场，保障终端安全是目前信息安全领域最迫切的任务。当前终端安全面临着诸多挑战，比如对应厂商众多但技术水平和产品能力高低不一，安全防护薄弱的产品容易被直接攻破，同时整体缺乏集中统一的威胁分析能力及终端安全产品标准，难以有效防御来自国家级或有组织的高级威胁及可持续攻击，急需加强安全建设。

4. 多区域协作和全局联动安全模式凸现

信息安全是一个综合性问题，涉及诸多因素，包括技术、产品和管理等。信息安全基础设施关键技术涉及密码技术、安全协议、安全操作系统、安全数据库、安全服务器、安全路由器等。未来，传统信息安全的保护对象和保障任务都将进一步拓展，而多主体共同参与的网络空间安全综合治理的重要性亦将愈发凸显。

5.4 设备与环境安全

信息网络都是以一定的方式运行在物理设备之上的，保障物理设备及其所处环境的安全，就成了信息系统安全的第一道防线，是信息安全的基础。

5.4.1 计算机设备与环境安全问题

计算机设备与环境安全属于物理安全（也称为实体安全）范畴。计算机相关设备及其运行环境是计算机网络信息系统运行的基础，其安全直接影响着网络信息的安全。

　　计算机设备与环境安全威胁主要有自然灾害、设备自身的缺陷、设备自然损坏、环境干扰等自然因素造成的设备故障或损毁，以及人为的窃取与破坏、硬件恶意代码攻击、旁路攻击等原因，使得计算机设备和其中的信息面临很大的安全问题。计算机设备与环境常见的安全威胁如图 5-1 所示。

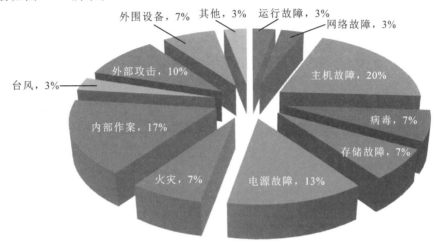

图 5-1　计算机设备与环境常见的安全威胁

1. 环境事故造成的设备故障或损毁

　　计算机及网络设备的故障或损毁，会对计算机及网络中信息的可用性造成威胁。环境对计算机及网络设备的影响主要包括地震、水灾、火灾等自然灾害，温度、湿度、灰尘、腐蚀、电气与电磁干扰等环境因素，这些因素从不同方面影响计算机的可靠工作。

　　(1)地震等自然灾害。地震、水灾、火灾等自然灾害造成的硬件故障或损毁常常会使正常的信息流中断，在实时控制系统中，这将造成历史信息的永久丢失。2006 年 12 月 26 日晚 8 时 26 分至 40 分，我国台湾屏东外海发生地震，使大陆出口光缆、中美海缆、亚太 1 号等海底通信光缆发生中断，造成我国大陆至中国台湾地区、美国、欧洲的通信线路大量中断、互联网大面积瘫痪，除我国外，日本、韩国、新加坡网民均受到影响。

　　(2)温度。计算机正常的工作温度应该控制在 23±2℃。计算机的电子元器件、芯片通常都封装在机箱中，有的芯片工作时表面温度相当高。过高的温度会降低电子元器件的可靠性，影响计算机的正常运行。例如，温度过高或过低都会使磁导率降低，影响磁头读写的正确性，温度还会使磁盘表面热胀冷缩发生变化，造成数据的读写错误，影响信息的正确性。

　　(3)湿度。计算机正常的工作湿度应该控制在 45%～65%。环境的相对湿度低于 40% 时相对干燥，这种情况下极易产生很高的静电，如果这时有人去触碰电子器件，可能会造成这些器件的击穿。相对湿度高于 60% 时，属于相对潮湿，这时在元器件的表面容易附着一层很薄的水膜，从而造成元器件各引脚之间的漏电，水膜中含有的杂质会使引脚、导线、接头表面发霉或触点腐蚀，严重影响计算机的正常运行与寿命。

　　(4)灰尘。空气中的灰尘对计算机中的精密机械装置，如硬盘、光盘驱动器影响很大。在高速旋转过程中，附着在盘片表面的灰尘会使读写磁头擦伤盘片表面或者磨损读头，造成数据读写错误或数据丢失。如果灰尘中包括导电尘埃和腐蚀性尘埃的话，它们会附着在元器件与电子线路的表面,当机房空气湿度较大时,会造成短路或腐蚀裸露的金属表面,也会降低器件的散热能力。

(5)电磁干扰。对计算机正常运行影响较大的电磁干扰是静电干扰和周边环境的强电磁场干扰。据统计,50%以上的计算机设备的损害直接或间接与静电有关。周边环境的强电磁场干扰主要指无线电发射装置、微波线路、高压线路、电气化铁路、大型电机、高频设备等产生的强电磁干扰。这些干扰一般容易破坏信息的完整性,有时还会损坏计算机设备从而导致信息丢失或损毁。

2. 设备普遍缺乏硬件级安全防护

(1)硬件设备易被盗被毁。随着半导体集成技术的发展,微型化、移动化成为计算机相关设备发展的重要方向,计算机相关硬件体积不断缩小给人们的使用带来了很大的便利,然而这既是优点也是弱点。硬件尺寸越来越小、容易搬移,从而使盗窃者很容易地搬走整个机器或设备,其中的各种数据信息也就谈不上安全了。

(2)一般的计算机及设备缺少硬件级的保护。与大型计算机相比,一般计算机上无硬件级的保护,很容易被他人操作控制机器。即使有保护的,其机制也比较简单,很容易被绕过。

例如,对于一般计算机上设置的 CMOS 开机口令,可以通过将 CMOS 的供电电池短路,使 CMOS 电路失去记忆功能而绕过开机口令的控制,而且这种设置只对本机有效,如果攻击者把计算机的硬盘挂接到其他机器上,就可以读取其中的内容了。

另外,计算机的硬件是很容易安装和拆卸的,硬盘容易被盗,而存储在硬盘上的文件几乎没有任何保护措施,文件系统的结构与管理方法是公开的,对文件附加的隐藏、只读、存档等安全属性,很容易被修改,磁盘文件目录区既没有软件保护也没有硬件保护,也容易被修改。硬盘或闪存中的文件即使删除也容易被恢复。

3. 硬件中的恶意代码

数字时代,不仅软件中有恶意代码,集成电路芯片中也会存在恶意代码。随着芯片越来越复杂、功能越来越强大,其中的漏洞也越来越多,这些漏洞会被黑客发现并利用。另外,后门、木马等恶意代码也可能直接被隐藏在硬件芯片中。

例如,计算机的中央处理器中会包含许多未公布的指令代码,这些指令常常被厂家用于系统的内部诊断,但也可能被当作探测系统内部信息的后门,有的甚至可能被用作破坏整个系统运转的逻辑炸弹。

芯片在现代控制系统、通信系统及全球电力供应等系统里处于核心地位。芯片一旦遭遇攻击,后果将是灾难性的。硬件攻击的物理本质使得它的潜在危害远胜于软件中的病毒及其他恶意代码。

4. 旁路攻击

由于计算机硬件设备的固有特性,信息会通过"旁路",如声、光、电磁信号等能规避加密等常规保护手段的安全漏洞泄露出去。

旁路攻击是指攻击者通过分析敲击键盘的声音、针式打印机的噪声、旋转硬盘或是网络设备的 LED 灯、显示器(包括液晶显示器)、CPU 和总线等部件在运行过程中向外辐射的电磁波等来获取一定的信息。这些区域基本不设防,而且在这些设备区域,原本加密的数据已经转换为明文信息,旁路攻击也不会留下任何异常登录信息或损坏的文件,具有极强的隐蔽性。

键盘和显示器屏幕是最易发生旁路攻击的硬件设备,电磁泄漏是最易被忽视的旁路攻击途径。

5. 设备在线面临的威胁

近几年,信息物理系统(cyber physical system)逐渐引起人们的关注。信息物理系统使用计算机系统通过传感器和制动器来和物理世界交互,是一个综合计算、网络和物理环境的多维复杂混合系统,它通过 3C(computation、communication、control)技术的有机融合与深度协作,实现大型工程系统的实时感知、动态控制和信息服务。信息物理系统实现计算、通信与物理系统的一体化设计,可使系统更加可靠、高效、实时协同,具有重要而广泛的应用前景。目前主要的应用有精密农业、工业控制、智能交通、智能电网、智能医疗、智能家居、机器人、智能导航和国防等。

5.4.2　物理安全防护

所有的物理设备都是运行在一定的物理环境之中的。设备环境安全是物理安全的最基本保障,是整个安全系统不可缺少和忽视的组成部分。

环境安全技术主要是指保障信息网络所处环境安全的技术,主要技术规范是对场地和机房的约束,强调对于地震、水灾、火灾等自然灾害的预防措施,包括场地安全、防火、防水、防静电、防雷击、电磁防护、线路安全等。

设备安全技术主要是指保障构成信息网络的各种设备、网络线路、供电连接、各种媒体、数据本身以及存储介质等安全的技术,具体包括设备的防电磁泄漏、防电磁干扰、防盗、访问控制等。

1. 环境安全

按照《信息安全技术　网络安全等级保护基本要求(GBT22239—2019)》(以下简称《等保》),物理环境安全建设应包括物理位置的选择、物理访问控制、防盗窃和防破坏、防雷击、防火、防水防潮、防静电、温湿度控制、电力供应和电磁防护等。在《等保》中,电子门禁系统、防盗报警系统、监控报警系统都属于三级系统中物理访问控制及防盗窃和防破坏必须设置的。

在物理安全的建设中,《数据中心设计规范》(GB50174—2017)中对电子信息系统数据中心的建设等级、安全等级、风险等级的分级与性能、机房位置及设备布置、环境、建筑与结构、空气调节、电气、电磁屏蔽、机房布线、机房监控与安全防范、给排水以及消防等做出了详细的要求。如设备开机时电子计算机机房夏季应满足温度 $23\pm2℃$,湿度 $45\%\sim65\%$ 的要求。

《智能建筑工程质量验收规范》(GB50339—2013)等规范对物理安全中出入口控制(门禁)系统、视频安防监控系统、入侵报警系统的检测进行了规定,并提出了检测方法及合格条件。

2. 电磁安全

目前对于电磁信息安全防护的主要措施有设备隔离及合理布局、使用低辐射设备、电磁屏蔽、使用干扰器、滤波技术和光纤传输等。

(1)设备隔离及合理布局。隔离是将信息系统中需要重点防护的设备从系统中分离出来,加以特别防护,例如通过门禁系统防止非授权人员接触设备。合理布局是指以减少电磁泄漏为原则,合理地放置信息系统中的有关设备,尽量拉大涉密设备与非安全区域(公共场所)的距离。

(2)使用低辐射设备。低辐射设备是防辐射泄露的根本措施。这些设备在设计和生产时就采取了防辐射措施,把设备的电磁泄漏抑制到最低限度。如显示器是计算机安全的一个薄弱环节,对显示器的显示内容进行窃取已经是一项成熟的技术,因此选用低辐射显示器十分重要,如单色显示器辐射低于彩色显示器、等离子显示器和液晶显示器辐射更低。

(3)屏蔽。屏蔽是所有防辐射技术手段中最为可靠的一种。屏蔽不但能防止电磁波外泄,而且可以防止外部电磁波对系统内设备的干扰。重要部门的办公室、实验场所,甚至整幢大楼可以用有色金属网或金属板进行屏蔽,构成所谓的"法拉第笼",并注意连接的可靠性和接地良好,防止向外辐射电磁波,使外面的电磁干扰对系统内的设备也不起作用。另外,还要加强对电子设备的屏蔽,例如对显示器、键盘、传输电缆线、打印机等设备的屏蔽;对电子线路中的局部器件,如有源器件、CPU、内存条、字库、传输线等强辐射部位采用屏蔽盒、合理布线等,以及局部电路的屏蔽。

(4)使用干扰器。干扰器通过增加电磁噪声来降低辐射泄露信息的总体信噪比,增大辐射信息被截获后破解还原的难度。这是一种成本相对低廉的防护手段,主要用于保护密级较低的信息,因为仍有可能还原出有用的信息,只是还原的难度相对增大。

(5)滤波。滤波技术是对屏蔽技术的一种补充。被屏蔽的设备和元器件并不能完全密封在屏蔽体内,仍有电源线、信号线和公共地线需要与外界连接。因此,电磁波还是可以通过传导或辐射从外部传入屏蔽体内,或从屏蔽体内传到外部。采用滤波技术,只允许某些频率的信号通过,而阻止其他频率范围的信号,从而起到滤波作用。

(6)光纤传输。光纤传输是一种新型的通信方式,光纤为非导体,可直接穿过屏蔽体,不附加滤波器也不会引起信息泄露。光纤内传输的是光信号,不仅能量损耗小,而且不存在电磁信息泄露问题。

3. 计算机物理防护

目前计算机是组成 Internet 的最主要设备,也是 Internet 中存储、处理、传输信息的最关键设备。计算机及其相关设备是否安全直接决定着信息的安全程度。计算机的物理防护主要包括以下方面。

(1)设备防盗。对于计算机用户来说,设备的防盗是最根本的安全要求。常见的设备物理防盗措施主要包括机箱锁扣、防盗线缆、机箱电磁锁、智能网络传感设备等,这些都能在一定程度上保障设备和信息的安全。

(2)设备的访问控制。访问控制的对象主要是计算机系统的软件与数据资源,这两种资源平时一般都是以文件的形式存放在磁盘上,所谓访问控制技术主要是指保护这些文件不被非法访问的技术。

由于硬件功能的限制,一般个人计算机的访问控制功能明显弱于大型计算机系统。计算机操作系统缺乏有效的文件访问控制机制。在 DOS 和 Windows 系统中,文件的隐藏、只读、只执行等属性以及 Windows 中的文件共享与非共享等机制是一种较弱的文件访问控制机制。

计算机访问控制系统应当具备的主要功能有:防止用户不通过访问控制系统进入计算

机系统、控制用户对存放敏感数据的存储区域（内存或硬盘）的访问、控制用户进行的所有 I/O 操作、防止用户绕过访问控制直接访问可移动介质上的文件、防止用户通过程序对文件的直接访问或通过计算机网络进行的访问、防止用户对审计日志的恶意修改。

常见的结合硬件实现的访问控制技术有：

①软件狗。纯粹的软件保护技术安全性不高，比较容易破解。软件和硬件结合起来可以增加保护能力，目前常用的办法是使用电子设备"软件狗"，这种设备也称为电子锁。软件运行前要把这个小设备插入到一个端口上，在运行过程中程序会向端口发送询问信号，如果"软件狗"给出响应信号，则说明该程序是合法的。

②安全芯片。还有一种方法是在计算机内部芯片（如 ROM）里存放该机器唯一的标志信息。软件和机器是配套的，如果软件检测不是在特定机器上运行便拒绝执行。为了防止被跟踪破解，还可以在计算机中安装一个专门的安全芯片，密钥也封装于芯片中，这样可以保证一个机器上的文件在另一台机器上不能运行。

对于最常用的计算机，只有从芯片、主板等硬件和 BIOS、操作系统等底层软件综合采取措施，才能有效地提高其安全性。正是这一技术思想推动了可信计算的产生和发展。

可信计算的基本思想是在计算平台中，首先创建一个安全信任根，再建立从硬件平台、操作系统到应用系统的信任链，在这条信任链上从根开始一级测量认证一级，一级信任一级，以此实现信任的逐级扩展，从而构建一个安全可信的计算环境。一个可信计算系统由信任根、可信硬件平台、可信操作系统和可信应用组成，其目标是提高计算平台的安全性。

可信计算技术的核心是称为 TPM（trusted platform module，可信平台模块）的安全芯片，它是可信计算平台的信任根，实际上是一个拥有丰富计算资源和密码资源，在嵌入式操作系统的管理下，构成的一个以安全功能为主要特色的小型计算机系统。具有密钥管理、加密和解密、数字签名、数据安全存储等功能，在此基础上完成其作为可信存储根和可信报告根的职能。

要想查看计算机上是否有 TPM 芯片，可以打开"设备管理器"→"安全设备"，查看该选项下是否有"受信任的平台模块"这类设备，并确定其版本，如图 5-2 所示。

图 5-2　查看本机 TPM 芯片

5.4.3 移动存储介质安全问题

U盘、移动硬盘、内存卡等移动存储介质,在为我们工作带来便利的同时,也带来了不容忽视的信息安全隐患。据统计,近年来,在国家有关部门发现和查处的泄密案件中,有多起是由于对移动存储介质使用管理不善造成的。

1. 移动存储介质安全问题分析

移动存储介质主要是指通过USB端口与计算机相连的U盘、移动硬盘、存储卡及各种具有存储功能的便携式设备等,它们具有体积小、容量大、价格低廉、方便携带、即插即用等特点,不仅在信息交换的过程中得到广泛应用,也可以作为启动盘创建计算环境。因此,移动存储介质有着广泛的应用。

移动存储介质在给人们带来极大便利的同时,还存在以下一些典型的安全威胁,比如设备易损坏,感染和传播病毒等恶意代码的概率大、设备丢失、被盗以及滥用造成敏感数据泄漏、操作痕迹泄漏等。

通过移动存储介质泄露敏感信息是信息安全中的一个非常突出的问题。内、外网物理隔离等安全技术从理论上来说构筑了一个相对封闭的网络环境,使攻击者企图通过网络攻击来获取重要信息的途径被阻断了。而移动存储介质可能会在内、外网计算机间频繁的数据交换,很容易造成内网敏感信息的泄露。

2. 移动存储介质安全防护

如何有效保护移动存储介质中的敏感信息,已经成为一项重要的课题。

从管理角度,首先要建立相应的规章制度,对移动存储介质的使用、管理进行规范、约束。比如含重要信息的可移动存储介质需要专人看守、注意防盗,重要的不再用的信息随时删除,公司可移动存储介质带入带出要授权、有记录和跟踪,介质按照制造商标准保存、防止意外损坏,介质分级别、类别授权和记录,对于报废的介质要做好台账、妥善处理,保证专人专用、不随意出借,要有意外丢失的应对方案,不用时放置在安全的地方,对于U盾等使用完毕要立即拔下来收好,可移动存储介质的密码要单独保存等。

从技术角度,针对设备质量、恶意代码、人为攻击等威胁,要建立相应的监测防护机制。常用的方式有以下几种。

(1)设备检测。通过软件对移动存储介质进行检测,检测内容通常包括设备的主控芯片型号、品牌、设备的生产商编码(vendor ID,VID)/产品识别码(product ID,PID)、设备名称、序列号、设备版本、性能、是否扩容等。

常用的软件有:U盘之家工具包、ChipGenius(芯片精灵)、鲁大师等。

(2)安装病毒防护软件。杀毒软件对于移动存储介质的实时查杀可以起到很好的防护效果,能有效地检测、防护恶意代码攻击。

常用的病毒防护软件有:360安全卫士、卡巴斯基等。

(3)认证和加密。有些移动存储介质中采用了基于移动存储介质唯一性标识的认证机制,即通过识别移动存储介质的VID、PID以及硬件序列号(hardware serial number,HSN)等能唯一标识移动存储介质身份的属性,来完成对移动存储介质的接入认证。

移动存储设备通过接入认证后,对其中敏感信息的保护目前主要采用对称加密的方法。

加密后的敏感信息只有通过接入认证的用户才能打开。

（4）日志记录与行为审计。日志记录与行为审计是对移动存储介质进行细粒度的行为审计及日志记录。尽管移动存储介质需要经过多重认证才能顺利接入终端，但其顺利接入终端并不代表它具有完全的安全性。通过对其接入的时刻和对文件的读、写、修改及删除等操作进行严格的审计与记录，即使出现安全问题，也能在第一时间找出问题起因及相关责任人。

5.5 信息安全技术基础

5.5.1 数据加密技术

数据加密技术是将一个信息（或称明文，plain text）经过加密钥匙（encryption key）及加密函数转换，变成无意义的密文（cipher text），接收方则将此密文经过解密钥匙（decryption key）还原成明文的过程。数据加密技术是网络安全技术的基石。

1. 数据加密基本概念

密码技术通过信息的变换或编码，将机密的敏感信息转换为难以读懂的乱码字符，以此达到两个目的：一是使不知道如何解密的窃听者不可能从其截获的乱码中得到任何有意义的信息；二是使窃听者不可能伪造任何乱码型的信息。

（1）加密与解密。加密的目的是防止机密信息的泄露，同时还可以用于证实信息源的真实性，验证接收到的数据的完整性。加密系统是对信息进行编码和解码所使用的过程、算法和方法的统称。加密通常需要使用隐蔽的转换，这个转换需要使用密钥进行加密，并使用相反的过程进行解密。

通常，将加密前的原始数据或消息称为明文（plain text），而将加密后的数据称为密文（cipher text），在密码中使用并且只有收发双方才知道的信息称为密钥。通过使用密钥将明文转换为密文的过程称为加密，将密文转换为原来的明文的反向过程称为解密。对明文进行加密时采用的一组规则称为加密算法。

加密算法和解密算法是在一组仅有合法用户知道的密钥的控制下进行的，加密和解密过程中使用的密钥分别称为加密密钥和解密密钥。解密主要针对合法的接收者，非法接收者在截获密文后试图从中分析出明文的过程称为破译。

（2）密码通信系统模型。一个典型的密码通信系统有以下几个部分组成：

- 消息空间 M（又称明文空间）：所有可能明文 m 的集合；
- 密文空间 C：所有可能密文 c 的集合；
- 密钥空间 K：所有可能密钥 k 的集合，其中密钥 k 由加密密钥和解密密钥组成；
- 加密算法 E：一簇由加密密钥控制的、从 M 到 C 的加密变换；
- 解密算法 D：一簇由解密密钥控制的、从 C 到 M 的解密变换。

如图 5-3 所示，对于明文空间 M 中的每一个明文 m，加密算法 E 在加密密钥的控制下将明文 m 加密成密文 c；而解密算法 D 则在解密密钥的控制下将密文 c 解密成同一明文 m。

密码攻击者可从普通信道上拦截密文 c，其目标就是要在不知道密钥 k 的情况下，试图

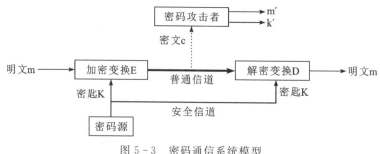

图 5-3 密码通信系统模型

从密文 c 恢复出明文 m 或密钥 k。如果密码攻击者可以仅由密文推出明文，或者可以由明文和密文推出密钥，就称该密码系统是可破译的，相反，则称该密码系统不可破译。

2. 对称加密和非对称加密

目前已经设计出的密码系统各种各样。如果以密钥之间的关系为标准，可将密码系统分为单钥密码系统和双钥密码系统。其中，单钥密码系统又称为对称密码或私钥密码系统，双钥密码系统又称为非对称密码或公钥密码系统。

相应地，采用单钥密码系统的加密方法，同一个密钥可同时用作信息的加密和解密，这种加密方法称为对称加密，也称作单密钥加密。采用双钥密码系统的加密方法，在一个过程中使用两个密钥，一个用于加密，另一个用于解密，这种加密方法称为非对称加密，也称为公钥加密，因为其中的一个密钥是公开的，另一个则需要保密。

（1）对称加密。对称加密的特点是在针对同一数据的加密和解密过程中，使用的加密密钥和解密密钥完全相同。

对称加密的缺点是密钥需要通过直接复制或网络传输的方式由发送方传给接收方，同时无论加密还是解密都使用同一个密钥，所以密钥的管理和使用很不安全。如果密钥泄露，则此密码系统便被攻破。另外，通过对称加密方式无法解决消息的确认问题，并缺乏自动检测密钥泄露的能力。

对称加密的优点是加密和解密的速度快。最具有影响力的对称加密方式是 1977 年美国国家标准技术委员会颁布的数据加密标准 DES（data encryption standard）算法。

（2）非对称加密。在非对称加密中，加密密钥与解密密钥不同，此时不需要通过安全通道传输密钥，只需要利用本地密钥发生器产生解密密钥，并以此进行解密操作。由于非对称加密的加密和解密不同，且加密密钥公开，只需要对解密密钥保密，所以不存在密钥管理问题。非对称加密的这种工作原理可以用于数字签名。

但非对称加密算法一般比较复杂，加密和解密的速度较慢。非对称加密源于 1976 年 W. Diffie 和 M. E. Hellman 提出的一种新型密码体制，最著名的非对称加密方式是 1977 年由 Rivest、Shamir 和 Adleman 共同提出的 RSA 密码体制。

在实际应用中，一般将对称加密和非对称加密两种方式混合在一起使用，即在加密和解密时采用对称加密方式，密钥传送则采用非对称加密方式。这样既解决了密钥管理的困难，又解决了加密和解密速度慢的问题。

3. 序列密码和分组密码

根据密码算法对明文处理方式的标准不同，可以将密码系统分为序列密码和分组密码两类。

(1)序列密码。序列密码也称为流密码,最早的二进制序列密码系统是 Vernam 密码。Vernam 密码将明文消息转化为二进制数字序列,密钥序列也为二进制数字序列,加密就是将明文序列与密钥序列逐位模 2 相加(即异或操作 XOR),解密也是按密文序列与密钥序列逐位模 2 相加即可。

例如,明文消息的二进制数字序列为 0110 1010,密钥序列为 1011 0110,则密文序列11011100 的产生方法为:

$$
\begin{array}{r}
01101010 \quad \text{明文} \\
\oplus \quad 10110110 \quad \text{密钥} \\
\hline
11011100 \quad \text{密文}
\end{array}
$$

在解密时需要使用相同的密钥序列进行计算,明文的产生方法为:

$$
\begin{array}{r}
11011100 \quad \text{密文} \\
\oplus \quad 10110110 \quad \text{密钥} \\
\hline
01101010 \quad \text{明文}
\end{array}
$$

当 Vernam 密码中的密钥序列是完全随机的二进制序列时,就是著名的“一次一密”密码。一次一密码是完全保密的,但它的密钥产生、分配和管理都不方便,随着微电子技术和数学理论的发展,基于伪随机序列的序列密码应运而生。序列密码的加密过程是先把报文、语音、图像和数据等原始明交转换成明文数据序列,然后将它同密钥序列进行逐位加密生成密文序列发送给接收者。接收者用相同的密钥序列对密文序列进行逐位解密恢复明文序列。

序列密码不存在数据扩展和错误传播,实时性好,加密和解密实现容易,因面是一种应用广泛的密码系统。

(2)分组密码。分组密码的加密方式是先将明文序列以固定长度进行分组,然后将每一组明文用相同的密码和加密函数进行运算。为了减小存储量,并提高运算速度,密钥的长度一般不大,因而加密函数的复杂性成为系统安全的关键。

分组密码的优点是不需要密钥同步,具有较强的适用性,适宜作为加密标准,缺点是加密速度慢。DES、数据加密算法(data eneryptio algorithm,DEA)是典型的分组密码。

4. 软件加密和硬件加密

目前具体的数据加密实现方法主要有两种:软件加密和硬件加密。

(1)软件加密。软件加密一般是用户在发送信息前,先调用信息安全模块对信息进行加密处理然后发送。信息到达接收端后,由用户用相应的解密软件进行解密处理,还原成明文。

采用软件加密方式的优点是,有标准的安全应用程序接口 API(application programming interface)产品,这种信息安全应用程序模块实现方便,兼容性好。

但是采用软件加密方式也有一些安全隐患:一是密钥的管理复杂,这也是目前安全 API 实现的一个难点,从目前已有的 API 产品来看,密钥分配协议均存在一定的缺陷;二是因为加密和解密过程都是在用户的计算机内部进行,所以容易使攻击者采用程序跟踪、反编译等手段进行攻击破解;三是软件加密的速度相对较慢。

（2）硬件加密。硬件加密是采用专门的硬件设备实现消息的加密和解密处理。随着微电子技术的发展，现在许多加密产品都采用特定的硬件加密形式。这些加密、解密芯片被嵌入到通信线路中，对所有通过的数据进行加密和解密处理。

虽然软件加密在今天变得很流行，但是硬件加密仍然是商业和军事应用的主要选择。硬件加密的特点如下。

①易于管理。硬件加密可以采用标准的网络管理协议，如 SNMP 或通用管理信息协议 CMIP（common management information protocol）等进行管理，也可以采用统一的自定义网络管理协议进行管理，因此密钥的管理比较方便。

②处理速度快。加密算法通常含有很多对明文的复杂运算，这要求处理设备具有较强的处理能力。例如，目前常用的加密算法 DES 和 RSA 在普通用途的微处理器上的运行效率是非常低的。另外，加密通常是高强度的计算任务，微处理器显然不适合处理此类工作，如果将加密操作移植到专用芯片上，可以分担计算机微处理器的工作负荷，使整个系统的速度加快。

③安全性提高。可以对加密设备进行物理隔离，使攻击者无法对其进行直接攻击。对运行在没有物理保护的一般主机上的每个加密算法，很可能被攻击者用各种跟踪工具攻击。硬件加密设备可以安全的封装起来，以避免此类事情的发生。

④易于安装。在用于加密的两个节点之间部署加密设备非常简单，不需要修改计算机和网络的任何配置。对用户来说，加密设备是透明的，不会影响用户的使用。

5. 数字签名技术

多少年来，人们一直在根据亲笔签名或印章鉴别书信或文件的真实性。但随着基于计算机网络所支持的电子商务、网上办公等平台的广泛应用，原始的亲笔签名和印章方式已经无法满足应用需求，数字签名技术应运而生。

数字签名是一种功能类似于写在纸上的亲笔签名、但使用了公钥加密技术，用来鉴别数字信息真伪的方法。一套数字签名通常会定义两种互补的运算，一个用于签名，另一个用于验证。

（1）数字签名的条件。数字签名必须同时满足以下的要求。

①发送者事后不能否认对信息的签名。

②接收者能够核实发送者发送的信息签名。

③接收者不能伪造发送者的信息签名。

④接收者不能对发送者的报文进行部分篡改。

⑤网络中的其他用户不能冒充成为报文的接收者或发送者。

（2）数字签名的作用。数字签名是实现安全认证的重要工具和手段，它能够提供身份认证、数据完整性、不可抵赖等安全服务。

①防冒充（伪造）。其他人不能伪造对信息的签名，因为私有密钥只有签名者自己知道和拥有，其他人不可能构造出正确的签名数据。

②可鉴别身份。按收者使用发送者的公开密钥对签名数据进行解密运算，可证明对方身份是否真实。

③防篡改。签名数据和原有文件经过加密处理后形成了一个密文数据，不可能被篡改，从而保证了数据的完整性。

④防抵赖。数字签名可以鉴别身份，不可能冒充伪造。

数字签名是附加在数据或信息上并随之一起传送的一串代码，与传统的亲笔签名和印章一样，目的是让接收方相信信息的真实性，必要时还可以对信息的真实性进行鉴别。

（3）数字签名原理。简单地说，所谓数字签名就是附加在数据单元上的一些数据，或是对数据单元所做的密码变换。这种数据或变换允许数据单元的接收者用以确认数据单元的来源和数据单元的完整性并保护数据，防止被人（例如接收者）进行伪造。它是对电子形式的消息进行签名的一种方法，一个签名消息能在一个通信网络中传输。基于公钥密码体制和私钥密码体制都可以获得数字签名。

数字签名是具有法律效力的，目前已被普遍使用。2000 年，我国《合同法》首次确认了电子合同、电子签名的法律效力。2005 年 4 月 1 日起，中华人民共和国首部《电子签名法》正式实施。在台湾，2001 年公布实施《电子签章法》作为数字签名的法源依据及规范。

5.5.2　身份认证技术

计算机网络中一切信息包括用户的身份信息都是用一组特定的数据来表示的，计算机只能识别用户的数字身份，所有对用户的授权也是针对用户数字身份的授权。身份认证技术就是在计算机网络中确认操作者身份的过程，保证以数字身份进行操作的对象的物理身份与数字身份相对应。

1. 身份认证的概念

身份认证这种认证形式可以将非授权用户屏蔽在系统之外，它是信息系统的第一道安全防线，其防护意义主要体现在两方面。首先，防止攻击者轻易进入系统，在系统中收集信息或者进行各类攻击尝试。其次，有利于确保系统的可用性不受破坏。

身份认证的本质是由被认证方提供标识自己身份的信息，信息系统对所提供的信息进行验证从而判断被认证方是否是其声称的用户。

身份认证涉及识别和验证两方面的内容。所谓识别，指的是系统需要确定被认证方是谁，即被认证方对应于系统中的哪个用户。为了达到此目的，系统必须能够有效区分各个用户。一般而言，被用于识别用户身份的参数在系统中是唯一的，不同用户使用相同的识别参数将使得系统无法区分。最典型的识别参数是用户名，像电子邮件系统、BBS 系统这类常见的网络应用系统都是以用户名标识用户身份的。而网上银行、即时通信软件系统常常以数字组成的账号、身份证号、手机号码作为用户身份的标识。

验证则是在被认证方提供自己的身份识别参数以后，系统进行判断，确定被认证方是否对应于所声称的用户，防止身份假冒。验证过程一般需要用户输入验证参数，同身份标识一起由系统进行检验。

身份认证可以基于以下四种与用户有关的内容之一或它们的组合实现：

（1）个人所知道的或所掌握的知识或信息，如密码、口令；

（2）个人所具有的东西，如身份证、护照、信用卡、智能门卡等；

（3）个人所用计算机的 IP 地址、手机号码、办公室地址等；

（4）主要是个人生物特征，如指纹、笔迹、声纹、人脸、视网膜、虹膜、DNA，以及个人的一些行为特征，如走路姿态、击键动作、笔迹等。

2.常见身份认证方式

目前,身份认证技术主要包括口令认证、信物认证、地址认证、用户特征认证和密码学认证等。

(1)口令认证。口令(或密码)认证是最典型的基于用户所知的验证方式。系统为每一个合法用户建立用户名和口令的对应关系。当用户登录系统或者执行需要认证身份的操作时,系统提示用户输入用户名和口令,并对用户输入的信息与系统中存储的信息进行比较,以判断用户是不是其所声称的用户。

口令认证简单、易于实施,应用非常广泛。但口令认证也存在很多缺点,以普通的信息应用系统为例,用户通过客户端向服务器发送用户名、口令信息进行身份认证,在客户端、通信链路以及服务器三处都有口令泄露的可能。

用户在使用客户端主机时,口令输入过程可能会被其他人窃取,如果用户使用的客户端感染了盗号木马,木马可能采取键盘记录、屏幕截取等方式获取用户输入的账号、口令(密码)。

在通信链路上,如果口令以明文传输,黑客采用网络监听工具就能对通信内容进行监视,可以轻易获取传输的用户名和口令信息。

在服务器端,如果服务器存在漏洞,黑客获取权限后,可以盗取存储口令信息的文件进行破解,获得用户口令。

若以上三方面的防护都很完善,但用户一旦使用的是比较简单的口令,则黑客可以很容易地猜解出来,或者采用暴力破解等方式攻破。另外,黑客也会应用社会工程学等其他方法取得用户名及口令。

(2)信物认证。信物认证是典型的基于用户所有的验证方式,通常采用特定的信物标识用户身份,所使用的信物通常是磁卡或者各种类型的智能存储卡。拥有信物的人被认定为信物对应的用户。

信物认证方式一般需要专门的硬件设备对信物进行识别和判断,其优点是不需要用户输入信息,使用方便。但这种认证方式的难点是必须保证信物的物理安全,防止遗失被盗等情况,如果信物落入其他人手中,其他人也可以以合法身份通过验证进入系统。

(3)地址认证。地址认证是基于用户所在地址的一种认证方式。以IP地址为基础进行认证是使用最多的一种地址认证方式,系统根据访问者的源地址判断是否允许其访问或者完成其他操作。

例如,在Linux环境下,可以在配置文件.rhost中添加主机所信任主机的IP地址,然后通过这些IP地址访问主机就可以直接进入系统。此外,互联网上很多下载站点限定只有指定IP地址范围的主机允许下载资源,比如一些大学网站的教学资源只允许本校IP地址范围的主机访问。

这种基于用户所在地址的认证方式,优点是对用户透明,用户使用授权的地址访问系统,就可以直接获得相应权限。缺点是IP地址的伪造非常容易,攻击者可以采用这种方式轻易进入系统。

(4)用户特征认证。用户特征认证是主要利用个人的生物特征和行为特征进行身份认证。如指纹认证、人脸识别、虹膜扫描、语音识别、DNA比对等都是较为常见的基于用户生物特征的认证方式。

以使用广泛的指纹认证为例,每个人的指纹各不相同,采用这种验证方式的信息系统,首先必须收集用户的指纹信息并存储于专门的指纹库中,用户登录时,通过指纹扫描设备输入自己的指纹,系统将用户提供的指纹与指纹库中的指纹进行匹配,如果匹配成功,则允许用户以相应身份登录,否则被拒绝访问。

用户行为特征如果具有很强的区分度也可以被用于验证。例如,每个人的手写笔迹都不相同,手写签名在日常生活中被广泛用于标识用户身份,如果为信息系统增加专用的手写识别设备,也可以利用手写签名验证用户身份。

但用户特征证方式很难确保百分之百可靠,通常存在两种威胁。首先,系转可能会由于特征判断不准确,将非授权用户判定为正常用户接纳到系统中;其次,可能由于用户特征发生变化,如手指受伤导致指纹发生变化,因照片采集受光线、角度、表情不同的影响使人脸与比对库中的人脸差异很大的情况,从而可能使系统将授权用户判定为非法用户。

(5)密码学认证。密码学认证主要利用基于密码技术的用户认证协议进行用户身份的认证。协议规定了通信双方为了进行身份认证甚至建立会话密钥所需要进行交换的消息格式或次序。这些协议需要能够抵抗口令猜测、地址假冒、中间人攻击、重放攻击等。

常用的密码学认证协议有一次性口令认证、基于共享密钥的认证、基于公钥证书的认证、零知识证明和标识认证等。

5.6　网络攻击与防范

随着网络应用的日渐普及,安全威胁日益突出,其中网络攻击成为目前网络信息安全中危害最严重的现象之一。

5.6.1　网络攻击概述

网络入侵是一个广义上的概念,泛指任何威胁和破坏计算机或网络系统资源的行为,如非授权访问或越权访问系统资源、搭线窃听网络信息等。具有入侵行为的人或主机称为入侵者。一个完整的入侵包括入侵准备、攻击、入侵实施等过程。

攻击是入侵者进行入侵所采取的技术手段或方法,入侵的整个过程都伴随着攻击,有时也把入侵者称为攻击者。

在入侵者没有侵入目标系统之前,他会采取一些方法或手段对目标系统进行攻击。当侵入目标网络之后,入侵者利用各种手段窃取和破坏系统中的信息资源。

一般情况下,入侵者或攻击者可能是黑客、破坏者、间谍、内部人员、被雇用者、计算机犯罪者或恐怖主义者的。攻击时,所使用的工具或方法可能是电磁泄漏、搭线窃听、程序或脚本、软件工具包、自治主体(能独立工作的小软件)、分布式工具、用户命令或特殊操作等。

入侵者所采用的攻击手段有以下几种特定类型。

(1)冒充:将自己伪装成为合法用户(如系统管理员),并以合法的形式攻击系统。

(2)重放:攻击者首先复制合法用户所发出的数据(或部分数据),然后进行重发,以欺骗接收者,进而达到非授权入侵的目的。

(3)篡改:采取秘密方式篡改合法用户所传送数据的内容,实现非授权入侵的目的。

(4)拒绝服务:终止、干扰服务器为合法用户提供服务,或抑制所有流向某一特定目标的数据。

(5)内部攻击:利用其所拥有的权限对系统进行破坏活动,这是最危险的类型,据有关资料统计,80%以上的网络攻击及破坏与内部攻击有关。

(6)外部攻击:通过搭线窃听、截获辐射信号、冒充系统管理人员或授权用户、设置旁路躲避鉴别和访问控制机制等手段入侵系统。

(7)陷阱门:首先通过某种方式侵入系统,然后安装陷阱门(如植入木马程序),并通过更改系统功能属性和相关参数,使入侵者在非授权情况下能对系统进行各种非法操作。

(8)特洛伊木马:这是一种具有双重功能的 C/S 体系结构,特洛伊木马系统不但拥有授权功能,还拥有非授权功能,一旦建立这样的体系,整个系统便被占领。

5.6.2 常见网络攻击方式

1. 拒绝服务攻击

拒绝服务攻击是出现较早、实施比较简单的一种攻击方法。攻击者利用一定的手段,让被攻击主机无法响应正常的用户请求。拒绝服务攻击主要表现为以下几个形式。

(1)死亡之 ping。死亡之 ping 是最常使用的拒绝服务攻击手段之一,它利用 ping (Packet Internet Groper)命令发送不合法长度的测试包,使被攻击者无法正常工作。在早期的网络中,路由器对数据包的最大尺寸都有限制,如 TCP/IP 网络中,许多系统对 ICMP 包的大小都规定为 64KB,当 ICMP 包的大小超过该值时就引发内存分配错误,导致 TCP/IP 协议栈崩溃,最终使被攻击主机无法正常工作。

为了阻止死亡之 ping,现在所使用的网络设备(如交换机、路由器,防火墙等)和操作系统(如 UNIX、Linux、Windows 等)能够过滤掉超大的 ICMP 包,都具有抵抗一般死亡之 ping 攻击的能力。

(2)泪滴。在 TCP/IP 分层中,数据链路层用最大传输单元 MTU(maximum transmission unit)来限制所能传输的数据包大小,MTU 是指一次可传送数据的最大长度。如果 IP 层有数据包要传,而且数据包的长度超过了 MTU,那么 IP 层就要对数据包进行分片操作,使每一片的长度都小于或等于 MTU。

在 IP 报头中有一个偏移字段和一个分片标识(MF),如果 MF 标识设置为 1,则表明这个 IP 数据包是一个大 IP 数据包的片段,其中偏移字段指出了这个片段在整个 IP 数据包中的位置,接收端可以根据这些信息成功地重组该 IP 数据包。

如果一个攻击者打破这种正常的分片和重组 IP 数据包的规则,把偏移字段设置成不正确的值,在重组 IP 数据包时就可能出现重合或断开的情况,从而导致目标操作系统崩溃。这就是所谓的泪滴(teardrop)攻击。

防范泪滴攻击的有效方法是给操作系统安装最新的补丁程序,修补操作系统漏洞。同时,对防火墙进行合理设置,在无法重组 IP 数据包时将其丢弃,而不进行转发。

(3)ICMP 泛洪。在平时的网络连通性测试中,经常使用 ping 命令诊断网络的连接情况。当输入了一个 ping 命令后,就会发出 ICMP 响应请求报文,接收主机在接收到请求报文后,会回应一个 ICMP ECHO 报文。

ICMP 泛洪是利用 ICMP 报文进行攻击的一种方法。如果攻击者向目标主机发送大量的 ICMP ECHO 报文,将产生 ICMP 泛洪,目标主机会将大量的时间和资源用于处理 ICMP ECHO 报文,而无法处理正常的请求或响应,从而实现对目标主机的攻击。

防范 ICMP 泛洪的有效方法是对防火墙、路由器和交换机进行相应的设置,过滤来自同一台主机的、连续的 ICMP 报文。对于网络管理员,在网络正常运行时可以关闭 ICMP 报文,即不允许使用 ping 命令。

(4)UDP 泛洪。UDP 泛洪(UDP Flood)的实现原理与 ICMP 泛洪类似,攻击者通过向目标主机发送大量的 UDP 报文,导致目标主机忙于处理这些 UDP 报文,而无法处理正常的报文请求或响应。

(5)LAND 攻击。局域网拒绝服务攻击(local area network denial attack,lAND attack)是拒绝服务攻击的一种,通过发送精心构造的、具有相同源地址和目标地址的欺骗数据包,致使缺乏相应防护机制的目标设备瘫痪。

(6)Smurf 攻击。Smurf 攻击是一种病毒攻击,以最初发动这种攻击的程序"Smurf"来命名。这种攻击方法结合使用了 IP 欺骗和 ICMP 回复方法使大量网络传输充斥目标系统,引起目标系统拒绝为正常系统进行服务。

Smurf 攻击通过使用将回复地址设置成受害网络的广播地址的 ICMP 应答请求数据包,来淹没受害主机,最终导致该网络的所有主机都对此 ICMP 应答请求做出答复,导致网络阻塞。复杂的 Smurf 会将源地址改为第三方的受害者,最终导致第三方崩溃。

(7)电子邮件炸弹。电子邮件炸弹是最古老的匿名攻击之一,通过设置一台机器不断地、大量地向同一地址发送电子邮件,从而耗尽接受者网络的带宽。由于这种攻击方式简单易用,也有很多发匿名邮件的工具,而且只要对方获悉你的电子邮件地址就可以进行攻击,它不仅会干扰用户的电子邮件系统的正常使用,甚至还能影响到邮件系统所在的服务器系统的安全,造成整个网络系统瘫痪,所以电子邮件炸弹是一种杀伤力极强的网络攻击方式。

2. 利用型攻击

利用型攻击是一种试图直接对用户的主机进行控制的攻击方法,最常见的有以下 3 种。

(1)口令攻击。口令也称为密码,是网络安全的第一道防线。但从目前的技术来看,口令已经没有足够的安全性,各种针对口令的攻击不断出现。

所谓口令攻击是指通过猜测或获取口令文件等方式获得系统认证口令,从而进入系统,实现对系统的控制或信息的破坏。

目前,网络中存在的弱口令(也称危险口令)主要有:用户名、用户名的变形、生日、常用的英文单词、5 个字符长度以下的口令、空口令或系统默认口令等。

(2)特洛伊木马攻击。特洛伊木马的名称源于古希腊的特洛伊木马神话。它是一个隐含在合法积序中的非法程序。攻击者通过木马攻击用户的系统,所做的第一步工作是把木马的服务器端程序植入用户的计算机中,该非法程序会在用户不知情的情况下被执行,从而导致数据信息被未授权地收集、伪造或破坏。

(3)缓冲区溢出攻击。缓冲区溢出攻击利用了目标程序的缓冲区溢出漏洞,通过操作目标程序堆栈并暴力改写其返回地址,从而获得目标控制权。

缓冲区溢出的工作原理是,攻击者向一个有限空间的缓冲区中复制过长的字符串,这时可能产生两种结果,一是过长的字符串覆盖了相邻的存储单元而造成程序瘫痪,甚至造成系统崩溃;二是可让攻击者运行恶意代码,执行特定指令,甚至获得管理员用户的权限等。

3.信息收集型攻击

信息收集型攻击并不对目标主机本身造成危害,而是将目标主机作为一个跳板,用来对其他主机进行攻击。信息收集型攻击主要包括扫描技术、体系结构探测、利用信息服务等。

(1)扫描技术。扫描技术主要分为两类:网络安全扫描技术和主机安全扫描技术。其中网络安全扫描技术主要针对系统中存在的弱口令或与安全规则相抵触的对象进行检查;主机安全扫描技术则是通过执行一些脚本文件,对系统进行模拟攻击,同时记录系统的反应,从而发现其中的漏洞。常见的扫描技术主要有端口扫描和漏洞扫描。

(2)体系结构探测攻击。体系结构探测是指攻击者使用具有已知响应类型的数据库的自动工具,对来自目标主机的响应进行检查,从而探测到目标主机的操作系统、数据库的类型和版本等信息,为进一步入侵做好准备。每种操作系统都有其独特的响应方法,攻击者在获取这种独特的响应后,再与数据库中已知的响应进行对比,便可以确定目标主机所运行的操作系统。

(3)利用信息服务攻击。利用信息服务攻击中最有代表性的是 Finger 服务。Finger 是计算机网络中的协议之一,Finger 服务可用于查询用户的信息,包括网上成员的真实姓名、用户名、最近登录时间和地点等,也可以用来显示当前登录在机器上的所有用户名,这对于入侵者来说是无价之宝。因为它能告诉入侵者在本机上的有效登录名,然后入侵者就可以注意它们的活动。

由于 Finger 服务一般都是提供在线用户的信息,因此入侵者通过 Finger 服务可以方便地获取有效的用户信息,然后使用暴力破解等方法获得用户的账号密码,为进一步入侵做好准备。

4.假消息攻击

假消息攻击主要包括 DNS 缓存中毒和伪造电子邮件两类。

(1)DNS 缓存中毒。由于 DNS 服务器与其他名称服务器交换信息的时候并不进行身份验证,这就使得攻击者可以将不正确的信息加入其中,并把用户引向攻击者自己的主机。

现代的计算机网络尤其是 Internet 离不开 DNS 服务。为了提高 DNS 服务器的工作效率,绝大部分 DNS 服务器都能够将 DNS 查询结果在答复发出请求的主机之前保存到高速缓存中。但是,如果 DNS 服务器的高速缓存被大量假的 DNS 信息"污染"了,用户的请求就有可能被发送到一些恶意或不健康的网站,而不是原本要访问的网站。

(2)伪造电子邮件。在发送电子邮件时,由于所使用的 SMTP 协议并不对邮件发送者的身份进行鉴别,因此攻击者便可以伪造并发送大量的电子邮件。这些电子邮件一般还会附上可安装的特洛伊木马程序或一个引向恶意或不健康网站的链接。目前,网络中大量的垃圾邮件都是通过伪造电子邮件的方式来发送的。

5.脚本和 ActiveX 攻击

脚本(script)和 ActiveX 是近年来随着 Internet 的广泛应用而出现的攻击方法。

(1)脚本攻击。脚本(script)是一种可执行的文件,常见的编写脚本的语言有 Java Script 和 VB Script。脚本在执行时需要由一个专门的解释器翻译成计算机指令,然后在本地计算机上运行。与 Java 和 VB 等编程语言相比,脚本编写简单,但功能较为强大。

脚本的另一个特点是可以直接嵌入到 Web 页面中,当执行一些静态 Web 页面时,脚本与之共同执行,可实现诸如数据库查询和修改以及系统信息的提取等操作。

脚本在带来方便和强大功能的同时,也为攻击者提供了便利途径。攻击者可以编写一些对系统有破坏性的脚本,然后嵌入到 HTML 的 Web 页面中,一旦这些页面被下载到本地计算机,计算机便会以当前用户的权限执行这些脚本,攻击者便会使用当前用户所具有的任何权限,因此脚本攻击的破坏程度很强。

(2)ActiveX 攻击。ActiveX 是建立在微软公司的组件对象模型 COM(component object model)上的一种对象控件,而 COM 则几乎是 Windows 操作系统的基础结构,它可以被应用程序加载,以完成一些特定的功能。

但这种对象控件不能自己执行,因为它没有自己的进程空间,而只能由其他进程加载运行。

ActiveX 控件可以嵌入到 Web 页面中,当浏览器下载这些页面到本机后,相应地也下载了嵌入其中的 ActiveX 控件,由于 ActiveX 对系统的操作没有严格的限制,所以如果一旦被下载并执行,就可以像安装在本机上的可执行程序一样运行。因此,当前用户的权限有多大,ActiveX 的破坏性便有多大。如果一个攻击者编写一个含有恶意代码的 ActiveX 控件,然后嵌入到 Web 页面中,当被一个浏览用户下载并执行后,将会对本机造成破坏。

针对这一特点,IE 浏览器也做了某些限制,针对不安全的站点,在 IE 浏览器的默认设置中将不允许用户进行下载或在下载时给予警告,如图 5-4 所示。

图 5-4　设置 ActiveX 控件和插件示意图

6.社会工程攻击

社会工程攻击,是一种利用"社会工程学"来实施的网络攻击行为。

历史上,社会工程学是隶属于社会学,不过其影响他人心理的效果引起了计算机安全专家的注意。在计算机科学中,社会工程学指的是通过与他人的合法地交流,来使其心理受到影响,做出某些动作或者是透露一些机密信息的方式。

社会工程学的窍门也蕴涵了各式各样的灵活的构思与变化因素。社会工程学是一种利用人的弱点,如人的本能反应、好奇心、信任、贪便宜等弱点进行诸如欺骗、伤害等的手段,获取自身利益的手法。

近年来,更多的黑客转向利用人的弱点即社会工程学方法来实施网络攻击。利用社会工程学手段,突破信息安全防御措施的事件,已经呈现出上升甚至泛滥的趋势。

所有社会工程学攻击都建立在使人决断产生认知偏差的基础上。有时候这些偏差被称为"人类硬件漏洞",足以产生众多攻击方式,其中常见的有:假托、调虎离山、在线聊天、网络钓鱼、下饵、等价交换、尾随、短信诈骗、电话诈骗等。

由于社会工程攻击的温柔属性,大多数受害者都不知道他们已经被攻击了,而可能要耗费几个月的时候才能发现这个安全漏洞。社会工程攻击不是传统的信息安全的范畴,也被称为"非传统信息安全",传统信息安全办法解决不了非传统信息安全的威胁。一般认为,解决非传统信息安全威胁也要运用社会工程学来反制社会工程攻击。

5.6.3　IDS 技术及应用

入侵检测系统(intrusion detection system,IDS)被定义为对计算机和网络资源的恶意使用行为进行识别和相应处理的系统。包括系统外部的入侵和内部用户的非授权行为,是为保证计算机系统的安全而设计与配置的一种能够及时发现并报告系统中未授权或异常现象的技术,是一种用于检测计算机网络中违反安全策略行为的技术。

1. 入侵检测的功能

入侵检测就是通过对行为、安全日志、审计数据或其他网络上可以获得的信息进行操作,检测到对系统的闯入或闯入的企图。

入侵检测的功能主要有以下几方面:
①监督并分析用户和系统的活动;
②检查系统配置和漏洞;
③检查关键系统和数据文件的完整性;
④识别代表已知攻击的活动模式;
⑤对反常行为模式的统计分析;
⑥对操作系统进行校验管理,判断是否有破坏安全的用户活动。

2. IDS 工作流程

进行入侵检测的软件与硬件的组合便是入侵检测系统。IDS 是一个监听设备,没有跨接在任何链路上,无须网络流量流经它便可以工作。因此,IDS 应当挂接在所有所关注的流量都必须流经的链路上,即来自高危网络区域的访问流量和需要进行统计、监视的网络报文。现在绝大部分的网络区域都已经全面升级到交换式的网络结构,IDS 在交换式网络中的位置一般选择在尽可能靠近攻击源、尽可能靠近受保护资源的位置,这些位置通常是服务器区域的交换机、Internet 接入路由器之后的第一台交换机或重点保护网段的局域网交换机。

入侵检测系统的工作流程大致分为"信息收集→信息分析→实时记录、报警或有限度反击"几个步骤。

（1）信息收集。信息收集是入侵检测的第一步，收集的信息内容包括系统信息、网络流量、数据内容、用户连接活动的状态和行为等。

此工作由放置在不同网段的传感器或不同主机上的代理进行，包括系统和网络日志文件、网络流量、非正常的目录和文件改变、非正常的程序执行等。根据系统分析的数据对象不同，信息收集的方法可分为基于主机的信息收集、基于网络的信息收集和基于这两个的混合型信息收集。

（2）信息分析。对上述收集到的信息，一般通过三种技术手段进行分析：模式匹配、统计分析和完整性分析。其中前两种方法用于实时的入侵检测，而完整性分析则用于事后分析。

模式匹配就是将收集到的信息与已知的网络入侵和系统误用模式数据库进行比较，从而发现违背安全策略的行为。

统计分析方法首先给信息对象（如用户、连接、文件、目录和设备等）创建一个统计描述，统计正常使用时的一些测量属性（如访问次数、操作失败次数和延时等）。测量属性的平均值将被用来与网络、系统的行为进行比较，任何观察值在正常偏差之外时，就认为有入侵发生。具体的统计分析方法有基于专家系统的、基于模型推理的和基于神经网络的等。

完整性分析主要关注某个文件或对象是否被更改，包括文件和目录的内容及属性。

（3）实时记录、报警或有限度反击。IDS 根本的任务是要对入侵行为做出适当的反应，包括详细日志记录、实时报警和有限度的反击攻击源等。

3. IDS 存在的不足

入侵检测系统（IDS）存在的不足之处如下：

①在无人干预的情况下，无法执行对攻击的检查；

②无法感知单位内部网络安全策略的内容；

③不能弥补网络协议的漏洞；

④不能弥补系统提供的原始信息的质量缺陷或完整性问题；

⑤不能分析网络繁忙时所有的事务；

⑥不能总是对数据分组级的攻击进行处理；

⑦不能应对现代网络的硬件及特性。

5.6.4　VPN 技术

虚拟专用网络（virtual private network，VPN）的功能是在公用网络上建立专用网络进行加密通信，在企业网络中有广泛应用。VPN 网关通过对数据包的加密和数据包目标地址的转换实现远程访问，可通过服务器、硬件、软件等多种方式实现。

VPN 属于远程访问技术，例如某公司员工出差到外地，他想访问企业内网的服务器资源，这种访问就属于远程访问。在传统的企业网络配置中，要进行远程访问，传统的方法是租用 DDN（数字数据网）专线或帧中继，这样的通信方案必然导致高昂的网络通信和维护费用。对于移动用户（移动办公人员）与远端个人用户而言，一般会通过拨号线路（Internet）进入企业的局域网，但这样必然带来安全上的隐患。

让外地员工访问到内网资源，利用 VPN 的解决方法就是在内网中架设一台 VPN 服务器。外地员工在当地连上互联网后,通过互联网连接 VPN 服务器,然后通过 VPN 服务器进入企业内网。为了保证数据安全,VPN 服务器和客户机之间的通信数据都进行了加密处理。有了数据加密,就可以认为数据是在一条专用的数据链路上进行安全传输,就如同专门架设了一个专用网络一样,但实际上 VPN 使用的是互联网上的公用链路,因此 VPN 称为虚拟专用网络,其实质上就是利用加密技术在公网上封装出一个数据通信隧道。有了 VPN 技术,用户无论是在外地出差还是在家中办公,只要能上互联网就能利用 VPN 访问内网资源,这就是 VPN 在企业中应用得如此广泛的原因。

VPN 一般指虚拟专用网络,是"翻墙"软件的常用技术。随着互联网技术的快速发展,越来越多的政府部门、军队、跨国公司等开始利用公用基础通信设施构建自己的虚拟专用广域网络来进行数据的安全传输。

2006 年 1 月,信息产业部发布《关于两项增值电信业务及国内多方通信服务的通告》,正式开放"国内因特网虚拟专用网业务"。工信部规定,在中国提供 VPN 服务的公司必须登记注册,否则将不会受到中国法律的保护。

我国于 2015 年开始加强对专用电信网运营的管控。为了维护公平有序的市场秩序,促进行业的健康发展,工信部专门制定了跨境开展经营电信业务活动的规范,主要依据《中华人民共和国电信条例》和《国际通信出入口局管理办法》。商务部规定允许外商投资国内互联网虚拟专用网业务(VPN),但所占股比不超过 50%。

2017 年 1 月,工信部出台了《关于清理规范互联网网络结构服务市场的通知》规范市场行为,规范的对象主要是未经电信主管部门批准、无国际通信业务经营资质的企业和个人租用国际专线或者 VPN,违规开展跨境电信业务经营活动。但这些规定主要是对无证经营的、不符合规范的行为,对于依法依规的企业和个人不会带来什么影响。

根据我国《刑法》第二百八十五条第三款规定,如果非法出售可访问境外互联网网站的"VPN"翻墙服务的,可能会触犯"提供侵入、非法控制计算机信息系统程序、工具罪",情节严重的,会处以三年以下有期徒刑或者拘役,并处或者单处罚金。

5.7　信息安全前沿技术

目前,网络空间安全博弈日趋激烈,先进的网络安全技术已成为主动应对安全威胁、及时打破安全攻防不对称局面的关键要素。

5.7.1　可信计算

日前,无论是信息的提供者还是访问者,对信息的安全要求及重视程度都越来越高,人们对信息安全的要求已超出了传统定义中的保密性、完整性、可靠性、可用性和不可抵赖性这 5 大要素,继承传统技术和应用、体现当前应用需求和技术特点、融合现代管理理念和人类社会信任机制的可信计算(trusted computing)技术成为信息安全领域的新元素,并在实践中不断探索和发展。

1. 可信计算概述

在现代信息安全领域,密码学是理论基础,网络安全是基本手段,硬件尤其是芯片安全是基本保障,操作系统安全是关键,应用安全是目的。

对于计算机系统,要增强系统的安全性,就需要从底层软硬件(包括芯片、主板、BIOS、体系结构等)、操作系统、数据库、应用系统、网络等方面逐层逐级做起,从技术,制度和管理等方面综合采取措施,立足系统、注重环节、加强关联,从早期以防火墙、入侵检测技术为代表的边界安全到关注每个节点的全网安全,从传统的分而治之的安全措施到今天的注重整体的安全思路,从以往众多安全设备的逻辑叠加到现在以统一的视角去审视和实现安全,从前一阶段集中于数据传输过程到如今从接入、传输、应用直至后期存储和分析处理等全过程的安全观的转变,这便是可信计算的实现思路。

国内外学者通过多年来的广泛研究和实践,提出了可信计算的基本思想:在计算平台中,首先创新一个安全信任根,再建立从硬件平台、操作系统到应用系统的信任链,在这条信任链上从根开始进行逐级度量和验证,以此实现信任的逐级扩展,从而构建一个安全可信的计算环境。

一个可信计算系统由信任根、可信硬件平台、可信操作系统和可信应用组成,其目的是提高计算平台的安全性。

随着 1983 年美国国防部国家计算机安全中心《可信计算机系统评价准则》(TCSEC)的问世,可信计算机和可信计算基(TCB)的概念被提出。随后,美国国防部分别在 1987 年和 1991 年相继提出了可信网络解释(trusted network interpretation,TNI)和可信数据库解释(trusted database interpretation,TDI)。这一系列信息安全指导文件标志着可信计算技术的出现,并给出了可信计算的评价检测和主要应用领域。

1999 年,美国的 IBM、HP、Intel、Microsoft、Compaq 和日本的 SONY 等世界著名 IT 公司联合成立了可信计算平台联盟(trusted computing platform alliance,TCPA),并于 2003 年更名为可信计算组织(trusted computing group,TCG),标志着可信计算技术从原来的评价准则发展到开始有了相应的技术规范和系统结构,可信计算从最初的设想已经演进为可供应用或借鉴的标准和技术。目前,TCG 这一非营利组织已制定了可信 PC、可信平台模块(trusted platform module,TPM)、可信软件栈(TCG software stack,TSS)、可信服务器、可信网络连接(trusted network connect,TNC)、可信多租户基础设施(trusted multi-tenant infrastructure,TMI)、可信移动解决方案(trusted mobility solutions,TMS)、可信手机模块等一系列可信技术规范。在这些技术规范文件的指导下,推出了一系列可信计算产品,使可信计算技术快速走向应用。

我国从 2000 年开始进行可信计算的研究,结合我国信息安全要求,在 TCG 相关规范的指导下开发了大量的安全产品,并以自主安全芯片可信密码模块(trusted cryptography mModule,TCM)为基础,建立了可信计算密钥支撑平台体系结构。

在可信计算中,所针对的环境是信息系统,实现方法是可信度量的继承和传递,目标是实体行为预期的可靠性、可用性和安全性。

2. 可信计算核心概念

可信计算包括 5 个关键技术概念,它们是完整可信系统所必需的,这个系统遵从 TCG 规范。

(1)签注密钥。签注密钥是一个 2048 位的 RSA 公共和私有密钥对,它在芯片出厂时随机生成并且不能改变。这个私有密钥永远在芯片里,而公共密钥用来认证及加密发送到该芯片的敏感数据。

(2)安全输入/输出(I/O)。安全 I/O 指的是计算机用户与他们认为与之进行交互的软件之间的受保护的路径。在当前的计算机系统中,恶意软件有很多途径截取用户与软件进程间传送的数据。安全 I/O 表现为受硬件和软件保护和验证的信道,采用校验值来验证进行输入输出的软件没有受到篡改,自身注入信道间的恶意软件会被识别出来。

尽管安全 I/O 提供针对软件攻击的防护,但它未必提供对基于硬件攻击的防护,例如物理插入用户键盘和计算机间的设备等。

(3)储存器屏蔽。储存器屏蔽拓展了一般的储存保护技术,提供了完全独立的储存区域,例如,包含密钥的位置。即使操作系统自身也没有被屏蔽储存的完全访问权限,所以入侵者即使控制了操作系统信息也是安全的。

(4)封装储存。封装存储从当前使用的软件和硬件配置派生出密钥,并用这个密钥加密私有数据,从而实现对它的保护。这意味着该数据仅在系统拥有同样的软硬件组合的时候才能读取。

(5)远程证明。远程证明使得用户或其他人可以检测到该用户的计算机的变化,这样可以避免向不安全或安全受损的计算机发送私有信息或重要的命令。远程证明机制通过硬件生成一个证书,声明哪些软件正在运行,用户可以将这个证书发给远程的一方以表明他的计算机没有受到篡改。

远程证明通常与公钥加密结合起来保证发出的信息只能被发出证明要求的程序读取,而非其他窃听者。

3. 可信计算的应用

(1)数字版权管理。可信计算可创建数字版权管理系统。例如,下载的音乐文件,用远程认证可使音乐文件拒绝被播放,除非是在唱片公司规定的特定音乐播放器上;封装储存会防止用户使用其他的播放器或在另一台电脑上打开该文件;安全 I/O 阻止用户捕获发送到音响系统里的数据流。破解这样的系统需要操纵电脑硬件或者是用录音设备或麦克风获取模拟信号,这样可能产生信号衰减或者需要破解加密算法。

(2)身份盗用保护。可信计算可以用来防止身份盗用。以网上银行为例,当用户接入到银行服务器时使用远程认证,如果服务器能产生正确的认证证书那么银行服务器就对该页面进行服务。随后用户通过该页面发送他的加密账号和 PIN 及一些对用户和银行都为私有的(不可见)保证信息。

(3)防止游戏作弊。可信计算可以用来打击在线游戏作弊。一些玩家修改他们的游戏副本以在游戏中获得不公平的优势;远程认证、安全 I/O 以及储存器屏蔽用来核对所有接入游戏服务器的玩家,以确保其正在运行一个未修改的软件副本。

(4)保护系统不受病毒和间谍软件危害。软件的数字签名能使用户识别出经过第三方修改可能加入间谍软件的应用程序。例如,当一个网站提供一个修改过的包含间谍软件的程序版本时,操作系统会发现该版本的程序里缺失有效的签名并通知用户该程序已经被修改。

(5)保护生物识别身份验证数据。用于身份认证的生物鉴别设备可以使用可信计算技术(存储器屏蔽,安全 I/O)来确保没有间谍软件安装在电脑上窃取敏感的生物识别信息。

(6)核查远程网格计算的计算结果。可信计算可以确保网格计算系统的参与者返回的结果不是伪造的。这样大型模拟运算(例如天气系统模拟)不需要繁重的冗余运算来保证结果不被伪造,从而得到想要的正确结论。

5.7.2　大数据安全

每天,遍及全球的互联网、社交平台、移动互联网设备、在线交易平台等都在持续不断地创造数量惊人的数据,而且数据产生的速度将会越来越快,产生的数据类型也会越来越复杂,各行各业已经转移到以数据为中心的轨道上,大数据时代已经到来。大数据的产生自然带来了大数据的安全问题。

1. 大数据概述

大数据从产生到现在,其概念和外延一直在随着技术和应用的发展而不断发展变化。

(1)大数据的概念。大数据的应用及相关技术是在互联网快速发展中诞生的。伴随着互联网产业的崛起,这种海量数据处理技术在电子商务、定向广告、智能推荐、社交网络等方面得到了广泛应用,取得了巨大的商业成功。这也启发了全社会开始重新审视数据的巨大价值,于是,金融、电信、公共安全等拥有大量数据的行业开始重视这种新的理念和技术,并取得初步成效。

虽然大数据已经成为全社会热议的话题,但到目前为止尚无公认的统一定义。目前业界广泛对大数据这样定义:大数据是指无法用现有的软件工具提取、存储、搜索、共享、分析和处理的海量复杂数据集合,同时也指新一代架构和技术,用于更经济、有效地从高频率、大容量、不同结构和不同类型的数据中获取价值。

大数据的数据规模超出了传统数据库软件采集、存储、管理和分析等能力的范畴,多种数据源、多种数据种类和格式冲破传统的结构化数据范畴,社会向着数据驱动型的预测、发展和决策方向转变,决策、组织、业务等行为日益基于数据和客观分析提出结果。

(2)大数据的基本特征。目前对于大数据特征的研究归纳起来可以分为规模、变化频度、种类和价值密度等几个维度,具体从数量(volume)、多样性(variety)、速度(velocity)、价值(value)以及真实性(veracity)5个方面(5V)进行认识和理解。

①数量:聚合在一起供分析的数据规模非常庞大,数据的大小决定所考虑的数据的价值和潜在的信息;

②多样性:数据形态、种类多样,根据生成类型可分为交易数据、交互数据、传感数据;根据数据来源可分为社交媒体数据、传感器数据、系统数据;根据数据格式可分为文本、图片、音频、视频、光谱等;根据数据关系可分为结构化、半结构化、非结构化数据;根据数据所有者可分为公司数据、政府数据、社会数据等。

③速度:一方面,数据的增长速度快;另一方面,要求数据获取、处理、交付等速度快。

④价值:尽管我们拥有大量数据,但是发挥数据价值的可能仅是其中非常小的一部分,大数据背后潜藏的价值巨大。

⑤真实性:一方面,对于虚拟网络环境下如此大量的数据需要采取措施确保其真实性和客观性,这是大数据技术与业务发展的迫切需求;另一方面,通过大数据分析,真实地还原和预测事物的本来面目也是大数据未来发展的趋势。

2. 大数据安全挑战

大数据所引发的安全问题与其带来的价值同样引人注目。与传统的信息安全问题相比,大数据安全面临的挑战主要体现在以下3个方面。

(1)大数据中的用户隐私保护。大量事实表明,大数据未被妥善处理会对用户的隐私造成极大的侵害。根据需要保护的内容不同,隐私保护又可以进一步细分为位置隐私保护、标识符匿名保护、连接关系匿名保护等。

与其他的信息一样,大数据在存储、处理和传输等过程中面临安全风险,具有数据安全与隐私保护需求。而实现大数据安全与隐私保护,相比其他安全问题更为棘手,因为在大数据背景下,这些大数据运营商既是数据的生产者,又是数据的存储者、管理者和使用者。因此,单纯通过技术手段限制商家对用户信息的使用,实现用户数据安全和隐私保护是极其困难的。

大数据收集了各种来源、各种类型的数据,其中包含了很多和用户隐私相关的信息,很多时候人们有意识地将自己的行为隐藏起来,试图达到隐私保护的目的,但是,在大数据环境下,我们可以通过用户零散数据之间的关联属性,将某个人的很多行为数据聚集在一起,他的隐私就很可能被暴露,因为有关他的信息已经足够多,这种隐性的数据泄露往往是个人无法预知和控制的。

在大数据时代,人们面临的威胁并不仅限于个人隐私泄露,还在于基于大数据对人们状态和行为的预测。例如,零售商可以通过历史记录分析,得到顾客在衣食住行等方面的爱好、倾向等。

当前很多组织都已经认识到了大数据的安全问题,并积极行动起来关注大数据安全保护。

(2)大数据可信性。关于大数据的一个普遍的观点是,数据自己可以说明一切,数据自身就是事实。但实际情况是。如果不仔细甄别,数据也具有欺骗性。

①伪造数据。大数据可信性的威胁之一是伪造或刻意制造的数据,而错误的数据往往会导致错误的结论。如果数据应用场景明确,有人就可能刻意制造数据、营造某种假象,诱导分析者得出对其有利的结论。

虚假信息往往隐藏于大量信息之中,使人们无法鉴别真伪,从而做出错误判断。而靠信息安全技术手段鉴别所有数据来源的真实性是不可能的。

例如,一些点评网站上的虚假评论混杂在真实评论中,使用户无法分辨,可能误导用户去选择某些劣质商品或服务。

②数据在传播中失真。大数据可信性的另一个威胁是数据在传播过程中会产生失真。比如,人工干预的数据采集过程可能会引入误差或失误,导致数据失真与偏差,最终影响数据分析结果的准确性。

③如何实现大数据访问控制。访问控制是实现数据受控共享的有效手段。由于大数据可能被用于多种场景,其访问控制需求十分突出。

由于大数据应用范围广泛,它通常要被来自不同组织或部门、不同身份与目的的用户访问。然而,在大数据场景下,有大量的用户需要实施权限管理,但是在大部分情况下,用户具体的权限要求是未知的。因此面对未知的大量数据和用户,预先设置角色十分困难。

由于大数据场景中包含海量数据,安全管理员可能缺乏足够的专业知识,无法准确地为用户指定其可以访问的数据范围。而且从效率角度讲,定义用户所有授权规则也不是理想的方式。例如,警务人员根据工作需要可能要访问大量信息,但在具体实践中,需要访问什么数据应由警务人员根据具体工作需求来决定,不需要管理员对每个警务人员进行特别的权限配置。

此外,不同类型的大数据中可能存在多样化的访问控制需求,如何统一地描述与表达访问控制需求也是一个挑战性问题。

3. 大数据安全技术

安全与应用是相伴而生的。随着大数据应用的不断发展,安全问题也随之出现。大数据应用过程中主要涉及以下安全问题。

(1)大数据采集安全技术。海量数据在大规模的分布式采集过程中需要从数据的源头保证数据的安全性,在数据采集时便对数据进行必要的保护,必要时对敏感数据进行加密处理等。

(2)大数据传输安全技术。在数据传输过程中,虚拟专用网技术(VPN)拓宽了网络环境的应用,有效地解决信息交互过程中带来的信息权限问题。大数据传输过程中可采用VPN 建立数据传输的安全通道,将待传输的原始数据进行加密和协议封装处理后再嵌套到另一种协议的数据报文中进行传输,以此满足安全传输需求。

(3)大数据存储安全技术。大数据存储需要保证数据的机密性和可用性,涉及的安全技术包括非关系型数据的存储、静态和动态数据加密以及数据的备份与恢复等。

对于大数据环境下的数据备份和恢复一般采用磁盘阵列、数据备份、双机容错、NAS(网络附属存储)、数据迁移、异地容灾备份等方式。

(4)大数据挖掘安全技术。大数据挖掘是指从海量数据中提取和挖掘知识。在大数据挖掘的特定应用和具体实施过程中,首先,需要做好隐私保护;其次,大数据挖掘安全技术方面还需要加强第三方挖掘机构的身份认证和访问管理,以确保第三方在进行数据挖掘的过程中不植入恶意程序、不窃取系统数据,保证大数据的安全。

(5)大数据安全发布与应用安全技术。大数据安全发布与应用安全关键技术主要包括用户管控安全技术和数据溯源安全防护技术。

在大数据的应用过程中需要对使用这些大数据的用户进行管理和控制,对他们进行身份认证和访问控制,并对他们的安全行为进行审计。

大数据领域内的数据溯源就是对大数据应用生命周期各个环节的操作进行标记和定位,在发生数据安全问题时可以准确地定位到出现问题的环节和责任,以便针对数据安全问题制定更好的安全策略和安全机制。

(6)隐私数据保护技术。隐私数据包括个人身份信息、数据资料、财产状况、通信内容、社交信息、位置信息等,隐私保护的研究主要集中在如何设计隐私保护原则和算法,既保证数据应用过程中不泄露隐私,同时又能更好地利用数据。

针对大数据的隐私保护技术主要有数据匿名化技术和数据加密技术。

5.7.3　物联网安全

物联网正在加速融入人们的生产生活之中,传统的网络攻击和风险正在向物联网和相关智能设备蔓延。在万物互联时代,物联网安全问题更加突出。

1. 物联网概述

物联网(Internet of things,IOT)被视为全球信息产业的又一次产业浪潮,受到了全球许多国家政府、企业、科研机构的高度关注，并分别从体系结构、信息标准、实现技术、行业应用等方面进行了大量的理论研究和实践探索，取得了初步的研究成果。

物联网是基于人与人之间的通信方式在快速发展过程中出现瓶颈时，力求突破现有模式，进而实现人与物、物与物之间通信的应用创新。

（1）物联网的概念。物联网概念最早出现于比尔·盖茨1995年《未来之路》一书，书中比尔·盖茨已经提及物联网概念，只是当时受限于无线网络、硬件及传感设备的发展，并未引起世人的重视。

物联网是指通过各种信息传感器、射频识别技术、全球定位系统、红外感应器、激光扫描器等各种装置与技术，实时采集任何需要监控、连接、互动的物体或过程，采集其声、光、热、电、力学、化学、生物、位置等各种需要的信息，通过各类可能的网络接入，实现物与物、物与人的泛在连接，实现对物品和过程的智能化感知、识别和管理。物联网是一个基于互联网、传统电信网等的信息承载体，它让所有能够被独立寻址的普通物理对象形成互联互通的网络。

（2）物联网的特征。由于物联网是在互联网的基础上发展起来的，它在继承了互联网基本功能的基础上，体现了自身的特点。

①物联网是在现有互联网基础上发展起来的，也称为后互联网，是互联网发展到一定阶段后的必然产物，也是信息技术从以人为主的社会维度应用到物理世界的产物。

②嵌入到物理对象中实现对象系统智能化的嵌入式系统，是实现物体联网功能的核心，传感器、RFID、摄像机、GPS等终端都通过嵌入式系统实现与互联网的信息交互，成为物联网的感知神经末梢。

③物联网是互联网发展到高级阶段并在发展中遇到阻力时的产物。互联网发展到现在，在技术和应用中都遇到了瓶颈，下一代网络、云计算、传感网等被认为是有效的解决技术，这些技术正是构成物联网的基本要素。

④物联网是计算机、通信、电子技术、微电子技术等多学科交叉融合后形成的一个综合应用技术，从技术现状和发展趋势来看，物联网所需要的不仅仅是单学科的研究成果，更需要多学科间的交叉融合，但这种融合不是简单的集成，必须解决大量已知和未知的技术与非技术问题。

⑤智能化、自动化、实时性、可扩展性是物联网必须具备的特征。

2. 物联网的安全挑战

互联网在设计之初就没有将安全作为首要考虑的因素，这使其在应用之初就存在"安全免疫缺陷"，继承于互联网的物联网，不仅融合了互联网的优势，同时也自然携带了这份"安全免疫缺陷"基因，加之物联网自身不断展现出来的新特性，使得这一安全缺陷被持续扩大。因此，物联网在发展和应用过程中面临巨大的安全挑战。

（1）感知层安全挑战。物联网感知层的主要功能是进行信息采集、捕获和物体识别，主要通过传感器、摄像头、识别码、RFID和实时定位芯片等采集各类信息，然后通过短距离传输、无线自组织等技术实现数据的初步处理。

感知层是实现物联网全面感知功能的核心部分，针对物联网感知层的攻击越来越多，主要包括以下几种。

①物理攻击。攻击者对传感器等实施的物理破坏，致使物联网终端无法正常工作，攻击

者也可能通过盗窃终端设备并破解获取用户敏感信息,或非法更换传感器设备导致数据感知异常,破坏业务正常开展。

②伪造或假冒攻击。攻击者通过利用物联网终端的安全漏洞,获得节点的身份和密码信息,假冒身份与其他节点进行通信,进行非法的行为或恶意的攻击,如监听用户信息、发布虚假信息、置换设备、发起 DoS 攻击等。

③信号泄露与干扰。攻击者对传感网络中传输的数据和信号进行拦截、篡改、伪造、重放,从而获取用户敏感信息或导致信息传输错误,业务无法正常开展。

资源耗尽攻击就是攻击者向物联网终端发送垃圾信息,耗尽终端电量,使其无法继续工作。此外,RFID 标签、二维码等的嵌入,使物联网接入的用户不受控制地被使用扫描、定位和追踪等行为攻击,极容易造成用户个人隐私泄露。

(2)传送层安全挑战。物联网的传送层主要用于把感知层收集到的信息安全可靠地传输到应用层,然后根据不同的应用需求进行信息处理。

传送层主要是网络基础设施,包括互联网、移动网和一些专业网(如国家电力专用网、广播电视网)等。

在信息传输过程中,可能经过一个或多个不同架构的网络进行信息交接。例如,普通座机电话与手机之间的通话就是一个典型的跨网络架构的信息传输实例。在信息传输过程中这种跨网络传输是很普遍的,在物联网环境中这一现象更突出,这样很可能在正常普通的传输事件中产生信息安全隐患。

传送层的主要安全隐患包括网络协议自身的缺陷、拒绝服务攻击、伪基站攻击等。

物联网传送层的这些安全威胁,轻则使网络通信无法正常运行,重则使网络服务中断,甚至陷于瘫痪状态。

(3)应用层安全挑战。物联网应用层是对网络传送层的信息进行处理,实现智能化识别、定位、跟踪、监控和管理等实际应用,通常会存在以下安全问题。

①应用系统和业务平台的安全威胁。物联网技术与行业信息化需求相结合,产生广泛的智能化应用,包括智能制造、智慧农业、智能家居、智能电网、智能交通和车联网、智能节能环保、智慧医疗和健康养老等,因此,物联网应用层的安全问题主要来自各类新业务及应用的相关业务平台。

②数据存储和处理的安全威胁。物联网的各种应用数据分布存储在云计算平台、大数据挖掘与分析平台,以及各业务支撑平台中进行的计算和分析,其云端海量数据处理和各类应用服务的提供使得应用层很容易成为被攻击目标,导致数据泄露、恶意代码攻击等安全问题;操作系统、平台组件和服务程序自身漏洞和设计缺陷很容易导致未授权的访问、数据破坏和泄露;数据结构的复杂性将带来数据处理和融合的安全风险,包括破坏数据融合的攻击、篡改数据的重编程攻击、错乱定位服务的攻击、破坏隐藏位置目标攻击等。

③隐私泄露风险。在物联网应用层,各类应用业务会涉及大量公民个人隐私、企业业务信息、甚至国家安全等诸多方面的数据,从而存在隐私泄露的风险。

物联网应用中的隐私保护集中反映在:位置信息、用户既需要证明自己合法身份又不想让他人知道的信息、操作的匿名性等。

5.7.4 区块链技术

比特币的盛行和其在虚拟货币领域中的影响力将区块链技术推向了前端,比特币是迄今为止最为成功的区块链应用场景。区域链作为比特币的一种实现技术开始进入大家的视线,随后,随着技术的不断发展和完善,区域链开始脱离比特币而成为一个独立的技术体系,并渗透到金融、医疗、法律等各个领域。

1.区块链技术概述

(1)区块链的概念。2008年,中本聪在其论文中提出了区块链的概念。2009年1月4日,比特币的第一个区块诞生,同时中本聪发布了比特币系统软件的开源代码,一种全新的虚拟货币诞生了。

比特币是一种开放的基于密码技术的数字货币系统。比特币交易必须得到全网节点的共识,交易单被收集整理成区块并记录到全网唯一的一条数据链上,该链称为区块链。

区块链是以比特币为代表的数字加密货币体系的核心支撑技术。区块链技术的核心优势是去中心化,能够通过运用数据加密、时间戳、分布式共识和经济激励等手段,在节点无须互相信任的分布式系统中实现基于去中心化信用的点对点交易、协调与协作,从而为解决中心化机构普遍存在的高成本、低效率和数据存储不安全等问题提供了解决方案。

区块链技术为我们提供了一种新的技术思想,即如何在无第三方机构的情形下构建可信机制,该思想有助于推动金融服务、公共服务、物联网、法律等领域的技术革新。

从本质上讲,区块链是一个共享数据库,存储于其中的数据或信息,具有"不可伪造""全程留痕""可以追溯""公开透明""集体维护"等特征。基于这些特征,区块链技术奠定了坚实的"信任"基础,创造了可靠的"合作"机制,具有广阔的运用前景。

(2)区块链的特点。区块链的实现涉及多项技术的综合应用,其中涉及的每一项技术都不是最新的,但将多项成熟的技术进行融合后却产生了划时代的影响。区块链的特点主要有以下几个方面。

①去中心化。区块链技术不依赖额外的第三方管理机构或硬件设施,没有中心管制,除了自成一体的区块链本身,通过分布式核算和存储,各个节点实现了信息自我验证、传递和管理。去中心化是区块链最突出、最本质的特征。

②开放性。区块链技术基础是开源的,除了交易各方的私有信息被加密外,区块链的数据对所有人开放,任何人都可以通过公开的接口查询区块链数据和开发相关应用,因此整个系统信息高度透明。

③独立性。基于协商一致的规范和协议(类似比特币采用的哈希算法等各种数学算法),整个区块链系统不依赖其他第三方,所有节点能够在系统内自动安全地验证、交换数据,不需要任何人为的干预。

④安全性。只要不能掌控全部数据节点的51%,就无法肆意操控修改网络数据,这使区块链本身变得相对安全,避免了主观人为的数据变更。

⑤匿名性。除非有法律规范要求,单从技术上来讲,各区块节点的身份信息不需要公开或验证,信息传递可以匿名进行。

⑥时序性。区块链采用带有时间戳的链式区块结构存储数据,从而为数据增加了时间维度,具有极强的可验证性和可追溯性。

2. 区块链技术安全威胁

在区块链技术安全范畴中，既有"传统"互联网世界中面临的各种网络攻击威胁，也有区块链独有的安全风险威胁。从区块链的技术架构考虑，区块链技术主要面临的安全问题有：基础组件和设施安全风险、系统核心设计风险和应用生态面临的安全威胁。

（1）基础组件和设施面临的安全威胁。基础组件层利用基础设施可以实现区块链系统网络中信息的记录、验证和传播。在基础组件层之中，区块链是建立在传播机制、验证机制和存储机制基础上的一个分布式系统，整个网络没有中心化的硬件或管理机构，任何节点都有机会参与总账的记录和验证，将计算结果广播发送给其他节点，且任一节点的损坏或者退出都不会影响整个系统的运作。

其对应的安全风险包括网络安全问题、密码学安全问题和数据存储安全问题。其中的数据存储安全问题涉及内容安全层面，面临有害信息上链以及资源滥用等风险。

①区块链技术本身采用了密码学的很多机制，例如非对称加密、哈希算法等，这些密码学算法目前来讲是相对安全的。随着数学、密码学和计算技术的发展，尤其是人工智能和量子计算的兴起，这些算法面临着被破解的可能性。同时，这些密码算法需要编程实现，在代码实现方面也可能存在缺陷和漏洞。

②区块链系统以 P2P 网络为基础，针对 P2P 网络，攻击者可以发动 Eclipse 日食攻击、分割攻击、延迟攻击、窃听攻击、DDoS 拒绝服务攻击，进而造成整个区块链系统的安全问题。

③区块链节点与节点互相连接，当某节点接入到区块链网络后，单个节点会与其他节点建立连接并拥有广播信息的资格，这些具备广播信息资格的节点在将信息传播给其他节点后，其他节点会验证此信息是否为有效信息，确认无误后再继续向其他节点广播。

这种广播机制会面临如交易延展性攻击等风险，攻击者通过侦听 P2P 网络中的交易，利用交易签名算法特征修改原交易中的 input 签名，生成拥有一样 input 和 output 的新交易，广播到网络中形成双花，原来的交易就可能有一定概率不被确认，在虚拟货币交易的情况下，它可以被用来进行二次存款或双重提现。

（2）系统核心设计安全威胁。智能合约是区块链 2.0 的一个特性，随着区块链 2.0 技术的不断推进，智能合约得到广泛应用。区块链的智能合约一般都用来控制资金流转，应用在贸易结算、数字、资产交易、票据交易等场景中，其漏洞的严重性远高于普通的软件程序。

由于智能合约会部署在公链暴露于开放网络中，容易被黑客获得，成为黑客的金矿和攻击目标，一旦出现漏洞，将直接导致经济损失。

区块链数据具有不可篡改、去中心化生成和确认的特点，这也就造成了区块链数据难以监管，使之可被利用进行恶意攻击和恶意内容传播。

区块链对于网络中的节点来说是透明的，任何一个节点都可以获取区块链上的所有信息。虽然比特币使用随机数和非对称加密算法生成唯一地址作为用户的地址进行交易，但是如果这些地址直接或间接地与真实世界发生了联系，就会失去其匿名性，从而泄露其个人隐私。

（3）应用生态安全威胁。区块链的应用已从数字货币的虚拟世界走向了与现实世界相对接的实际应用场景中，其应用生态安全涉及数字货币交易平台、区块链移动数字钱包App、网站等。

　　和传统金融机构差别不大,数字货币交易整个信息系统由 Web 服务器、后端数据库等元素构成,用户通过浏览器、移动端 App 以及交易所提供的 API 等多种方式作为客户端访问服务器。

　　和其他网站一样,交易网站面临账户泄露、DDoS 攻击、Web 注入等攻击,对于规模较大、用户较多的交易所,还会面临用户被攻击者利用仿冒的钓鱼网站骗取认证信息等威胁。

　　利用移动数字货币钱包 App 管理数字货币资产,可以随时查询钱包历史,获得全球实时交易行情。数字货币钱包 App 中保存的私钥是区块链节点和数字货币账户授权活动的直接手段,加密数字货币资产的安全性建立在加密数字钱包私钥本身的安全性上,私钥是唯一的数字资产凭证,攻击者一旦拿到私钥,就可以拿到私钥所担保的任何钱包,因此黑客会想方设法窃取私钥。移动数字货币钱包 App 与其他 App 一样,会遭受破解、内存篡改等攻击。

第6章 大数据与云计算

随着信息与通信技术的迅猛发展,全球数据量呈现爆炸式增长,大数据时代已然来临。数字世界一直在扩张:2003 年人类第一次破译人体基因密码的时候,用了 10 年时间才完成 30 亿对碱基对的排序,而 10 年后只需要 15 分钟就可以完成;2000 年斯隆数字巡天(sloan digital sky survey)项目启动时,位于新墨西哥州的望远镜在短短几周内收集到的数据,已经比天文学历史上总共收集的数据还要多。

大数据开启了一次重大的时代转型,大数据是人们获得新的认知、创造新的价值的源泉。人们在大规模数据上可以做到的事情,在小规模数据上是无法完成的。首先,在大数据时代,我们可以分析更多的数据,而不再依赖于随机采样;其次,海量的数据让我们不再热衷于追求精确度,而在宏观层面拥有更好的洞察力;最后,大数据的核心是预测,而不再热衷于寻找因果关系。

大数据已经成为解决紧迫世界性问题,如抑制全球变暖、消除疾病、提高执政能力和发展经济的一个有力武器。但是大数据时代也向我们提出了挑战——海量的数据及不断加快的数据处理速度必然会导致给出最终决策的会是机器而不是人类自己。对人类而言,危险不再是隐私的泄露,而是被预知的可能性。大数据时代也需要新的规章制度来保卫个人权利。

学习目标:
- 了解大数据、云计算的概念。
- 理解并培养大数据思维。
- 了解大数据、云计算相关技术。
- 理解云计算与大数据的关系。

6.1 大数据

本节介绍大数据的概念、发展历史及数据的采用、使用等技术和相关的安全保护技术,帮助读者建立起大数据时代的思维方式。

6.1.1 大数据概述

1. 从数据到大数据

数据是对客观事物的性质、状态以及相互关系等进行记载的物理符号,是可识别的、抽象的。数据的根本价值在于可以为人们找出答案。收集数据往往都是为了某个特定的目的,对于数据收集者而言,数据的价值不言而喻。例如,在淘宝或者京东搜索一件衣服,当输入性别、颜色、布料、款式等关键词之后,消费者很容易就会找到心仪的产品,当购买行为结束之后,这些数据就会被消费者删除。但是,购物网站会记录和整理这些购买数据用以预测未来的流行趋势。

自 2008 年 *Nature* 出版"大数据"专刊以来,大数据成为政府、学术界、实务界共同关注的焦点。大数据分析与挖掘的研究成果也广泛应用于物联网、舆情分析、电子商务、健康医疗、生物技术和金融等领域。但是到底什么是大数据,至今尚无确切、统一的定义。

高德纳咨询公司认为大数据是指借助新的处理模式才能拥有更强决策力、发现力和优化能力的具有海量、多样化和高增长率等特点的信息资产。

麦肯锡定义大数据为在一定时间内无法用传统数据库工具采集、存储、管理和分析的数据集合。

"大数据"与传统意义上的"小数据"的区别主要是数据的规模,大数据规模非常大,大到无法在一定时间内用一般性的常规软件工具对其进行抓取、管理和处理。"大数据"这一提法具有时代相对性,今天的大数据在未来就不一定是大数据。但是人们已经形成共识:在大数据时代,最有价值的商品是数据。

2. 大数据的发展历程

大数据的发展历程可以分为三个阶段:萌芽期、成熟期和大规模应用期。

(1)萌芽期:20 世纪 90 年代至 21 世纪初。这一时期,随着数据挖掘理论和数据库技术的逐步成熟,一批商业智能工具和知识管理技术开始被应用,如数据仓库、专家系统、知识管理系统等。

①1997 年,美国计算机学会的数字图书馆中第一篇使用"大数据"的论文《为外存模型可视化而应用控制程序请求页面调度》发表。

②1999 年,在美国电气和电子工程师协会(IEE)年会上设置了名为"自动化或者交互:什么更适合大数据?"的专题讨论小组。

③2001 年,梅塔集团分析师道格·莱尼发布题为《3D 数据管理:控制数据容量、处理速度及数据种类》的研究报告。

(2)成熟期:21 世纪前十年。这一时期,Web2.0 应用迅猛发展,非结构化数据大量产生,传统处理方法难以应对,大数据技术实现了快速突破,形成了并行计算与分布式系统两大核心技术,谷歌的文件系统 GFS 和 MapReduce 等大数据技术受到追捧,Hadoop 平台开始流行。

①2005 年 9 月,蒂姆·奥莱利发表了《什么是 Web 2.0》一文,并在文中指出"数据将是下一项技术核心"。

②2008 年,《自然》杂志推出大数据专刊。

③同年,计算社区联盟发表了报告《大数据计算:在商业、科学和社会领域的革命性突破》阐述了大数据技术及其面临的一些挑战。

④2010 年 2 月,肯尼斯·库克尔在《经济学人》上发表了一份关于管理信息的特别报告《数据,无所不在的数据》。

(3)大规模应用期:2010 年以后。这一时期,大数据应用渗透各行各业,数据驱动决策,信息社会智能化程度大幅提高。

①2011 年,《科学》杂志推出专刊《处理数据》,讨论了科学研究中的大数据问题。

②同年,维克托著作的《大数据时代:生活、工作与思维的大变革》出版,引起轰动。

③同年,麦肯锡全球研究院发布《大数据:下一个具有创新力、竞争力与生产力的前沿领域》,提出"大数据"时代到来。

④2012 年,美国政府发布了《大数据研究和发展倡议》,正式启动"大数据发展计划",大数据上升为美国国家发展战略。

⑤2013 年,中国计算机学会发布《中国大数据技术与产业发展白皮书》,推动了中国大数据学科的建设与发展。

⑥2014 年,美国政府发布 2014 年全球"大数据"白皮书《大数据:抓住机遇、守护价值》,报告鼓励使用数据来推动社会进步。

⑦2015 年,国务院印发《促进大数据发展行动纲要》,全面推进我国大数据发展和应用,加快建设数据强国。

⑧2017 年,工业和信息化部印发了《大数据产业发展规划(2016—2020 年)》,加快实施国家大数据战略,推动大数据产业健康快速发展。

⑨同年,《大数据安全标准化白皮书(2017)》正式发布,从法规、政策、标准和应用等角度,勾画了我国大数据安全的整体轮廓。

3. 大数据的特征

数据规模大(volume)、数据种类多(variety)、处理速度快(velocity)及数据价值密度低(value),即所谓的 4V 特征是目前业界较认可的大数据的四个特征,如图 6-1 所示。

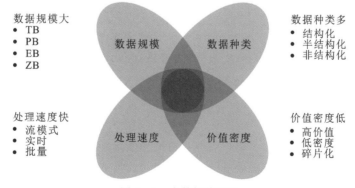

图 6-1　大数据特征图

(1)数据规模大。数据量大是大数据的基本属性。近年来,人工智能、云计算等技术使全球数据量骤增。根据统计机构 Statista 的统计和预测,全球数据量在 2019 年约达到 41ZB,根据著名咨询机构国际数据公司(international data corporation,IDC)的预计,到

2025 年将全球数据量将达到 163ZB。IDC 做出估测：人类社会产生的数据在以每年 50％的速度增长，也就是说，大约每两年就增加一倍，这被称为大数据的摩尔定律。

（2）数据种类多。大数据的数据来源众多，除了传统的销售、库存等数据外，现在企业所采集和分析的数据还包括像网站日志数据、呼叫中心通话记录、社交媒体中的文本数据，智能手机中内置的 GPS（全球定位系统）所产生的位置信息、传感器数据等。各行各业、每时每刻都在不断产生各种类型的数据。这些数据类型包括结构化数据、半结构化数据、非结构化数据。

结构化数据是指传统的关系型数据库（如 SQL server、Oracle 等）中的数据，其特点是在任何一列数据不可以再细分，并且任何一列数据都具有相同的数据类型如表 6-1。

表 6-1　结构化数据例表

学号	姓名	出生日期	班级
20211908001	张全	2004-07-07	计 211
20211908002	李进	2004-02-11	计 211
20211908003	王西	2004-12-01	计 212

半结构化数据是处于完全结构化数据和完全无结构的数据之间的数据，一般是格式较为规范的文本数据，可以通过某种特定的方式解析得到每个数据项，如图 6-2 所示。常见的半结构化数据是日志数据、XML 或 JSON 等格式的数据。这类数据的每条记录有预先定义的规范，但是每条记录包含的信息可能不尽相同；每条记录也可能有不同的字段数，包含不同的字段名、字段类型或者包含着嵌套的格式等。在使用这些数据时，需要先对这些数据格式进行相应地转换或解码。

```
1  <?xml version="1.0" encoding="utf-8"?>
2  <manifest xmlns:android="http://schemas.android.com/apk/res/android"
3       package="osg.AndroidExample"
```

图 6-2　半结构化数据例图

非结构化数据指那些非文本类型的数据，这类数据没有固定的标准格式，无法直接进行解析。常见的无结构化数据有网页、文本文档、多媒体（声音、图像与视频等）。这类数据不容易收集和管理，甚至无法直接查询和分析。

（3）处理速度快。大数据时代的数据产生速度非常快。在 Web 2.0 应用领域，1 分钟内新浪可以产生 2 万条微博，苹果可以产生 4.7 万次应用下载，淘宝可以卖出 6 万件商品，百度可以产生 90 万次搜索查询。数据产生和更新的频率是衡量大数据的一个重要特征。

大数据时代的很多应用，都需要基于快速生成的数据给出实时分析结果，用于指导生产和生活实践，如股票信息等。1 秒定律，即要求在秒级时间范围内给出分析结果，时间太长就失去价值。这个速度要求是大数据处理技术和传统的数据挖掘技术最大的区别。

（4）价值密度低。大数据的数据量在呈现几何级数增长的同时，这些海量数据背后隐藏的有用信息却没有呈现出相应比例的增长，反而是获取有用信息的难度不断加大，其价值密度却远远低于传统关系数据库中已有的数据。以安全监控为例，如果没有意外事件发生，连续不断产生的数据都是没有任何价值的,只有记录了意外过程的那一小段视频是有价值的。

大数据的 4V 特征不仅说明大数据的数据量大,而且说明大数据的分析更加复杂,更看中速度与时效。

6.1.2 大数据思维

从科学技术发展的角度看人类社会的发展,每一次科技革命都是一次巨大的社会进步也是一次人类思维方式的变革。机械思维(自牛顿起)曾经是改变人们工作方式的革命性的方法论,这种思维强调确定性和因果关系,寻求现象背后真正的原因,并根据确定性预测事物的将来。然而随着人类活动范围的扩大,人们发现找不到对世界的复杂性和不确定性的解释。大数据提供了一种解决问题的新途径,即数据驱动方法。该方法要求我们突破机械思维的局限,完成三大思维转变。

1. 全样而非抽样

"数据"可以让我们发现并理解其中隐含的信息内容及信息与信息之间的关系,然而受限于数据采集和分析技术,我们不可能完成全面调查,因此不得不从全部调查研究对象中抽选一部分进行调查,并根据这部分的调查结果对全部调查研究对象做出估计和推断,这种方法被称为抽样调查。抽样调查的结果是否能反映总体的真实情况依赖于采样的随机性,但实现采样随机性非常困难。一旦采样过程中存在任何偏见,分析结果就会与真实情况相去甚远。

技术的发展使得数据的采集与分析不再像过去一样困难。感应器、手机导航、网站点击等收集了大量数据,现在也有相应的设备和算法对这些海量数据进行处理。既然我们已经可以在某些领域采集和分析海量数据了,在这些领域的抽样调查也失去了意义,这种情况即为全数据模式,即"样本=总体"。

统计抽样使人们从杂乱无章的数据发现秩序和规律性,但是大数据时代的技术环境已经发生了重大改变,现在还进行抽样分析就像是在汽车时代骑马一样。虽然在某些特定的情况下,样本分析还在使用,但样本分析已经不是数据分析的主要方式。

2. 混杂而非精确

技术的发展使采集和分析所有可获取数据成为可能,但我们也要为此付出一定的代价。代价就是数据的不准确性:一是错误的数据会混进数据库;二是数据格式的不一致性。

数据的准确性是"小数据"时代的最基本要求,其根源是收集的信息量少,必须确保数据尽量精确,因为有限的数据量意味着细微的错误会被放大,甚至有可能影响整个结果的准确性。此外,传统的关系型数据库就是一个最不能容忍错误的领域,它要求把数据划分为包含"域"的记录,每个"域"都包含了特定种类和特定长度的信息。

当能够收集海量数据的时候,我们发现数据混乱的起源是因为它本来就是一团乱麻。一但接受了"大数据"的混杂和不精确性,我们反而能更好地进行预测和理解这个世界。

(1)"大数据"中的错误并不影响结果的准确性。如果你要测量你的校园温度,但是你只有一个温度计,那你就必须保证这个温度计是一直精确工作的。如果你在校园的不同地方放置 1000 个温度计,其中有些温度计收集的数据可能是错误的,但是 1000 个读数合起来就可以提供一个更加准确的结果。因为更多的数据提供的价值不仅能抵消掉错误数据造成的影响,还能提供更多的额外价值。

（2）大数据的简单算法比小数据的复杂算法更有效。2000年，微软研究中心的米歇尔·班科和埃里克·布里尔寻求改进Word程序中语法检查的方法。他们向4种常见的算法中逐渐添加数据，先是一千万字，再到一亿字，最后到十亿字。他们发现，随着数据的增多，4种算法的表现都大幅提高了。当数据只有500万的时候，一种简单的算法表现得很差，但当数据达到10亿的时候，它变成了表现最好的，准确率从原来的75％提高到95％以上。而在少量数据情况下运行得最好的算法却变成了在大量数据条件下运行得最差的。

（3）非关系型数据库包容结构的多样性。关系型数据库是数据稀缺时代的产物。在那个时代，人们遇到的问题无比清晰，所以关系型数据库被设计用来有效地回答这些问题。大数据时代，我们拥有各种各样、参差不齐的海量数据，关系型数据库的存储和分析方法和现实数据不匹配。非关系型数据库不需要预设定记录结构，允许处理超量的、结构各异的数据，但是这种数据库设计要求更多的处理和资源存储能力，但是存储和处理成本的大幅下降使得我们能够负担起非关系型数据库。

小数据时代要求数据的精确性和结构化，但是现实中只有5％的数据是有结构的。如果不接受混乱，95％的非结构数据无法被利用。大数据更强调数据的完整性和混杂性，让我们更接近事实的真相。当我们掌握了海量数据时，精确性就不那么重要了。拥有不精确的大数据，我们同样可以掌握事情的发展趋势。但是错误并不是大数据固有的特性，它只是我们用来测量、记录和交流数据的工具的一个缺陷，并且有可能长期存在。拥有更大数据量所带来的商业利益远远超过增加一点精确性，所以通常我们不会再花大力气去提升数据的精确性。

3. 相关而非因果

人类在观察到现象时会本能地去寻求现象背后的原因。19世纪后期，德国医生罗伯特·科赫提出科赫法则确定病源与某种传染病之间的因果关系，该法则包括：第一，在所有出现该病源的地方，都会出这种传染病；第二，在所有没有这种传染病的地方都没有该病源；第三，当病源被消灭，这种传染病也会消失。对因果性推断的严苛要求使得寻求原因极为困难。探求"是什么（相关性）"而不是"为什么（因果性）"会让我们更好地了解这个世界。

相关关系的核心是量化两个数据值之间的数学关系。相关关系强是指当一个值增加时，其他值也会随之增加或减少。比如，搜索引擎收集的数据告诉我们在一个特定地理位置，有很多人搜索新冠肺炎，那么该地区就有更多的人罹患此病。相关关系弱就意味着当一个数据值增加时，其他数据值几乎不会发生变化，比如鞋子的大小和幸福感之间的关系。

大数据中相关关系分析占据重要地位。相关关系分析可以发现很多不曾注意到的联系，提供一系列新的视野，并进行预测。建立在相关关系分析基础上的预测具有极高的商业价值，如各种购物网站的推荐系统。如果你在网上购买了海明威的作品，推荐系统会给你推荐菲茨杰拉德的书。虽然推荐系统并不知道为什么喜欢海明威的人也喜欢菲茨杰拉德，但对于购物网站而言，重要的是商品的销量而不是这背后的原因。

建立大数据思维就是要尽可能地收集全部混杂数据，通过相关关系分析发现事物间的内在关联，这是一项重要的数据分析与挖掘任务，也为发现事物内在规律提供"导航"功能。

6.1.3　大数据技术

大数据发展的核心动力来源于人类对探索世界的渴望。人类对于我们身处的世界的探索是通过对周围环境的测量、记录和分析完成的。从第一次工业革命开始，技术变革随处可见。如今,我们身处信息技术变革的时代,如今的信息技术变革的重点在"技术"上,而不是在"信息"上。大数据技术就是从各种类型的数据中快速获取可量化信息的技术,包括从采集、存储、分析到可视化的一系列过程,如图 6-3 所示。

图 6-3　大数据技术体系

1. 数据的采集与量化

要了解数据的采集技术,首先要明确三个问题:什么是数据? 要收集什么数据? 这些数据以什么形式收集? 这三个问题,可以用一句话回答:"一切皆是数据,一切皆可量化。"大数据采集的主要数据源包括传感器数据、互联网数据、日志文件、企业业务系统数据。

日本先进工业技术研究所教授越水重臣研究的是人的坐姿。很少有人认为人的坐姿能表现什么重要信息,但越水重臣团队通过在汽车座椅下部安装了 360 个压力传感器测量人对椅子施加压力的方式,把人体的身形、姿势和重量分布等特征转化成了数据并量化,产生每个乘坐者的数据资料。这个系统根据人体对座位的压力差异识别出乘坐者的身份,准确率高达 98%。有了这个系统后,汽车就能识别出驾驶者是不是车主;如果不是,系统就会要求司机输入密码;如果司机无法准确输入密码,汽车就会自动熄火。这些数据可以孕育出一些切实可行的服务或产业,如疲劳驾驶、汽车防盗技术。

(1)传感器数据。传感器是一种检测装置,能感受到被测量的信息,并能将感受到的信息,按一定规律变换成为电信号或其他形式的信息输出,以满足信息的传输、处理、存储、显示、记录和控制等要求。传感器包括压力传感器、温度传感器、声音传感器等专业传感器,也包括温度计、拾音器、DV 录像、手机拍照等日常设备。

(2)互联网数据。互联网数据的采集通常是借助于网络爬虫来完成的。"网络爬虫"实际上是一个在网上抓取网页数据的程序。首先定义一个入口页面,再从该页面获取指向其他页面的地址,然后再去新页面递归的执行以上操作。爬虫数据采集方法可以将非结构化数据从网页中抽取出来,将其存储为统一的本地数据文件,并以结构化的方式存储。

(3)日志文件。日志文件用于记录数据源执行的各种操作活动,如网络监控的流量管理、金融应用的股票记账和 Web 服务器记录的用户访问行为等。通过对日志信息进行采集和分析,可以得到具有潜在价值的信息。许多互联网企业都有自己的海量数据采集工具,多用于系统日志采集,如 Hadoop 的 Chukwa,Clouder 的 Flume,Facebook 的 Scribe 等。

(4)业务系统数据。传统的关系型数据库如 MySQL 和 Oracle 等依然是各行各业存储业务数据的主要形式。这些业务数据为决策者进行决策分析提供了基本的数据支持。关系型数据库以一行行记录的形式将产生的业务数据直接写入到数据库中。在数据正式入库之前,要进行数据清洗,将原始数据中的"脏"数据"洗掉",即检查数据一致性,处理无效值和缺失值等。

2.数据的存储与管理

传统的数据存储与管理技术包括文件系统、关系数据库、数据仓库和并行数据库。

- 文件系统是操作系统用于存储设备上组织文件的方法,文件系统为用户完成建立存入、读出、修改、转储文件,控制文件的存取等操作。
- 关系数据库是对结构化数据进行管理的软件,以实现减少数据冗余度、提高数据共享性,常见的关系数据库包括 MySQL、Oracle 等。
- 数据仓库是一个面向主题的、集成的、相对稳定的、反映历史变化的数据集合,用于支持管理决策。
- 并行数据库是指在无共享的体系结构中进行数据操作的数据库系统。

大数据对存储管理技术的挑战主要在于扩展性。首先是容量上的扩展,要求底层存储架构和文件系统以低成本方式及时、按需扩展存储空间。其次是数据格式可扩展,满足各种非结构化数据的管理需求。

(1)分布式文件系统。分布式文件系统(distributed fle system,DFS)是一种通过网络实现文件在多台主机上进行分布式存储的文件系统。谷歌的分布式文件系统(Google file system,GFS)通过网络实现文件在多台机器上的分布式存储。Hadoop 分布式文件系统(Hadoop distributed file system,HDFS)是针对 GFS 的开源实现。HDFS 具有很好的容错能力,并且兼容廉价的硬件设备,以较低的成本提供了大规模分布式文件存储的能力。

(2)NewSQL 数据库。NewSQL 是对各种新的可扩展、高性能数据库的简称,这类数据库不仅具有对海量数据的存储管理能力,还依然支持传统数据库。

(3)NoSQL 数据库。NoSQL 是对非关系型数据库的统称,具有灵活的可扩展性和数据模型、与云计算紧密整合。NoSQL 数据库的出现,一方面弥补了关系数据库在当前商业应用中存在的各种缺陷,一方面也撼动了关系数据库的传统垄断地位。

大数据时代的到来,引发了数据库架构的变革,由单架构支持多应用向多元数据库架构发展,形成了关系数据库、NoSQL 数据库和 NewSQL 数据库三者各有架构的形式,如图 6-4所示。

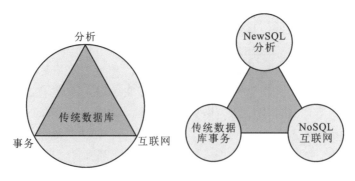

图 6-4　数据库架构发展

3.数据的分析与处理

大数据处理的问题复杂多样,一般采用不同的数据处理技术处理不同类型的数据。

(1)批处理计算:采用分布式编程完成复杂的并行计算。

（2）流计算：实时处理来自不同数据源的、连续到达的流数据，给出秒级响应。

（3）图计算：采用图计算模型实现图遍历、最短路径计算等。

（4）查询分析计算：通过多级树状执行过程和列式数据结构，几秒内完成对上万亿张表的聚合查询，以满足多用户、大数据的实时、交互查询要求。

大数据的非线性、高维性、海量性（大规模、快速增长）等特征给大数据相关性分析带来了困难。目前，通过分类、聚类、回归分析和关联规则的机器学习和数据挖掘算法从大数据中提炼出有价值的信息并提供决策参考。

4. 数据的可视化

大数据时代，庞大的数据量超出了人们的处理能力，甚至超出了人们的理解能力。数据可视化是人们理解复杂现象，解释复杂数据的重要手段和途径，是一种高效的刻画和呈现数据所蕴含的本质意义的方式。数据可视化通过丰富的视觉效果，把数据以直观、生动、易理解的方式呈现给用户，可以有效提升数据分析的效率和效果。

（1）观测、跟踪数据。许多实际应用中的数据量已经远远超出人类大脑可以理解及消化吸收的能力范围，如果数据以数值形式呈现，人们必然难以理解。利用变化数据生成实时图表，可以让人们有效地跟踪各种参数值。如手机导航，可以提供实时路况服务，如图 6-5 所示。

（2）分析数据。数据首先被转化为图像呈现给用户，用户通过视觉系统进行观察分析，对可视化图像进行认知，从而理解和分析数据的内涵与特征。用户根据自己的需求改变可视化程序系统的设置来改变输出的可视化图像，从而从不同角度对数据进行理解。

（3）辅助理解数据。数据的可视化可以帮助人们更快、更准确地理解数据背后的含义，如用不同的颜色区分不同对象、用图结构展现对象之间的复杂关系等。例如，药物成分分析图（见图 6-6）。

图 6-5　手机导航

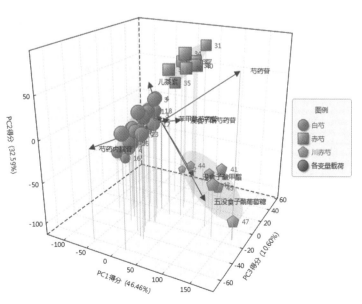

图 6-6　药物成分分析图

（4）增强数据吸引力。枯燥的数据被制作成具有视觉冲击力和说服力的图像可以增强读者的阅读兴趣。如图6-7所示，可视化的党建大数据以更加直观、高效的呈现方式使人们在短时间内迅速消化和吸收相关数据，提高了知识理解的效率。

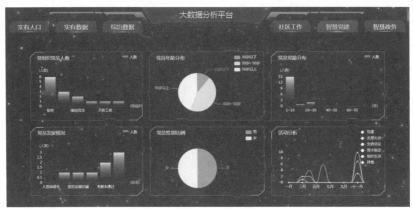

图6-7　大数据分析平台

6.1.4　大数据安全

只要有数据，就必然存在数据泄露、数据窃取等与安全、隐私有关的问题。目前，大数据在收集、存储以及使用过程中都面临着风险和威胁。这些安全威胁与数据的使用之间存在矛盾。

（1）数据收集方式的多样性、普遍性和技术的便捷性同传统的基于边界的防护措施之间的矛盾。

（2）数据源之间、分布式节点之间、大数据相关组件之间的海量、多样的数据传输同传统的传输信道管理和数据传输监控之间的矛盾。

（3）数据的分布式、按需存储的需求同传统安全措施部署滞后之间的矛盾。

（4）数据融合、共享、多场景使用的趋势和需求同安全合规相对封闭的管理要求之间的矛盾。

（5）数据成果展示的需要同隐藏的安全问题发现之间的矛盾。

大数据时代的安全防护技术要保证。

（1）保密性，信息不泄露给非授权用户、实体或过程。

（2）完整性，数据未经授权不能进行改变。

（3）可用性，可被授权实体访问并使用。

（4）可控性，对信息的传播及内容具有控制、保护、修改的能力。

（5）可审查性，出现安全问题时提供依据。

1. 通信安全技术

通信安全要求信息的传输安全。虚拟专用网络将隧道技术、协议封装技术、密码技术和配置管理技术结合在一起，采用安全通道技术在源端和目的端建立安全的数据通道，通过将待传输的原始数据进行加密和协议封装处理后再嵌套装入另一种协议的数据报文中，像普通数据报文一样在网络中进行传输。经过这样的处理，只有源端和目的端的用户对通道中的嵌套信息能够进行解释和处理。

2. 数据存储安全技术

数据存储系统应提供完备的数据备份和恢复机制来保障数据的可用性和完整性,一旦发生数据丢失或破坏,可以利用备份来恢复数据,从而保证在故障发生后数据不丢失。常见的备份与恢复机制包括异地备份、数据镜像、快照等。

3. 隐私保护技术

隐私可以分为两类:个人隐私和共同隐私。个人隐私指任何可以确认特定个人或与可确认的个人相关但个人不愿被暴露的信息,如:身份证号、就诊记录等。共同隐私不仅包含个人的隐私,还包含所有个人共同表现出但不愿被暴露的信息,如:公司员工的平均薪资、薪资分布等信息。隐私保护的难点在于如何在不泄露隐私的情况依然顺利地使用数据。

常用的隐私保护技术有:

(1)基于数据变换的隐私保护技术:对数据的敏感属性进行转换,使原始数据部分失真,但保持某些数据或数据属性不变的保护方法。

(2)基于数据加密的隐私保护技术:采用对称或非对称加密技术隐藏敏感数据。

(3)基于匿名的隐私保护技术:匿名是指有条件发布或限制发布发布数据,如不发布数据的某些域值或者发布精度较低的敏感数据。

4. 网络安全技术

网络安全是指网络系统连续可靠正常地运行,网络服务不中断。

(1)身份认证:是计算机及网络系统确认操作者身份等过程。身份认证技术包括基于秘密信息的身份认证技术、基于生物特征的身份认证技术等。

(2)防火墙技术:是保护计算机网络安全的技术性措施。它通过在网络边界上建立相应的网络通信监控系统来隔离内部和外部网络,以阻挡来自外部的网络入侵。

(3)访问控制技术:指系统对用户身份及其所属的预先定义的策略组限制其使用数据资源能力的手段。通常用于系统管理员控制用户对服务器、目录、文件等网络资源的访问。

(4)入侵检测技术:是集响应计算机误用与检测于一体的技术,包括攻击预测、威慑以及检测等实现对网络病毒的有效防御与拦截,对信息数据形成有效保护。

大数据时代,各行业数据规模呈 TB 级增长,拥有高价值数据源的企业在大数据产业链中占有至关重要的核心地位,因此采用各种安全技术在数据正常使用的前提下保证数据安全和使用者隐私已成为政府机构、事业单位信息化健康发展所要考虑的核心问题。

6.2　云计算

本节介绍云计算的概念、特征、发展历史、技术和相关的安全问题,帮助读者全面了解云计算。

6.2.1　云计算概述

网络带宽的增长和通过网络访问非本地的计算服务条件的成熟使得"云计算(cloud

computing)"成为可能。"云"是指计算设备不在本地而在网络,用户不需要关心设备的位置。云计算服务是一种按使用量付费的模式,这种模式提供可用的、便捷的、按需的网络访问,进入可配置的计算资源共享池,包括网络、服务器、存储、软件和服务。服务商快速提供资源,用户只需投入很少的管理工作和交互即可使用这些计算服务。云计算是分布式计算、并行计算、效用计算、网络存储、虚拟化、负载均衡等计算机和网络技术整合的产物。

1. 云基本特征

云计算依赖资源的共享以达成规模经济。服务商集成大量资源供多个用户使用,用户可以请求(租借)更多资源,并随时调整使用量,将不需要的资源释放回整个架构;服务商可以将目前无人租用的资源重新租给其他用户。

云计算服务应该具备以下特征:

- 随需自助服务
- 随时随地用任何网络设备访问
- 多人共享资源池
- 快速重新部署灵活度
- 可被监控与量测的服务

基于以上特征,云计算可以提供超大规模、虚拟化、高可靠性、通用性和廉价的服务。

2. 云计算服务类型

云计算按照服务类型大致可以分为三类:将基础设施作为服务(IaaS)、将平台作为服务(PaaS)和将软件作为服务(SaaS),如图 6-8 所示。

图 6-8 云计算服务类型

IaaS 将硬件设备等基础资源封装成服务供用户使用。在 IaaS 环境中,用户相当于使用裸机和磁盘,既可以让它运行 Windows,也可以让它运行 Linux,但用户必须考虑如何才能让多台机器协同工作。IaaS 最大的优势是它允许用户动态申请或释放节点,按使用量计费。运行 IaaS 的服务器规模达到几十万台之多,用户可以认为资源是无限的。同时,IaaS 是共享的,因而具有更高的资源使用效率。

PaaS 提供应用程序的运行环境、负责资源的动态扩展和容错管理,用户应用程序不必考虑节点间的配合问题。但用户必须使用特定的编程环境并遵照特定的编程模型。

SaaS 将某些特定功能封装成服务,它只提供某些专门用途的服务。

3. 云计算简史

谷歌、亚马逊和微软等大公司是云计算的先行者。最近这几年以阿里云、云创存储等为代表的中国云计算也迅速崛起。

亚马逊的云计算称为 Amazon web services(AWS),它率先在全球提供了弹性计算云

EC2(elastic computing cloud)和简单存储服务 S3(simple storage service),为企业提供计算和存储服务。

谷歌是最大的云计算技术使用者。谷歌搜索引擎建立在 200 多个站点、超过 100 万台的服务器之上,而且这些设施的数量正在迅猛增长。谷歌的一系列应用平台,包括谷歌地球、地图等也使用了这些基础设施。

微软于 2008 年 10 月推出了 Windows Azure 操作系统,在互联网架构上打造云计算平台。Azure 的底层是微软全球基础服务系统,由遍布全球的第四代数据中心构成。微软将 Windows Azure 定位为平台服务:一套全面的开发工具、服务和管理系统。它可以让开发者致力于开发可用和可扩展的应用程序。

近几年,中国云计算也强势崛起。阿里巴巴已经在北京、杭州、青岛、香港地区、深圳、美国硅谷等地区拥有云计算数据中心,并正在德国、新加坡和日本建设数据中心。阿里云提供云服务器 ECS、关系型数据库服务 RDS、开放存储服务 OSS、内容分发网络 CDN 等产品服务,处于全球领先的位置。在阿里云之后,腾讯云、华为云、百度云、金山云等也进入"云"市场,根据自身的技术特长,提供不同体验的云计算服务。

6.2.2　云计算技术

1. 云计算实现机制

云计算体系结构分为四层:物理资源层、资源池层、管理中间件层和面向服务的构建层。

物理资源层包括计算机、存储器、网络设施、数据库和软件等。资源池层是将大量相同类型的资源构成同构或接近同构的资源池,如计算资源池、数据资源池等。管理中间件层负责资源管理、任务管理、用户管理和安全管理等工作。用户交互接口面向应用,以网络服务的方式提供访问接口,获取用户需求。

云计算可以分为 6 个部分,由下至上分别是基础设施、存储、平台、应用、服务和客户端。云基础设施是经过虚拟化的硬件资源和相关管理功能的集合,对内通过虚拟化技术对物理资源进行抽象;对外提供动态、灵活的资源服务。云存储是提供数据存储服务,以使用的存储量作为结算基础。云平台直接提供计算平台和解决方案作为服务,以方便应用程序部署。云应用指利用云软件架构,不需要用户安装和运行该应用程序。云服务是指包括产品、服务和解决方案都实时地在互联网上进行交付和使用,并直接和最终用户通信。云客户端包括提供云服务的计算机硬件和计算机软件。

2. 云计算关键技术

云计算是一种新型的超级计算方式,以数据为中心,是一种数据密集型超级计算,以低成本的方式提供高可靠、高可用、规模可伸缩的个性化服务。

(1)数据存储技术。云系统的出现使得大规模分布式系统开发变得简单。云系统为开发商和用户提供了简单通用的接口,使开发商能够将注意力更多地集中在软件本身,而无需考虑底层架构。云系统依据用户的资源获取请求,动态分配计算资源。

云系统由许多处理节点组成,处理节点以结构化覆盖网络的形式组织在一起,每个节点建立本体索引以加速数据访问。一个全局索引通过在覆盖网络中选择和发布一个本地索引分配来建立。全局索引分布在整个网络中,并且每个节点负责保持一个全局索引的子集。

　　云计算环境有三个特点,第一,在工作量可并行计算的前提下,计算能力是弹性的;第二,数据存储在不信任的主机上,即用户对存储在云中的数据只有有限的控制,数据还是处于一个相对不安全的环境中;第三,数据通常是进行远程复制,提供商采用副本容错的方式保证数据的可用性。从这三个特点可以得知,云数据库管理系统能满足效率、容错、在异构的环境中运行、能够操作加密的数据、能够与商业化的智能产品进行交互等要求。

　　为了保证信息的安全性,多数厂商对数据采用了冗余存储的方式。为了保证数据的一致性,数据服务器副本之间始终保持通信,及时了解数据的相应变化。在进行事物处理前,必须确认所有副本中都已经保存了最近更新的数据。任一服务器节点如果对更新的数据没有反应,则所有的副本节点均须等待,直到全部确认了更新信息。这一过程很容易导致事务处理的失败,从而使得整体性能下降。

　　基于树的数据一致性方法既可以保证数据的一致性又不会造成性能的下降。云数据库系统中设立两种节点:控制器和数据服务器副本。系统中可能有两个或两个以上的控制器,其任务是建立一致性树。当用户访问数据服务器时,由控制器决定所要选择的数据库;当有故障发生时,由控制器重建树。数据服务器副本用于存储数据,完成各项事务处理及其他一些数据库操作。所有的副本之间是有联系的,其中委派一个主副本建立与用户的联系,并负责与其他副本保持通信以保证数据的及时更新。

　　云计算系统由大量服务器组成,同时为大量用户服务,因此采用分布式存储的方式存储数据,用冗余存储的方式保证数据的可靠性。通过任务分解和集群,用低配机器替代超级计算机以保证低成本。目前广泛使用的数据存储系统是谷歌公司的 Google 文件系统和 GFS 的开源实现 Hadoop 分布式文件系统(HDFS)。

　　(2)虚拟化技术。云计算的虚拟化技术不同于传统的单一虚拟化,它是涵盖整个架构,包括资源、网络、应用和桌面在内的全系统虚拟化。通过虚拟化技术可以实现将所有硬件设备、软件应用和数据隔离开来,打破硬件配置、软件部署和数据分布的界限,实现整体架构的动态化和资源集中管理,提高系统适应需求和环境的能力。

　　虚拟化技术通过将工作量灵活地分配给不同的物理机实现资源的共享。在信息处理高峰期,虚拟机承担一定的工作量,而客户端操作系统的内存(包括未分配工作量的空闲虚拟机的内存,以及分配特定虚拟机器却未被客户端操作系统充分利用的内存)可能会存在“空闲”。即使客户端操作系统需要分配更多的内存,也无法使用其他客户端操作系统中的空闲内存。在这种情形下,客户端操作系统会因物理内存不足转而去利用交换设备。由于本地作为交换设备的硬盘驱动器处理效率远远低于物理内存的效率,因此系统性能将会下降。为了提高系统性能及内存的有效利用率,提出虚拟化交换管理机制,能够在云环境中实现交换设备的虚拟化,以及内存灵活、动态的交换管理。

　　虚拟化技术通过封装用户各自的运行环境,有效实现多用户分享数据;通过配置私有服务器,实现资源按需分配;通过将物理服务器拆分成若干虚拟机,提高服务器的资源利用率,有助于服务器的负载均衡和节能。

　　(3)云平台技术。云平台是一种为提供自助服务而开发的虚拟环境。云平台根据功能可以划分为三类:以数据存储为主的存储型云平台、以数据处理为主的计算型云平台以及计算和数据存储处理兼顾的综合云平台。

　　云平台技术使大量的服务器协同工作,方便进行业务部署,快速发现和恢复系统故障,通过自动化、智能化手段实现大规模系统的可靠运行。云计算平台的用户不必关心平台底层实现。用户使用平台只需要调用平台提供的接口即可在云平台完成自己的工作。

（4）并行编程技术。并行计算是利用多个物理主机完成一个任务。分布式并行计算将任务分解为多个子任务分派给主机集群中的各个主机，子任务在多个主机上协调并行运行。

并行计算的实现层次有两个，一是单机（单个节点）内部的多个 CPU、多个核并行计算；二是集群内部节点间的并行计算。对于云计算来说，主要是集群节点间的并行。目前，集群中的节点一般是通过网络连接，在带宽足够的前提下，各节点不受地域、空间限制。不过，多 CPU、多核是主机的发展趋势，所以在一个集群内，一般两个层次的并行计算都存在：集群内多节点之间并行，节点内部多处理器、多核并行。

并行计算编程模型和并行计算机体系结构紧密相关。共享存储体系结构下的并行编程模型主要是共享变量编程模型，它具有单地址空间、编程容易、可移植性差等特点；分布式存储体系结构下的并行编程模型主要有消息传递编程模型和分布式共享编程模型两种，消息传递编程模型的特点是多地址空间、编程困难、可移植性好。

分布式并行编程技术由于其高度并发性、计算高度分布、可靠性高等特点满足了并发处理、容错、负载均衡等云计算要求。

6.2.3　云部署模式

在云计算体系中，存储与计算资源集中放置在公共的云资源池中，使得客户能够通过网络以便利的、按需付费的方式获取，云资源池就是云计算数据中心所涉及的各种硬件和软件的集合。某种程度上说，云资源池是云服务的核心。资源池中的资源放在哪里，应该怎么放，就是云计算部署要解决的问题。根据资源存放的地方不同，云计算有四种部署模式：公有云、私有云、混合云和社区云（见图 6-9）。

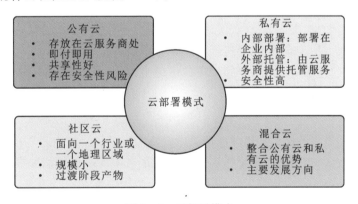

图 6-9　云部署模式

1. 公有云

公有云是将资源放在一个公共的地方，这个地方叫云服务商。公有云一般由第三方承建和运营，并以一种即付即用、弹性伸缩的方式为政府或公众用户提供服务，包括硬件和软件资源。用户可以通过互联网按需自助服务，即通过 Web 网页注册账号，填写 Web 表单信息，按需付费，且根据需要随时取消服务，并对使用服务的费用进行实时结算。业界有名的公有云厂商有：阿里云、腾讯云、百度云、AWS、微软 Azure 等。

公有云关注盈利模式,具有强大的可扩展性和较好的规模共享经济性。对使用者而言,公有云最大的优点是所有的应用程序、服务及相关数据都存放在公有云提供者处,自己无需做相应的投资和建设;但问题是所有用户共享相同的基础设施,安全性存在一定风险,并且公有云的可用性不受使用者控制,存在一定的不确定性。

2. 私有云

私有云是某个企业根据自身需求在企业内部的数据中心上部署的专有服务,提供对数据安全性和服务质量最有效控制。因此私有云的使用仅限于某个企业的成员、员工和值得信赖的合作伙伴。私有云也有两种部署模式:

(1)内部部署。内部部署私有云(也称内部云)部署在企业数据中心的防火墙内,提供了更加标准化的流程和保护,但在大小和可扩展性方面受到限制,并且用户需要承担物理资源和运营成本。这种部署方式适合需要对基础设施和安全性进行全面控制和可配置性的应用。

(2)外部托管。这种类型的私有云由外部托管的云服务商提供,其中云服务商搭建专有云环境并充分保证隐私。这种部署方式适合那些不愿意共享物理资源的公有云的企业。

私有云关注信息安全,客户拥有基础设施,并可以控制在基础设施上部署应用程序。内部用户通过内部网络或专有网络使用服务,私有云的使用体验较好,安全性较高,但投资门槛高,当出现突发性需求时,私有云因规模有限,将难以快速有效地扩展。私有云厂商有Vmware、深信服、华为云和青云等。

3. 混合云

混合云融合了公有云和私有云优点,是近年来云计算的主要模式和发展方向。出于安全考虑,企业更愿意将数据存放在私有云中,但是同时又希望可以获得公有云的计算资源,在这种情况下混合云被越来越多地采用,它将公有云和私有云进行混合和匹配,以获得最佳的效果,这种个性化的解决方案,达到了既省钱又安全的目的。

混合云兼顾性价比与安全,在公有云中创建网络隔离的专有云,用户可以完全控制该专有云的网络配置,同时还可以通过虚拟专用网络或专线连接到内部私有云,实现公有云与私有云的连接,兼顾公有云和私有云的优点。

4. 社区云

几个具有相似需求的组织共享共同的基础设施时就形成了社区云。社区云中成本分摊的用户数量比公共云少,但不止一个租户。社区云是企业的一种过渡阶段发展的产物。面向一个行业(行业云)或一个地理区域范围内(园区云)提供服务。

6.2.4　云计算安全

云安全,也称为云计算安全,由一组保护基于云的系统、数据和基础设施的策略、控制方法、程序和技术等一系列安全措施的组合。云安全实际上是网络安全的一个子集,二者有相同的安全目标。但是云安全与传统网络安全也有区别,云安全要求云服务供应商必须保护驻留在服务供应商基础设施中的资源。

从完整意义上来说,云安全应该包含两个方面的含义:一种是"云上的安全",即由于云计算技术应用的无边界性、流动性等特点引发的安全问题,如云计算应用系统及服务安全、云计算用户信息安全等；另一种是云计算技术在安全领域的具体应用，即通过采用云计算技术来提升安全系统的服务效能，如基于云计算的防病毒技术、挂马检测技术等。前者是各类云计算应用健康、可持续发展的基础，后者则是当前安全领域最为关注的技术热点。

1. 云安全威胁

云计算由于其共享和按需特性面临着更多的风险：一是虚拟化技术使得传统安全边界消失，基于物理安全边界的方式难以在云计算环境下得以应用；二是云计算环境下用户的数量和分类变化频率高，具有动态性和移动性强的特点，静态的安全防护手段作用被削弱；三是云计算将资源和数据的所有权、管理权和使用权进行了分离，资源和数据不在本地存储，用户失去了对资源和数据的直接控制，要求更高的数据安全保护；四是去计算企业搭建云平台时，会涉及购买第三方的基础设施、运营商的网络服务等情况，造成更多外部风险。

当前云计算中存在一些重要的威胁。

(1) 数据泄露：可能是有意攻击或人为错误、应用程序漏洞或安全措施不佳的结果。

(2) 身份、凭证和访问管理不足：可能会导致未经授权的数据访问发生，并对用户造成灾难性的损害。

(3) 不安全的接口和应用程序编程接口：云服务提供商会公开一组客户使用的软件用户界面或应用程序编程接口进行交互，它们需要防止意外和恶意的绕过安全协议的企图。

(4) 系统漏洞：攻击者能够利用这些漏洞渗透进系统并窃取数据、控制系统或中断服务操作。随着云端多租户形式的出现，来自不同组织的系统开始呈现彼此靠近的局面，且允许在同一平台/云端的用户都能够访问共享内存和资源，这也导致了新的攻击的出现，扩大了安全风险。

(5) 账户劫持：如果攻击者获得了对用户凭证的访问权限，他们就能够窃听用户的活动和交易行为、操纵数据、返回伪造的信息并将客户重定向到非法的钓鱼站点中。如果凭证被盗，攻击者可以访问云计算服务的关键区域，危及这些服务的机密性、完整性以及可用性。

(6) 恶意的内部人员：一名怀有恶意企图的内部人员（如系统管理员）能够访问潜在的敏感信息和重要系统，并访问到机密数据。云服务商的安全措施并不能降低这一安全风险。

(7) 高级持续性威胁：这是一种寄生式的网络攻击形式，它通过渗透到目标公司的基础设施来建立立足点，并从中窃取数据。高级持续性威胁通常能够适应抵御它们的安全措施，并在目标系统中"潜伏"很长一段时间。一旦准备就绪（如收集到足够的信息），高级持续性威胁可以通过数据中心移动，并与正常的网络流量相融合，难以被发现。

(8) 数据丢失：云计算服务商的意外删除行为、火灾或地震等物理灾难都可能会导致客户数据的永久性丢失。除非云服务商或用户备份了数据，否则将无法实现灾难恢复。

(9) 滥用和恶意使用云服务：恶意行为者可能会利用云计算资源来定位用户、组织或其他云服务提供商。其中滥用云端资源的例子包括启动分布式拒绝服务攻击、垃圾邮件和网络钓鱼攻击等。

(10) 拒绝服务攻击：通过强制目标云服务消耗过多的有限系统资源（如处理器能力、内存、磁盘空间或网络带宽）来降低系统的运行速度，并使所有合法的用户无法访问服务。

(11) 共享的技术漏洞：云计算服务提供商通过共享基础架构、平台或应用程序来扩展其服务。这可能会导致共享技术漏洞的出现，并可能在所有交付模式中被恶意攻击者滥用。

2. 云安全责任共担模式

云安全责任共担模式在业界已经达成共识(见图 6 - 10)。AWS、微软 Azure 均采用了与用户共担风险的安全策略。对 IaaS 服务来说,云服务商需保障物理、网络和虚拟化层面的安全,而用户需要保障操作系统、应用程序和数据的安全;对 PaaS 服务来说,操作系统安全也归云服务提供商负责,用户只需要负责应用程序和数据安全;对 SaaS 服务来说,用户要负责的就是数据安全,而其他所有的部分都是云服务提供商的保障范围。近年来云服务提供商均在努力提升其安全能力,保护其基础设施和产品安全。

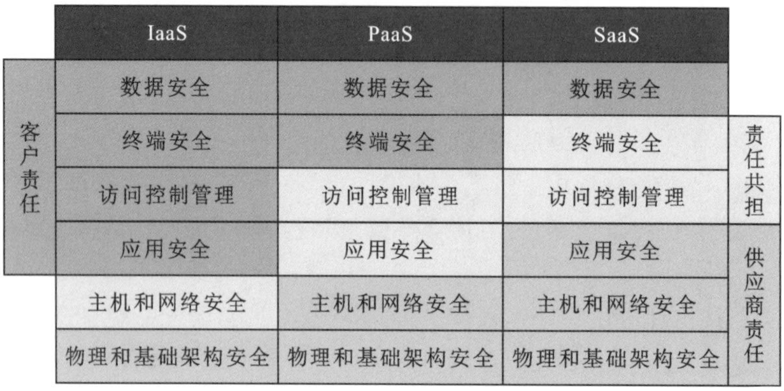

	IaaS	PaaS	SaaS	
客户责任	数据安全	数据安全	数据安全	责任共担
	终端安全	终端安全	终端安全	
	访问控制管理	访问控制管理	访问控制管理	
	应用安全	应用安全	应用安全	供应商责任
	主机和网络安全	主机和网络安全	主机和网络安全	
	物理和基础架构安全	物理和基础架构安全	物理和基础架构安全	

图 6 - 10　云安全责任共担模式

从责任共担模式出发,云安全产品可以大体分成三大类:

(1)传统安全设备的云化。在传统的数据中心中,安全防护通常是通过在安全域入口部署专用的安全设备来实现的,比如防火墙等。在虚拟化的云环境下,传统的安全防护设备不再发挥作用,因此出现了相对应的虚拟防火墙。

(2)云服务提供商为配套云服务而提供的安全产品。常见的有威胁检测、云数据库安全、应用程序接口安全、容器和工作负载安全、用户行为监控、合规与风险管理等。

(3)"新安全"产品和服务,包括云访问安全代理、云安全配置管理、云工作负载安全防护平台等。其中,云访问安全代理是部署在客户和云服务商之间的安全策略控制点,是在访问基于云的资源时企业实施的安全策略;而云安全配置管理通常使用自动化方式来解决云配置和合规性问题;云工作负载安全防护平台作为一项以主机为中心的解决方案,主要是满足数据中心的工作负载保护需求。

3. 云安全发展趋势

目前互联网的主要威胁是恶意程序及木马,传统杀毒软件所采用的特征库判别法并不适用。随着云安全技术的应用,识别和查杀病毒不仅仅依靠本地硬盘中的病毒库,而是依靠庞大的网络服务,实时进行采集、分析及处理。将整个互联网整合成了一个巨大的"杀毒软件",参与者越多,每个参与者就越安全,整个互联网也会更安全。

要建立"云安全"系统需要①海量的客户端,庞大的客户端是对互联网上的病毒、木马、挂马网站等具有灵敏的感知能力的基础;②专业的反病毒技术,将虚拟机、智能主动防御、大规模并行运算等技术应用于及时处理海量数据、上报病毒信息并共享给"云安全"系统的每个成员;③系统的开放,现有的病毒检测软件相兼容,共享"云安全"系统带来的成果。

云计算不仅是业界的热点,也是全球未来信息产业发展的战略方向和推动经济增长的重要引擎,受到各国政府的重视,并积极部署国家战略。虽然云计算的发展风起云涌,但是相关的安全问题也随之而来。除了从技术层面解决安全问题,也需要用户、运营商和国家监管部门共同落实,实现云计算健康可持续发展。

6.3　云下的大数据应用

大数据为云计算大规模与分布式的计算能力提供了应用的空间,解决了传统计算机无法解决的问题。大数据将丰富我们对世界的认识。

1. 云计算在快速消费品行业的应用

随着城市化快速发展,在快速消费品行业为全球带来了新的挑战。企业信息管理与云计算将快速提升消费品行业的增长潜力。快速消费品行业可以自身建立或通过外包商提供企业信息管理云服务。云计算可以降低企业信息管理的成本节约、专用的企业信息管理服务可以提供数据分析,寻找在快速消费品行业及其他垂直行业未来几年内的需求。

2. 云计算在交通管理中的应用

在交通领域,海量的数据主要包括四个类型的数据:传感器数据(位置、温度、压力、图像、速度等信息)、系统数据(日志、设备记录、MIBs 等)、服务数据(收费信息、上网服务及其他信息)和应用数据(生成厂家、能源、交通、性能、兼容性等信息)。

社会经济的快速发展促使城市机动车辆的数量大幅增加,城镇化的加速打破了城市道路系统的均衡状态,传统的交通系统难以满足当前复杂的交通需求,交通堵塞成为棘手问题。用大数据技术可促进交通管理模式的变革。云计算和大数据在智能交通应用上具有优势:提高交通运行效率;提高交通安全水平;提供环境监测方式;适于海量数据处理。

3. 云计算在视频监控中的应用

视频监控系统已成为城市环境中的一种标准配置,旨在帮助协调应急响应,加强公民的人身安全。但视频监控技术也存在一些问题,如数据吞吐量大、分析应用平台负担重等。分布式文件系统的访问带宽是整个网络的聚合带宽,可以达到几百 Gb/s;分布式处理使用各个应用的分析耗时更短;这些技术消除了视频存储及处理的限制。

4. 云计算在区域医疗的应用

从医疗及卫生人员的角度来看,全生命周期的健康档案调阅有着现实意义。对于慢性病患者,以往病程的变化,治疗的过程都对医生诊断和处理有着重要的辅助作用。过敏史,不良反应对避免出现医疗差错和事故也有着积极的作用。云计算和大数据技术可以对海量的医疗及健康数据进行统计和分析,大幅减轻数据采集和工作量,同时提高数据处理效率。

云应用是由云计算运营商提供的服务,在构成上都遵循相同的"云""管""端"的结构。云应用依据内容可以建成办公云、档案云、医疗云、教育云,最终实现人工智能云。

第 7 章　人工智能

　　人工智能(artificial intelligence,AI)是生活中普遍使用的一个词。人工智能通常是指一个计算机系统像人一样聪明,可以理解人类智能、模拟人类智能行为。但要更深入地理解"人工智能",就要从理论和技术的深度上和从应用的广度上来了解人工智能。从深度看,"人工智能"既有建立智能信息处理理论的任务,又有设计可以展现某些近似于人类智能行为的计算系统的使命;从广度上看,它包含机器学习、模式识别、自然语言处理等诸多内容。人工智能的研究具有跨学科的特点,它以生理学、心理学、行为主义、社会学和哲学等学科为基础,通过数学抽象建立形式体系,并采用恰当的数据结构和算法实现。

　　人工智能是一种引发诸多领域产生颠覆性变革的前沿技术。自 20 世纪 50 年代人工智能首次提出以来,人工智能以机器学习、深度学习为核心,在视觉、语音、通信等领域快速发展,悄然改变着人们的生活及工作方式。世界上越来越多的国家意识到了人工智能技术的重要性与颠覆性,积极地在人工智能领域深耕布局,培养人工智能人才,抢夺技术先机。当前,中国明确将人工智能作为未来国家重要的发展战略,加强新一代人工智能在医疗、养老、教育等领域的研发应用。

学习目标:
- 了解人工智能的概念。
- 了解人工智能的历史。
- 理解人工智能的不同研究领域。
- 了解并探索人工智能哲学。

7.1　什么是人工智能

　　本节介绍人工智能的基本概念、研究历史,以及智能 Agent 相关的内容。

7.1.1　人工智能概述

　　人工智能是最新兴的科学与工程领域之一。人工智能包含大量各种各样的子领域,既有通用领域,如学习和感知;也有专门领域,如下棋、证明数学定理、写诗、自动驾驶和诊断疾病。人工智能是计算机科学、控制论、信息论、神经生理学、心理学、语言学等诸多学科相互交叉、相互渗透而发展起来的一门新兴学科。它主要研究如何用机器（计算机）来模拟和实现人类的智能行为。

人工智能研究面临的第一个问题就是"什么是人工智能？"目前"人工智能"没有一个被一致接受的定义，但是可以从四个方面思考什么是人工智能：

1. 像人一样行动：图灵测试

阿兰·图灵（Alan Turing）于 1950 提出的图灵测试，给出了一个测试人工智能的可操作定义。图灵测试由计算机、被测试人和测试主持人组成。计算机和被测试人分别在两个房间内。主持人提出问题，计算机和被测试人分别回答。被测试人回答时尽可能表明他是"真正的"人，计算机也尽可能模仿人的回答。如果主持人听取回答后，分辨不出哪个是人回答的，哪个是计算机回答的，就可以认为被测试计算机是有智能的。

目前，计算机要通过严格的图灵测试，还需要具有下列能力：自然语言处理能力（用人类语言交流）、知识表示能力（存储它知道的或听到的信息）、自动推理能力（运用存储的信息回答问题并推出新结论）、学习能力（机器学习，检测当前情况并进行预测）、视觉能力（计算机视觉，感知物体）、行为能力（机器人学，操纵和移动对象）。这六个方面是目前人工智能研究的重点，但是研究者们的研究重点并不是使计算机通过图灵测试，而是研究智能的基本原理。计算机通过图灵测试不过是人工智能研究的副产品。正如在莱特兄弟和其他对飞行感兴趣的人停止模仿鸟的飞行而转向使用风洞去理解空气动力学后，人类才真正实现了"人工"飞行，人工智能的目标并不是制造出和人一样的、能骗过真的人类的机器。

2. 像人一样思考：认知建模

如果人工智能是实现像人一样思考，那我们必须首先确定人是如何思考的。通常我们通过内省、心理实验、脑成像等方式了解人脑的工作原理，然后把人脑的工作表示成程序。如果这种程序的输入输出匹配相应的人类行为就可以认为这种程序机制就是人脑的运行机制。

基于认知建模，艾伦·纽厄尔（Allen Newell）和赫伯特·西蒙（Herbert Simon）于 1961年根据程序推理步骤的与求解相同问题的人类个体的思维轨迹设计了通用问题求解器。从此认知科学把计算机模型与心理学实验相结合，试图构建一种精确且可测试的人类思维理论。

3. 合理地思考：思维法则

希腊哲学家亚里士多德最先严格定义"正确思考"为不可反驳的推理过程。他提出的经典三段论就是一个在给定正确前提时总产生正确结论的论证结构模式。如"苏格拉底是人；所有人必有一死；所以苏格拉底必有一死。"这些思维法则开创了逻辑学。

沿逻辑学途径的研究，到 1965 年，程序"原则上"可以求解用逻辑表示法描述的任何可解问题（存在不可解问题，如悖论）。人工智能中逻辑主义流派希望依靠这样的程序来创建智能系统。但是这种途径存在两个主要的障碍：①获取非形式知识并用逻辑表示法加以描述很难实现，特别是在知识不是百分之百肯定时；②一个问题在"原则上"可解和实际上解决该问题之间存在巨大的落差，一个复杂的求解可能会耗尽所有的计算资源。

4. 合理地行动：合理 Agent

Agent 是能够行动的某种东西，被期望做"人"才能做的事，如自主操作、感知环境、长期持续、适应变化并能创建与追求目标。合理 Agent 是一个为了实现最佳结果，或者当存在不确定性时，为了实现最佳期望结果而行动的 Agent。

合理 Agent 要先做逻辑推理，然后按推理结论行动。但是，合理 Agent 在某些环境中，不做推理正确的事情，甚至做一些不涉及推理的事情。这些不涉及推理的事情往往类似于人类的某些行为，如人会将手从火炉上拿开。这是一种反射行为，这种行为比仔细考虑、认真推理后再采取行动更"合理"。此外，Agent 也需要学习以提高生成有效行为的能力。

人工智能不是创造一个类人的"人"，而是做正确的"事"，实现"完美"合理性。但在复杂环境中，"完美"合理性对计算要求太高以至于难以实现，因此人工智能向"有限"合理性方向发展，即当没有足够时间完成所有计算时仍能恰当地行动。

7.1.2　人工智能历史

1. 人工智能的萌芽期（1943—1955 年）

美国心理学家、神经科学家、逻辑学家和数学家沃伦·麦卡洛克和美国逻辑学家和数学家沃克·比脱斯从信息处理的观点出发，采用数理模型的方法对神经细胞动作进行研究，提出了二值神经元阈值模型，其中每个神经元被描述为"开"或"关"的状态，一个神经元对足够数量的邻近神经元刺激的反应是其状态将由"关"转变至"开"。这里的神经元状态实际上等价于一个命题，他们证明了任何可计算函数都可以通过相连神经元的某个网络来计算，并且所有逻辑连接词（与、或、非等）都可用简单的网络结构来实现。

图灵在这一时期对人工智能做出了卓越的贡献。1936 年图灵提出了一个理想计算机模型（图灵机），创立了自动机理论，将"思维"机器研究和计算机理论研究向前推进了一大步；1945 年他进一步论述了电子数字计算机的设计思想；1959 年他又在《计算机能思维吗？》一文中提出了机器能够思维的论述。1950 年他在文章《计算机器与智能》中提出了图灵测试、机器学习、遗传算法和强化学习。

2. 人工智能的诞生（1956 年）

1956 年夏季，在美国达特矛斯大学，由计算机科学家、认知科学家，当时年轻的数学助教麦卡锡联合他的三个朋友明斯基（哈佛大学年轻的数学家和神经学家）、罗切斯特（IBM 公司信息研究中心负责人）和香农（信息论之父）共同发起了一个机器模拟人类智能问题的研讨会。整个研讨会历时两个月之久，在会上，他们第一次正式使用了"人工智能"这一术语。这次具有历史意义的研讨会，标志着人工智能这门新兴学科的正式诞生。

3. 人工智能的形成期（1956—1969 年）

这一时期，人工智能在有限的方面取得了成功。

（1）通用问题求解器（General Problem Solving，GPS）。GPS 一开始就被设计模仿人类问题的求解，在它能处理的有限类难题中，GPS 考虑子目标和可能行动的顺序类似于人类处理相同问题的顺序，因此 GPS 或许是第一个"像人一样思考"的程序。在 IBM 公司，内森尼尔·罗切斯特和他的同事们设计并实现了一些最初的人工智能程序。赫伯特·杰伦特于 1959 年建造了几何定理证明器，它能够证明连许多数学专业的学生都感到困难的题目。

（2）跳棋程序。从 1952 年开始，阿瑟·萨缪尔编写了一系列西洋跳棋程序。1959 年这个程序已击败了它的设计者，1962 年又击败了美国一个州的冠军。这一程序驳斥了计算机只能做被告知的事的思想,这个程序学习到的跳棋技艺比它创造者萨缪尔更好。这个跳棋程序具有自学习、自组织和自适应能力,是一个启发式程序,像一名优秀棋手那样,向前看几步后再走棋。它可以向人学习下棋经验或自己积累经验,还可以学习棋谱。

(3)其他卓越贡献。

①1956 年,理工学家、语义学者塞尔夫利奇研制出第一个字符识别程序,接着又在 1959 年推出功能更强的模式识别程序。

②1958 年,美籍数理逻辑学家王浩在 IBM704 计算机上证明了《数学原理》中有关命题演算的全部 220 条定理。他还证明了该书中 150 条谓词演算定理中的 85%,用时几分钟。1959 年,王浩仅用 8.4 分钟时间就证明了上述全部定理。

③1958 年,麦卡锡定义了高级语言 Lisp,该语言在后来的 30 年中成为人工智能编程领域占统治地位的语言。

④1958 年,麦卡锡发表了论文《有常识的程序》,他描述了一个可被看成是人工智能系统的假想程序,该程序使用知识来搜索问题的解。

⑤由于计算资源稀少且昂贵,麦卡锡和 MIT 的其他人一起发明了分时技术。

⑥1960 年,明斯基在论文《走向人工智能的步骤》中提出了由启发式搜索、模式识别、学习、计划、归纳等部分构成的符号操作,掀起了一场人工智能的革命。

⑦1963 年,麦卡锡在斯坦福创办了人工智能实验室。

⑧美国哲学家语言学家乔姆斯基提出了一种文法的数学模型,开创了形式语言的研究。

4. 人工智能的困难期(1966—1973 年)

美国心理学家、图灵奖和诺贝尔经济学奖的获得者赫伯特·西蒙曾在 1957 年做出预言:10 年内计算机将成为国际象棋冠军,并且将证明一个重要的数学定理。这些预言实际上是在 40 年而不是 10 年内实现或者近似实现的。西蒙的过于自信源于早期人工智能系统在简单实例上取得了令人鼓舞的性能。然而,当这些早期系统用于更复杂的问题时,结果都非常失败。

(1)早期的人工智能程序依靠简单处理获得成功。在研究英俄语机器翻译时,研究者最初认为基于俄语和英语语法的简单句法变换以及一部电子词典的单词替换就足以保持句子的确切含义。但事实上,准确的翻译需要背景知识来消除歧义并建立句子的内容。著名的从"the spirit is willing but the flesh is weak(心有余而力不足)"到"the vodka is good but the meat is rotten(伏特加酒是好的而肉是烂的)"的互相翻译(英译俄后再俄译英)说明了遇到的困难。

(2)人工智能试图求解的许多问题的难解性。大多数早期的人工智能程序通过对求解步骤进行的不同组合直到找到解。这种策略对简单的小规模问题是有效的,但当问题规模"放大"后,不是使用更快的硬件和更大的存储器就能解决这些规模呈指数上涨的问题。研究者意识到他们对计算机产生了"无限计算能力错觉",即原则上能够找到解的事实并不意味着程序就包含着实际上找到解的机制。

(3)用来产生智能行为的基本结构的某些根本局限。明斯基和西蒙·派珀特在他们的著作《感知机》(1969)中证明:虽然可以证明感知机能学会它们能表示的任何东西,但是它们能表示的东西很少。

5. 人工智能的发展期(1969—1979 年)

人工智能早期的研究是通用的搜索机制串联基本的推理步骤来寻找完全解,这种方法被称为弱方法,它不能扩展到大规模或困难问题的求解。

1969 年提出的第一个专家系统程序 DENDRAL 是一个弱方法的替代方案,它使用领域相关的知识,允许大量的推理步骤。这一方法使 DENDRAL 程序更容易地处理专门领域里的典型情况。因此,DENDRAL 程序只是一个用于解决根据质谱仪的信息推断分子结构的程序。虽然 DENDRAL 程序并不具有通用性,但它具有重要意义。DENDRAL 是第一个成功应用的知识密集系统,它使用了大量专用规则。DENDRAL 程序引领了人工智能的新的研究方向——启发式程序。研究者将 DENDRAL 的专家系统方法论应用到其他人类专家领域,并取得了成功。例如,用于诊断血液传染 MYCIN 程序,表现得与某些专家一样好。

6. 人工智能的产业期(1980 年—现在)

1981 年,日本宣布了“第五代计算机”计划,以研制运行 Prolog 语言的智能计算机。

1982 年,第一个成功的商用专家系统 R1 开始在数据设备公司(digital equipment corporation,DEC)正式投入使用。该程序为新计算机系统配置订单。到 1986 年为止,据估计它每年为公司节省了 4000 万美元。到 1988 年,DEC 公司的已经部署了 40 个专家系统。

人工智能产业从 1980 年的区区几百万美元暴涨到 1988 年的数十亿美元,包括几百家公司研发专家系统、视觉系统、机器人以及服务这些目标的专门软件和硬件。之后,在“人工智能的冬天”期,很多公司都因无法兑现它们所做出的过分承诺而破产。

近年来,随着大数据、云计算、互联网、物联网等信息技术的发展,在感知数据和图形处理器等计算平台推动下,以深度神经网络为代表的人工智能技术飞速发展,大幅跨越了科学与应用之间的“技术鸿沟”。2016 年,谷歌的 AlphaGo 战胜世界围棋冠军李世石,2017 年 5 月 23 日,柯洁与 AlphaGo 展开对决,最终柯洁中盘投子认输。诸如图像分类、语音识别、知识问答、人机对弈、无人驾驶等人工智能技术实现了从“不能用、不好用”到“可以用”的技术突破,迎来爆发式增长的新高潮。

7. 神经网络的回归(1986 年—现在)

20 世纪 80 年代中期,至少四个不同的研究组重新发明了 1969 年就建立的反向传播学习算法。该算法被用于解决很多计算机科学和心理学中的学习问题。现代神经网络研究分成两个领域:一个是建立有效的网络结构和算法并理解它们的数学属性;另一个是对实际神经元的实验特性和神经元的集成建模。

8. 人工智能采用科学方法(1987 年—现在)

人工智能要成为科学方法,必须遵从严格的实验,结果必须经过统计分析。因此人工智能的研究应建立在严格的定理或确凿的实验证据基础上,并能揭示现实世界的相关性。

语音识别领域充分说明了科学方法的重要性。20 世纪 70 年代,语音识别领域出现了不同的研究方法。其中许多方法仅在几个特定样本中取得成功。近年,基于严格数学理论的隐马尔可夫模型方法开始主导这个领域。通过在真实语音数据上的训练,系统的鲁棒性得以保证。此外,人工智能与概率和决策理论的融合,发展出形式化方法贝叶斯网络,可以对不确定知识进行有效表示和严格推理。这种将科学方法应用于人工智能的研究路径也应用在机器人、计算机视觉和知识表示领域。

9. 智能 Agent 的出现(1995 年—现在)

智能 Agent 最重要的应用环境就是互联网,人工智能技术成为搜索引擎、推荐系统以及网站构建系统等网络工具的基础。要建立一个完整 Agent 需要把不同的人工智能子领域结合起来。研究者普遍意识到传感器系统(视觉、声呐、语音识别等)不能完全可靠地传递环境信息,因此推理和规划系统必须能够处理不确定性。

10. 极大数据集的可用性(2001 年—现在)

纵观人工智能的研究,研究者的重点一直都是算法,但最新的研究表明数据远比是算法更重要。我们也拥有与日俱增的大规模数据源,如网络上有数万亿个单词和几十亿幅图像、基因序列有几十亿个碱基对等。在词语歧义消除方面,在一个句子中给定的单词"plant"是指植物还是工厂呢? 以前对这个问题的解决方法是依赖于人类给出的标注样例,并结合机器学习算法加以消除。但研究证明,一个普通算法使用一亿个单词的未标注训练数据也会好过最有名的算法使用 100 万个标注样例。

最近二十年,人工智能在众多领域取得成功并应用于我们的日常生活,如无人驾驶、语音识别、博弈、垃圾信息过滤、机器人、机器翻译。在当前这个信息时代,人类需要人工智能去放大和延伸自己的智能,实现脑力解放。

7.1.3　智能 Agent

人工智能是一个很伟大的想法,但伟大的想法不付诸实践也就没有价值。智能 Agent 就是人工智能这个想法付诸实践的产物,它可以做出决定以及行动。

1. Agent 和环境

正如人类是通过手、耳朵、眼睛等感官来感知事物并做出决定,然后再采取行动一样,智能 Agent 先通过传感器感知环境,再通过执行器对环境采取行动(见图 7-1)。Agent 用感知表示任何给定时刻的感知输入,通过对每个可能的感知序列写出对应的行动选择,即用 Agent 函数来告知其执行器所应采取的行动。

图 7-1　智能 Agent 与环境交互

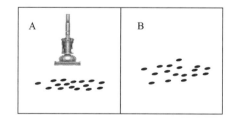

图 7-2　吸尘器 Agent

Agent 函数是对 Agent 所感知的世界的抽象数学描述,并用程序具体实现。以图 7-2 的吸尘器为例,这个吸尘器世界中只有两个地点:方格 A 和 B,吸尘器 Agent 可以感知它处于哪个方格中,该方格是否有灰尘。它可以选择向左移动、向右移动或者吸尘。由此可以写出对应的吸尘器 Agent 函数(见表 7-1):如果当前方格有灰尘,那么吸尘;否则移动到另一方格。

表 7 - 1 吸尘器 Agent 函数

感知	行动
A,干净	右移
A,脏	吸尘
B,干净	左移
B,脏	吸尘
A,干净,A,干净	右移
A,干净,A,脏	吸尘
……	……

2. 理性 Agent

理想 Agent 是做正确的事。如表 7 - 1 的 Agent 函数表格的每一项都填写正确。对 A-gent 而言,"正确的事"是指当把 Agent 置于一个环境中后,它根据收到的感知信息生成一个行动序列,这个行动序列导致环境的状态变化并且该变化是人们所需要的。但是,我们还需要度量一个 Agent 的性能。如吸尘器 Agent,我们可以统计 8 小时内清理的灰尘总量来度量它的性能。但如果这个 Agent 足够"理性",它可以一边吸尘,一边又把灰尘倒回地面,再吸尘,持续下去,从而使清理的灰尘总量的度量值最大化。因此,对吸尘器 Agent 更合适的性能度量应该是奖励保持地面干净的 Agent,如每清洁一个方格奖励一分,同时也可以加上电力消耗和噪音的减分作为惩罚。

(1)Agent 的理性。Agent 的理性判断是对每一个可能的感知序列选择使其性能度量最大化的行动。还以表 7 - 1 中吸尘器 Agent 函数为例度量其性能,我们假设:

· 在每个单位时间内对每块清洁的方格奖励 1 分,共考察 1000 个单位时间。

· 整体环境"地形"作为先验知识是已知的,但灰尘的分布和 Agent 的初始位置未知。

· 行动只有左移、右移和吸尘。

· Agent 能正确地感知位置及所在方格是否有灰尘。

基于以上假设的吸尘器 Agent 看上去的确是理性的。但是当环境改变时,该 Agent 会变得非理性。如地面本来就是干净的,它就会毫无必要的移来移去。在这种情况下,一个更好的 Agent 应该在它确信所有的地面已经干净后就不做任何事情,如果地面再次被弄脏了,该 Agent 应该不定期地检查并在必要的时候重新清洁。

(2)理性不等于完美。理性是使期望的性能最大化,而完美是使实际的性能最大化。完美对 Agent 而言是不合理的。Agent 的理性只依赖于到当时为止的感知序列。Agent 可以有先验知识,如吸尘器 Agent 例子中的"地形",如果这些先验知识依赖于设计人员的输入而不是其自己的感知,则该 Agent 缺乏自主性。一个真正的理性 Agent 应该是自主的,它通过学习弥补不完整的或者不正确的先验知识。实践中,很少要求 Agent 从一开始就完全自主。当 Agent 没有或者只有很少的经验时,它的行为往往是随机的。设计人员会给 A-gent 提供一些初始知识以及学习能力,当得到关于环境的充足经验后,理性 Agent 的行为才能独立于它的先验知识有效地行动。与学习相结合的设计可以使理性 Agent 在很多不同环境下都取得良好的性能。

3. 环境的性质

理性 Agent 必须首先感知环境才能作出决定。我们将性能(performance)度量、环境 (environment)以及 Agent 的执行器(actuators)和传感器(sensors)归在一起,称为 PEAS 描述,也就是任务环境。设计 Agent 的第一步就是尽可能完整地详细说明任务环境。以自动驾驶为例,其环境可以说是无限的,表 7 - 2 是其任务环境的 PEAS 描述。

表 7 - 2　自动驾驶 PEAS 描述

Agent 类型	性能度量	环境	执行器	传感器
自动驾驶	安全性	道路环境	方向盘	摄像头
	速度	交通情况	加速器	传感器
	合法驾驶	行人等	刹车	计速器
	舒适性	—	信号灯	GPS
	经济性等	—	喇叭	加速计速器
	—	—	显示面板等	引擎传感器
	—	—	—	键盘等

首先,先看自动驾驶的性能度量,它包括正确到达的目的地、油量消耗最小化、所需时间最小化、安全性和乘客舒适度最大化等。有些目标是相互矛盾的,所以必须有折中。

其次,再看自动驾驶的环境:各种各样的道路,可能是乡间小路、城市街巷或者高速公路;路上有其他的车辆、行人、动物、道路施工、警车、石头和坑洞等;东北的自动驾驶要考虑积雪问题而海南的则没有这一问题;中国的自动驾驶靠右行驶而英国或日本靠左行驶。对环境的约束越多,设计问题就越简单。

再次,自动驾驶 Agent 的执行器和人类驾驶员一样通过油门、刹车、转向等控制汽车。它需要显示面板输出或者语音合成器来与乘客交谈,还需要其他途径同其他车辆进行交流。

最后,自动驾驶 Agent 的传感器包括一个或多个可控制的视频摄像头以看到道路;红外或声呐检测与其他车辆或障碍的距离;速度表可以正确地控制车辆和避免超速罚单;全球卫星定位系统(GPS)可以正确指引道路等。

可以看出任务环境范围非常大,只有将其定义为较少的维度才能进行适当的设计。

(1)完全可观察与部分可观察。如果 Agent 的传感器在每个时间点上都能获取环境的完整状态,则该任务环境是完全可观察的;如果传感器能够检测所有与行动决策相关的信息,那么该任务环境是有效完全可观察的;噪音、不精确的传感器,或者丢失了部分数据,都可能导致环境成为部分可观察的,如自动驾驶 Agent 无法了解别的司机在想什么;如果根本没有传感器,则环境是无法观察的。

(2)单 Agent 与多 Agent。单 Agent 与多 Agent 是指参与的 Agent 数目,如独自玩游戏的 Agent 是单 Agent 环境,而下象棋的 Agent 处于双 Agent 环境。但是,对一个 Agent 而言,到底哪些实体可以被视为 Agent 也是一个问题。在自动驾驶中,一个 Agent 应该把另一辆车视为 Agent 还是一个随机行动的对象?对这一问题的定义是进行下一步设计的基础,因为多 Agent 环境中的 Agent 设计往往与单 Agent 环境中的相去甚远。

(3)确定与随机。如果环境的下一个状态完全取决于当前状态和 Agent 执行的动作,则该环境是确定的;否则它是随机的。原则上说,Agent 在完全可观察的、确定的环境中无需考虑不确定性,但是大多数现实环境相当复杂,以至于难以跟踪到所有未观察到的信息,从实践角度考虑,它们必须处理成随机的。自动驾驶的环境就是一个随机环境,因为一个 Agent 无法精确预测未来时刻的交通状况或是预见到车辆爆胎等意外情况。

(4)片段式与延续式。在片段式的任务环境中,Agent 的经历被分成了一个一个的原子片段。在每个片段中 Agent 感知信息并完成单个行动,下一个片段不依赖于以前的片段中采取的行动。很多分类任务属于片段式的。例如,装配线上检验次品零件的机器人每次决策只需考虑当前零件,不用考虑以前的行动决策;并且当前决策也不会影响到下一个零件是否合格的决策。在延续式环境中,当前的决策会影响到所有未来的决策。自动驾驶就是延续式的,短期的行动会有长期的效果。片段式的环境要比延续式环境简单得多,因为 Agent 不需要具有前瞻性。

(5)静态与动态。如果环境在 Agent 计算之时会发生变化,则该 Agent 的环境是动态的,否则环境则静态的;如果环境本身不随时间变化而变化,但是 Agent 的性能评价随时间变化而变化,这样的环境是半动态的。静态环境中 Agent 的决策不需要观察世界,也不需要考虑时间的流逝;动态环境会持续要求 Agent 做出决策。自动驾驶 Agent 是动态的,即使驾驶算法对下一步行动犹豫不决,但其他车辆和自动驾驶车辆本身仍然是不断运动的。

(6)离散与连续。环境的状态、时间的处理方式以及 Agent 的感知信息和行动都有离散和连续之分。如下棋 Agent 所处的环境状态就是有限的,并且它感知的信息和做出的行动也是离散的。自动驾驶则是一个连续状态和连续时间问题,自动驾驶 Agent 采取的行动也是连续的。严格来说,来自数字摄像头的输入信号是离散的,但是自动驾驶 Agent 处理这些信号时把它转化成表示连续变化的亮度和位置信息。

(7)已知与未知。在已知环境中,所有行动的后果(如果环境是随机的,则是指后果的概率)是给定的。如果环境是未知的,Agent 需要学习以便做出好的决策。

在所有环境中,最难处理的情况就是部分可观察、多 Agent、随机、延续、动态、连续和未知的环境。对自动驾驶 Agent 而言,除了驾驶环境已知,其他所有的环境都是困难选项。

4. Agent 的结构

人工智能的任务是设计 Agent 程序,它实现的是把感知信息映射到行动的 Agent 函数。一个 Agent 程序要运行,必须具备物理传感器和执行器,因此将一个具有传感器和执行器的 Agent 装置称为体系结构,由此:Agent=体系结构+程序。Agent 程序的输入是从传感器得到的当前感知信息,返回的是执行器的行动抉择。

根据 Agent 的智能水平和它执行任务的复杂性,智能 Agent 可以分为四类。

(1)简单反射 Agent,基于当前的感知选择行动,不关注感知历史。这类 Agent 具有极好的简洁性,但其智能也很有限。由于这类 Agent 根据当前感知信息来完成当前决策,因此它要求环境是完全可观察的。

(2)基于模型的 Agent,关于"世界如何运转"的知识被称为模型,使用这种模型的 A-gent 就是基于模型的 Agent。在自动驾驶中,Agent 要随时更新状态信息,这要求在 Agent 程序中加入两种类型的知识:第一,独立于本 Agent 的其他事物的信息,如正在超车的汽车一般在下一时刻会更靠近本车;第二,自身的行动如何影响外部世界,如当 Agent 顺时针转动方向盘的时候,汽车会右转等。

（3）基于目标的 Agent，以自动驾驶为例，只知道当前的环境状态对决策而言并不足够。在一个路口是左转、右转还是直行要取决于目的地。Agent 程序把目的地信息和模型相结合才可以做出达到目的地行动。

（4）基于效用的 Agent，人们不仅希望 Agent 达成目标，还希望它采取高品质的行为。在自动驾驶中，可以达到目的地路径有很多种，但有些更快、更安全、更可靠，或者更便宜。通用的性能度量应该让 Agent 对性能，即效用进行比较。

（5）学习 Agent，Agent 的学习是为了改进 Agent 的每个组件，使得各组件与能得到的反馈信息更加和谐，从而改进 Agent 的总体性能。学习 Agent 可被划分为四个概念上的组件：学习元件负责改进提高；性能元件负责选择外部行动；评判元件根据固定的性能标准告诉学习元件 Agent 的运转情况；问题产生器负责得到新的信息并提出基于经验的行动建议。

人工智能的研究目前在理论和实现上依然有许多需要解决的问题。这些问题的解决需要心理学、数学、哲学、生物学和计算机科学的研究工作者共同努力，实现人类梦想的"知识革命"。

7.2 人工智能研究领域

在人工智能领域，不同研究课题的研究途径和研究技术不尽相同，本节对人工智能这门学科的不同研究领域作一简要介绍。

7.2.1 问题求解

问题求解是指通过搜索方法寻找求解操作的一个合适序列，以满足问题的要求。

1. 搜索求解

问题求解的基本方法可以描述为：若定义 S 为被求解问题可能的初始状态集合，F 为求解过程中可使用的操作集合，G 为目标状态集合，那么问题求解的过程就是在状态空间中寻找从初始状态 XS 出发，到达目标状态 XG 的一个路径。

一般情况下，问题求解程序由三个部分组成：数据库、操作规则、控制策略。

数据库中包含与具体任务有关的信息，这些信息描述了问题的状态和约束条件。状态分量的不同取值组合对应着不同的状态，但并不是所有的状态都是问题求解所需要的，问题本身所具有的约束条件可以帮助除去那些非法状态和不可能状态，而保留在数据库中的是问题的初始状态、目标状态和中间状态。

数据库中的知识是叙述性的，而操作规则却是过程性的。操作规则由条件和动作两部分组成，条件给定了操作的先决条件，动作描述了由于操作而引起的某些状态分量的变化。

系统的控制策略确定了求解过程中应该采用哪一条适用的规则。适用规则是指从规则集合中选择出最有希望导致目标状态的操作，施加到当前状态上，以便克服组合爆炸。

问题求解的方法通常是一种搜索技术。一个解是一个行动序列，所以搜索算法的工作就是考虑各种可能的行动序列。把可能的行动序列当成一棵搜索树，这棵树的结点对应问题的状态，连线表示行动，从搜索树中根结点的初始状态出发，先检测该结点是否为目标状态；如果不是，在当前状态下应用各种合法行动，由此生成了一个新的状态集，再在新的状态

中选择一条路往下走(见图 7-3)。不同的搜索算法
的基本结构相同,主要的区别在于如何选择下一个要
搜索的状态——即搜索策略。

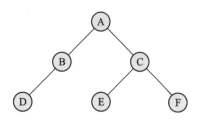

图 7-3　搜索树

　　如果环境是可观察的、确定的、已知的,并且在这
些搜索策略中关注的是求解路径,根据已知信息的不
同,可以采用无信息搜索和启发式搜索策略。如果除
了问题定义中提供的状态信息外没有任何附加信息,
一般采用无信息搜索策略。搜索树上常用的搜索方法
有深度优先法和广度优先法。

　　(1)深度优先搜索总是搜索当前结点的子结点,一直搜索到没有后继结点的结点,然后
搜索算法回溯到下一个还有未搜索的后继结点的层次稍高的结点。图 7-4 给出了一个在
二叉树上进行深度优先搜索的实例。

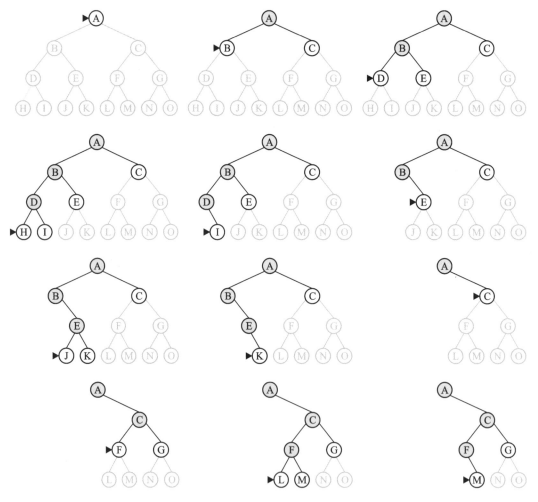

图 7-4　二叉树上的深度优先搜索

　　(2)广度优先搜索先搜索根结点,接着搜索根结点的所有后继,然后再搜索它们的后继,

以此类推。图 7-5 给出了一个在二叉树上进行广度优先搜索的实例。

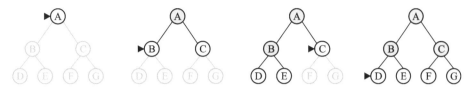

图 7-5　二叉树上的宽度优先搜索

如果除了问题本身之外还有某些特定知识时，可采用有信息（启发式）搜索策略，进行更有效的求解。如贪婪最佳优先搜索：试图搜索离目标最近的结点，以更快找到问题的解。

无信息搜索和启发式搜索关注的都是求解路径，如果问题求解关注的不是路径代价而是解的状态，则可以采用不同的算法，如局部搜索算法，它从当前结点出发，通常只移动到它的邻近结点。这个方法不是全局性的，但它占用更少的内存，很适合求解最优化问题。

上述搜索算法都只考虑了只有一个参与者的情况。在有多个参与者的情况下，问题求解一般采用对抗搜索策略。对抗搜索也称为博弈搜索，它定义为有完整信息的、确定性的、轮流行动的、两个游戏者的零和游戏（如象棋）。这里确定性表示在任何时间点游戏者之间都有有限的互动；轮流行动表示玩家按照一定顺序轮流行动；零和游戏表示游戏者的目标相反，即游戏的终结状态下，所有玩家获得的总和等于零。对抗搜索是多个 Agent 在同一搜索空间中搜索解决方案的情况下采用的搜索方法，每个 Agent 都需要考虑其他 Agent 的操作以及该操作对其性能的影响。

评价搜索算法的性能有以下标准。

- 完备性：当问题有解时该算法是否能保证找到解；
- 最优性：搜索策略是否能找到最优解；
- 时间复杂度：找到解需要花费多长时间；
- 空间复杂度：执行搜索的过程中需要多少内存。

2. 问题求解 Agent

一个智能 Agent 进行的问题求解首先要知道求解目标，因此 Agent 要基于当前信息和 Agent 的性能度量将目标形式化。目标是一个状态集合，Agent 的任务是找出现在和未来如何行动，以使它达成这个目标所要求的状态。问题的解实际就是达到目标的行动序列，而寻找这个行动序列的过程被称为搜索。搜索算法的输入是问题，输出是行动序列。

问题和它的解。问题的形式化地描述可以分为五个部分：Agent 的初始状态；描述 A-gent 的可能行动；描述每个行动（转移模型），可用函数 RESULT(s,a)表示在状态 s 下执行行动 a 后达到的状态；目标测试，确定某一状态是不是目标状态；路径耗散函数，为 Agent 提供性能度量依据，该函数为每条路径赋一个耗散值，即对路径加权。

因此，问题实际上是一个数据结构，并以这个数据结构作算法的输入。问题的解就是从初始状态到目标状态的一组行动序列，解的质量由路径耗散函数度量，所有解中路径耗散值最小的解即为最优解。

7.2.2　学习

随着人工智能任务变得越来越复杂，人们对计算能力的要求呈指数增长。虽然计算机的计算能力已经长足增长,但依然不能完成复杂的计算,这也是目前缺乏通用人工智能的原因。

人类具有一种独特的能力,可以在任何情况下或环境中学习。相比于计算机,人类的能力受限:脑力有限、时间有限、适应能力有限,但是人脑利用接收到的每个信息,发展了通用学习能力。从理论上讲,如果人类的学习过程极其高效,那么人类可以学习所有学科。但是人类受限于人脑的生物化学性质,不可能以超过生物化学反应的速度学习,因此让计算机学会学习,让人工智能成为通用学习者,成为通过对自我经验的勤奋学习而改进行为的智能机器就是人类发展自己智能的途径之一。

要让计算机学会学习,就首先要知道学习是什么。学习是一种基于对世界的观察,能够改进执行未来任务的一种能力。学习的任务多种多样,既有琐碎的学习,如记住电话号码;也有实质的学习,如爱因斯坦演绎宇宙新理论。

1. 机器学习

机器学习是让计算机从已有的"输入-输出"中学习并能够预测新输入对应的输出。机器学习的学习源是输入的数据,通过对数据的分析发现其中的"知识"。为了检测学习效果,人们一般先使用训练数据让机器学习,然后再用实验数据对其考试,考查它的学习效果。

正如人类学习者需要对学习的结果给予反馈以调整以后的学习一样,机器学习也有反馈,并且根据反馈类型的不同,有三种不同的学习类型:

(1)无监督学习:不提供显式反馈。常见的无监督学习任务是聚类,目标是从输入中发现有用的类集。一个人没有见过恐龙和鲨鱼,如果给他看了大量的恐龙和鲨鱼的图片,即使他没有恐龙和鲨鱼的概念,但是他也能区分这两种动物,并形成这两种动物的不同的概念。无监督学习的训练数据是没有标签的,就如上例只提供两种动物的图片,但不给图是恐龙还是鲨鱼的标签。从只有特征,没有标签的训练数据集中,通过数据之间的内在联系和相似性将他们分成若干类的过程就是聚类。

还有一类特殊的无监督学习,这类学习使用的是没有标签的数据但对学习的结果给予一定反馈,被称为强化学习。在强化学习中,虽然没有标签来判断学习的好坏,但是会用激励与惩罚函数对学习的结果距离目标是近或远来给予学习结果的反馈。

(2)监督学习:提供显式反馈。常见的监督学习任务是分类,目标是从带标签的训练数据集学习,给标签和数据特征之间建立起对应关系,从而可以对其他的没有标签数据判断出它的标签。

(3)半监督学习:部分提供显式反馈。半监督学习使用的数据,一部分是标记过的,而大部分是没有标记的。和监督学习相比较,半监督学习的成本较低,但是又能达到较高的准确度。

2. 深度学习

深度学习是在人工神经网络的基础上发展出来的一种机器学习方式。机器学习能完成的任务,深度学习都可以完成。深度学习尤其擅长处理图像识别、物体检测、自然语言翻译、语音识别和趋势预测等。

(1)人工神经网络。人工神经网络是一种机器学习算法,其原理是受人类大脑互相交叉相连的神经元启发,模拟人脑对复杂信息处理的一种数学模型。人工神经网络的核心是人工神经元。每个神经元接收来自其他几个神经元的输入,将它们乘以分配的权重,将它们相加,然后将总和传递给一个或多个神经元。一些人工神经元可能在将输出传递给下一个变量之前将激活函数(引用非线性因素以增加拟合度)应用于输出(见图7-6)。

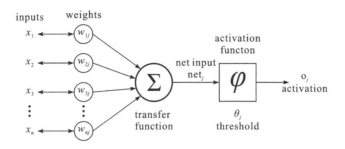

图 7-6　人工神经元结构

当成千上万个神经元多层放置并堆叠在一起时就形成一个人工神经网络,可以执行非常复杂的任务,如对图像进行分类或识别语音。

(2)深度学习。深度学习采用了神经网络相似的分层结构,包括输入层、隐层、输出层组成的多层网络,只有相邻层节点之间有连接,同一层以及跨层节点之间相互无连接。这种分层结构比较接近人类大脑的结构。

由于深度学习中含有多层隐层,如果对所有层同时训练,时间复杂度会太高;而每次训练一层,每层的训练偏差就会逐层传递导致严重欠拟合。为解决这一问题,深度学习的训练过程分成两步走:

①自下而上的无监督学习:采用没有标签的数据(也可以使用有标签数据)分层训练各层,得到每一层的参数,从底层开始,一层一层地往顶层训练。

②自顶向下的监督学习:基于第一步得到的各层参数进一步调优整个多层模型的参数,这一步是一个有监督训练过程。这一步骤是通过带标签的数据去训练,误差自顶向下传输,对网络进行微调。

通过训练每一层网络,然后进行调优,让认知和生成达成一致以保证生成的最顶层表示能够尽可能正确的复原底层的结点(见图7-7)。

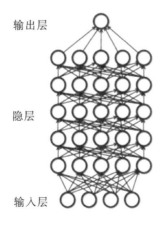

图 7-7　深度学习结构

基于深度学习的图像识别程序甚至可以比人做得更好。谷歌的 AlphaGo 通过深度学习先学会了如何下围棋,然后它又与自己下棋以训练神经网络、优化参数,从而成为当代棋王。

7.2.3 自然语言处理

人类因为具有语言的能力而区别于其他物种。约 10 万年前,人类知道了如何说话;约 7000 年前,人类知道了如何书写。虽然其他的动物,如黑猩猩、海豚也能掌握数百个符号构成的词汇,但只有人类能够使用离散符号、可靠地传递大量的消息。人工智能要与人类进行交流就要拥有人类的语言能力,只有让人工智能掌握了语言,它才能够与人类交流,才能从书页文字中获取信息。

互联网上已有超过万亿数量的信息网页,几乎所有这些页面都是用自然语言描述的。人工智能想要获取知识,就需要理解或部分理解人们所使用的具有歧义的、杂乱的语言。人工智能要理解人类语言的方式是采用语言模型,用语言模型用来预测语言表达的概率分布。

首先,人类语言不同于计算机的形式语言,如 Java 和 Python 等编程语言。计算机语言是精确定义的语言模型,如在 Python,"print(2+2)"是一段合法语句,而")+(2 print"就是非法语句。虽然合法语句的数目是无限的,但是这些语句都可以用一组规则来描述,这组规则就是语法。但在自然语言中,如中文或英语,不能描述为一个确定的语句集合,如一个不符合语法的句子依然可以被理解。因此,通过句子的概率分布来定义自然语言模型要比通过确定集合(或者语法规则)来定义更为有效。

其次,自然语言也是有歧义的,如"He saw her duck"既可以理解为"他看到了一只属于她的鸭子",也可以理解为"他看到她躲避某物"。因此,我们不能用一个意义来解释一个句子,而应该使用多个意义上的概率分布。

最后,自然语言不但规模巨大,而且也处在不断的发展变化之中,因此很难处理。计算机采用的语言模型越近似自然语言越好,概率近似是一种简单可行的方法。

1. 自然语言处理研究方向

自然语言处理的目标是让机器在理解语言上像人类一样智能,最终填平自然语言和机器语言之间的鸿沟,因此自然语言处理可以分为自然语言理解和自然语言生成两类。自然语言理解侧重于研究如何理解文本,包括:文本分类、指代消歧、句法分析、机器阅读理解等;自然语言生成侧重于研究在理解文本后如何生成自然文本,包括:自动摘要、机器翻译、问答系统、对话机器人等。

2. 自然语言处理技术

最早的自然语言理解方面的工作是从机器翻译开始的。1949 年,美国人威弗首先提出了机器翻译设计方案;到了 20 世纪 60 年代,国外对机器翻译曾有大规模的研究工作,耗费了巨额费用,但是由于低估了自然语言的复杂性,在机器翻译方面没有取得明显进展。近年来,机器学习特别是深度学习的兴起极大地促进了自然语言处理的研究,自然语言处理研究领域也提出了词向量表示、文本的编码和反编码技术、大规模预训练模型方法(见图 7-8)。

(1)20 世纪 50 年代到 70 年代——基于规则的方法。1950 年图灵提出的"图灵测试"一般被认为是自然语言处理思想的开端。这一时期,自然语言处理主要采用基于规则的方法。但是基于规则的方法具有不可避免的缺点:首先规则不可能覆盖所有语句;其次这种方法对

图 7 - 8　自然语言技术的发展

开发者的要求极高,开发者不仅要精通计算机还要精通语言学。这一时期,没有真正实现自然语言理解。

　　(2)20 世纪 70 年代到 21 世纪初——基于统计的方法。20 世纪 70 年代以后随着互联网的高速发展,研究人员拥有了丰富的语料库,自然语言处理思潮由经验主义向理性主义过渡,基于统计的方法逐渐代替了基于规则的方法。基于统计的方法将当时的语音识别率从70%提升到 90%。在这一阶段,基于数学模型和统计方法的自然语言处理取得了实质性的突破,自然语言处理技术从实验室走向了实际应用。

　　(3)2008 年至今——深度学习。从 2008 年至今,研究人员开始将深度学习引入自然语言处理研究,并在机器翻译、问答系统、阅读理解等领域取得了一定成功。

7.2.4　计算机视觉

　　计算机对外部世界的感知是通过解释传感器的响应实现的。一个视觉 Agent 的传感器模型可以分为两个部分:目标模型和绘制模型。目标模型用于描述存在于视觉世界中的对象,如人、建筑物、树木、车辆等。这个模型既可以类似于计算机辅助设计系统中精确的三维几何模型,也可以是一些模糊约束,如约定人眼之间的距离一般为 5~7 厘米。绘制模型用于描述物理的、几何的或者统计的过程。绘制模型可以十分准确,但是它所反应的事实却是模糊的。例如,一个白色物体处于暗光下可能跟一个在强光下的黑色物体看起来一样;一个近距离小物体与一个远距离大物体看起来也没有多少差别。对于一张怪兽的图片,如果没有额外的证据,计算机无法分辨这张怪兽图片上怪兽是一只真正的怪兽还是一个玩具。这种模糊性可以通过先验知识加以处理,我们当然知道怪兽不可能真的存在,由此确定这张图片上的怪兽一定是一个玩具。此外,这种模糊性也可以被有选择地忽视。对于一个自动驾驶的视觉系统来说是识别不出较远距离之外的物体的,但是这个系统可以选择直接忽视这个问题,因为相距太远的物体根本不可能与它发生碰撞。

　　视觉传感器可以收集到异常丰富的视觉信息。一个机器人的视频摄像机大概能以60Hz 的速率产生 100 万 24 位像素的数据量——每分钟 10GB 数据。所以视觉 Agent 面临的真正问题不是看到什么而是忽视什么。视觉 Agent 要能判断视觉信息中的哪些部分可以帮助它选择“好”的行动、哪些部分可以直接忽略。一般而言,常用三种方法来处理这个问题:

　　· 基于特征提取的方法,强调将简单的计算直接用于传感器的感知信息上。

　　· 基于识别的方法,通过视觉或其他信息来区分各个对象。

　　· 基于重建的方法,通过一幅或一组图像重建这个世界的几何模型。

1. 图像预处理

无论一个视觉 Agent 使用什么传感器,由于现实中的光影等因素,它接收到的图像中都会有噪声。此外,在任何情况下,这个 Agent 都要处理大量的数据,为了降噪和减少数据计算量,视觉 Agent 会先对图像做预处理,包括边缘检测、纹理分析、光流计算。

边缘是图像中的直线或曲线段,边缘的两边图像亮度有"显著的"变化。边缘检测就是根据大量的图像数据进行抽象,形成更紧凑、更抽象的表示方式(见图 7 - 9)。

图 7 - 9　边缘检测实例

在计算视觉中,纹理指的是重复出现的、能够通过视觉感觉到的模式,如建筑物上的窗户、美洲豹皮肤上的花斑、草地上一片一片的草、海滩上的卵石以及体育场中的人群等。有些纹理排列具有明显的周期性,如建筑物上窗户;有些纹理排列的规律性只有统计上的意义,如海滩上的卵石,在不同地方的卵石分布密度是近似的。在不同的光照下,边缘会有较大变化,但纹理分布一般是不变的,因此纹理成为识别物体的一项重要依据。

光流是指图像中的物体在运动或是相对物体镜头在运动时引起的图像运动。光流描述了图像的运动方向和速度,也包含了场景中各物体的信息。如对于从一辆移动的火车上拍下的视频中,不同距离的物体有着不同的速度,根据速度的不同我们可以推断出物体的距离。

图像预处理的运算特征具有局部性并且不需要先验知识,计算机可以在不知道图像内容的情况下进行这些操作。因此,这些预处理运算十分适合在硬件中实现。

2. 基于外观的物体识别

外观指的是一个物体看上去的情况。一些物体,如棒球,在外观上变化很小;另一些物体,如芭蕾舞演员,在做不同的动作时看上去就变化很大。基于外观的物体识别方法是基于两个一般的观念:一是物体一般是由一些局部组成,二是物体的变化主要是这些局部相互之间的移动。视觉 Agent 可以通过检测局部特征来检测整体,而不必关心各个部分的位置。

3. 重建三维世界

视觉 Agent 接收到的是二维图像,二维图像的深度方向被折叠起来了,但是视觉 Agent 需要从二维图像出发重建场景的三维表示。重建三维世界的一个基本问题是:假定在透视投影的过程中,过针孔的一条光线上的所有点都被从三维世界投影到图像上的同一点,应该如何恢复三维信息。一般用以下两种方法来解决这一问题:

(1)如果有从不同角度拍摄的两幅图片,则可以根据三角测量找到场景中任一点应处的位置。

(2)根据现实场景给图像添加背景知识。虽然目前还没有统一的场景重建理论,但是动作、双眼、立体视觉、多视图、纹理、阴影、轮廓和熟悉的对象可以作为常见的视觉线索用于重建三维视图。

4. 基于结构的物体识别

自动驾驶 Agent 要在接收的图像中标示出行人,要知道行人在做什么、以预防车祸。

由于人的各个身体部分都不是独立出现的,视觉 Agent 先采用基于外观的物体识别方法识别出身体的各个部位,如可以将人体看成一个有 11 个矩形部分的树形结构:左右的大小臂、左右的大小腿、躯干、头部以及头发;然后再推断出身体在图像中的布局来揭示人正在做的动作。

可变形模板是一种分辨哪种图像布局是可接受的模型。在人体模型中,肘部可以弯曲但头部永远不可能与脚部相连;前臂与上臂连接在一起、上臂与躯干连接在一起,等(见图7 – 10)。

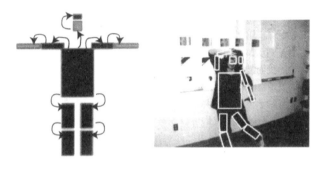

图 7 – 10 可变形模板实例

虽然通过初级视觉图像处理算法、图像识别方法已经可以获得操纵、导航和识别等任务所必需的视觉信息,并且可以利用这些信息进行三维重建。但是为了提供无歧义的解释,都必须给予实际场景的背景假设,即先验知识。完全通用的物体识别依然是一个非常难的问题。

第 8 章　多媒体技术

互联网、数字广播、数字电视等多种媒体改变了人们交流、生活和工作的方式。媒体包括信息和信息载体两个基本要素。现在的多媒体多采用二进制表示媒体信息。多媒体具有数字化、交互性、趣味性、集成性和艺术性等特性。多媒体技术包括内容制作、音视频内容搜索、数字版权保护、人机交互与终端技术、数字媒体资源管理与服务和数字媒体交易等，涉及媒体表示与操作，媒体压缩、存储、管理和传输等若干环节。本章介绍媒体、数字多媒体的相关内容。

学习目标：
- 了解多媒体，掌握媒体、多媒体概念的含义。
- 了解多媒体技术发展趋势及其应用。
- 掌握动画形成的原理，了解其制作流程及数字动画的原理及其发展。
- 了解数字视频编辑技术，掌握电影、电视技术的基本原理。

8.1　多媒体技术概论

8.1.1　媒体相关概念

随着计算机技术、通信技术的发展，人类获得信息的途径越来越多，获得信息的形式越来越丰富，信息的获得也越来越方便、快捷。人们对媒体这个名词也越来越熟悉。

媒体，有时也被称为媒介或媒质。媒体包括多种含义。在《现代汉语词典》(1998 年修订本，商务印书馆)中对媒体的解释是"媒体是指交流、传播信息的工具，如报刊、广播、广告等"。在《现代英汉词典》中对媒体的解释是"媒体是数据记录的载体，包括磁带、光盘、软盘等"。这两种解释说明媒体是一种工具，包括信息和信息载体两个基本要素。一张光盘不能称为媒体，它只有记录了信息，并可进行信息传播时才称为媒体。

1. 传播范畴中的媒体含义

媒体的英文单词是 Medium，源于拉丁文的 Medius，其含义是中介、中间的意思，常用复数形式 Media，同时，媒体又是信息交流和传播的载体。"现代大众传播学之父"施拉姆

(Wilbur Schramm)认为"媒介就是插入传播过程之中,用以扩大并延伸信息传送的工具。"英国南安普敦大学的媒介教育学家 A. 哈特(Andrew Hart)把媒介分为三类:示现的媒介系统(即面对面传递信息的媒介,如口语、表情、动作、眼神等非语言符号,是由人体感官或器官本身来执行功能的媒介系统,传收双方都不需使用机器)、再现的媒介系统(包括绘画、文字、印刷和摄影等,传方需使用机器)、机器媒介系统(包括电信、电话、唱片、电影、广播、电视、计算机通信等,传收双方都需使用机器)。传播学研究领域最有影响的媒介研究学者、加拿大多伦多大学教授麦克卢汉认为"媒介就是信息"。媒体包括以下两层含义。

(1)传递信息的载体,称为媒介,是由人类发明创造的记录和表述信息的抽象载体,也称为逻辑载体,如文字、符号、图形、编码等。

(2)存储信息的实体,称为媒质,如纸、磁盘、光盘、磁带、半导体存储器等。载体包括实物载体,或由人类发明创造的承载信息的实体,也称为物理媒体。

2. 技术范围中的媒体含义

《自然辩证法百科全书》中把技术定义为"人类为了满足社会需要依靠自然规律和自然界的物质、能量和信息来创造、控制、应用和改进人工自然系统的手段和方法"。这个定义也充分反应出了技术实际上包括有形的物质和无形的精神活动及方法。也就是说技术的本质应该既包括客观要素,又包括主观要素。

国际电信联盟(International Telecommunication Union,ITU)从技术的角度定义媒介(Medium)为感觉、表示、显示、存储和传输。这一定义对全面、系统地理解传播范畴的媒介,尤其是互联网、广播电视等电子媒介的概念具有极大的指导意义。

按照国际电信联盟分类,将媒体划分为以下 5 类。

(1)感觉媒体(perception medium):是指能够直接作用于人的感觉器官,使人产生直接感觉(视、听、嗅、昧、触觉)的媒体,如语言、音乐、各种图像、图形、动画、文本等。

(2)表示媒体(presentation medium):是指为了传送感觉媒体而人为研究出来的媒体,借助这一媒体可以更加有效地存储感觉媒体,或者是将感觉媒体从一个地方传送到远处另外一个地方的媒体,如语言编码、电报码、条形码、语言编码、静止和活动图像编码,以及文本编码等。

(3)显示媒体(display medium):用于通信中,是指使电信号和感觉媒体间产生转换用的媒体。显示媒体又分为两类,一类是输入显示媒体,如话筒,摄像机、光笔及键盘等,另一种为输出显示媒体,如扬声器、显示器及打印机等。

(4)存储媒体(storage medium):用于存储表示媒体,也即存放感觉媒体数字化后的代码的媒体称为存储媒体,如磁盘、光盘、磁带、纸张等。简而言之,是指用于存放某种媒体的载体。

(5)传输媒体(transmission medium):是指传输信号的物理载体,如同轴电缆、光纤、双绞线及电磁波等。

8.1.2　多媒体的含义

传统的媒体主要包括广播、电视、报纸、杂志等,随着科学技术的发展,基于传统媒体的基础之上,逐渐衍生出新的媒体,如 IPTV、电子杂志等。计算机也逐渐成为信息社会的核心技术,基于计算机的多媒体技术得到人们越来越多的关注。

多媒体,一般来说被理解为多种媒体的综合,但并不是各种媒体的简单叠加,而是代表着数字控制和数字媒体的汇合。多媒体技术是一种把文本、图形、图像、动画和声音等多种信息类型综合在一起,并通过计算机进行综合处理和控制,能支持完成一系列交互式操作的信息技术。主要具备以下 4 个特点。

(1)多样性。主要体现在信息采集或生成、传输、存储、处理和显现的过程中,要涉及多种感知媒体、表示媒体、传输媒体、存储媒体和呈现媒体,或者多个信源或者信宿的交互作用。

(2)交互性。真正意义上的多媒体应该是具有与用户之间的交互作用,即可以做到人机对话,用户可以对信息进行选择和控制。

(3)实时性。在多媒体系统中多种媒体之间无论在时间上还是空间上都存在着紧密的联系,是具有同步性和协调性的群体。

(4)集成性。多媒体技术是多种媒体的有机集成,集文字、图像、音频、视频等多种媒体于一体。

8.1.3　多媒体的相关技术

近年来,多媒体技术得到迅速发展,多媒体系统的应用更以极强的渗透力进入人们生活的各个领域,如游戏、教育、档案、图书、娱乐、艺术、股票债券、金融交易、建筑设计、家庭、通信等。其中,运用最多最广泛也最早的就是电子游戏。大商场、邮局里是电子导购触摸屏也是一例,它的出现极大地方便了人们的生活。

1. 音频技术

音频技术发展较早,几年前一些技术已经成熟并产品化,甚至进入了家庭,如数字音响。音频技术主要包括四个方面:音频数字化、语音处理、语音合成及语音识别。

音频数字化目前是较为成熟的技术,多媒体声卡就是采用此技术而设计的,数字音响也是采用了此技术取代传统的模拟方式而达到了理想的音响效果。音频采样包括两个重要的参数,即采样频率和采样数据位数。采样频率即对声音每秒钟采样的次数,人耳听觉上限在 20 kHz 左右,目前常用的采样频率为 11 kHz、22 kHz 和 44 kHz 几种。采样频率越高音质越好,存储数据量越大。CD 唱片采样频率为 44.1 kHz,达到了目前较好的听觉效果。采样数据位数即每个采样点的数据表示范围,目前常用的有 8 位、12 位和 16 位三种。不同的采样数据位数决定了不同的音质,采样位数越高,存储数据量越大,音质也越好。CD 唱片采用了双声道 16 位采样,采样频率为 44.1 kHz,因而达到了专业级水平。

2. 视频技术

视频技术包括视频数字化和视频编码技术两个方面。视频数字化是将模拟视频信号经模数转换和彩色空间变换转为计算机可处理的数字信号,使得计算机可以显示和处理视频信号。目前采样格式有两种:$Y:U:V=4:1:1$ 和 $Y:U:V=4:2:2$,前者是早期产品采用的主要格式,后者使得色度信号采样增加了一倍,视频数字化后的色彩、清晰度及稳定性有了明显改善,是下一代产品的发展方向。

视频编码技术是将数字化的视频信号经过编码成为电视信号,从而可以录制到存储介质进行播放。对于不同的应用环境有不同的技术可以采用。

3. 图像压缩技术

图像压缩一直是技术热点之一,它的潜在价值相当大,是计算机处理图像和视频以及网络传输的重要基础,目前 ISO 制订了两个压缩标准即 JPEG 和 MPEG。JPEG 是静态图像的压缩标准,适用于连续色调彩色或灰度图像。它包括两部分:一是基于 DPCM(空间线性预测)技术的无失真编码,一是基于 DCT(离散余弦变换)和哈夫曼编码的有失真算法。前者图像压缩无失真,但是压缩比很小,目前主要应用的是后一种算法,图像有损失但压缩比很大,压缩 20 倍左右时基本看不出失真。

MJPEG 是指 Motion JPEG,即按照 25 帧/秒速度使用 JPEG 算法压缩视频信号,完成动态视频的压缩。

MPEG 算法是适用于动态视频的压缩算法,它除了对单幅图像进行编码以外还利用图像序列中的相关原则,将帧间的冗余去掉,这样大大提高了图像的压缩比例。通常保持较高的图像质量而压缩比高达 100 倍。MPEG 算法的缺点是压缩算法复杂,实现很困难。

4. 虚拟现实技术

虚拟现实技术涉及了很多复杂的学科,也可以将他理解为将传感技术、网络技术、人工智能甚至是计算机图形学进行融合的一种集成性技术,并通过计算机来展现出形象逼真的三维立体效果画面。这一技术的研发,让更多信息技术的成像出现了更多可能性。这一技术不仅受到了诸多领域人员的喜爱,更是已经出现了常态化使用的趋势。

5. 流传媒技术

流传媒技术将动画和声乐等通过服务器实现流式的传输,这种新型的在线观看方式,可以让用户在文件下载的过程中就可以进行观看,这不仅有效地节省移动终端客户的存储空间,更极大地提升了效率。这种可视化和交互性的新型计算机多媒体技术,给我们的学习和生活带来了极大的便利。

6. 语音识别和文语转换技术

语音识别一直是人们美好的梦想,让计算机理解人的语音是发展人机语音通信和新一代智能计算机的主要目标。随着计算机的普及,越来越多的人在使用计算机。如何为不熟悉计算机的人提供友好的人机交互手段是一个有趣的问题,语音识别技术是最自然的交流手段之一。

自 20 世纪 80 年代中期以来,新技术的出现使语音识别取得了长足的进步。特别是隐马尔可夫模型的研究和广泛应用促进了语音识别的快速发展,许多基于隐马尔可夫模型的语音识别软件系统相继出现。

目前,语音识别领域的研究方兴未艾。新算法、新思想、新应用系统在这个领域不断涌现。同时,语音识别领域也处于非常关键的时期。全世界的研究人员都在向语音识别应用的最高水平冲刺——没有特定人、词汇量大、语音连续的听写记系统的研究和实用系统。可以乐观地说,人们对实用语音识别技术的梦想很快就会成为现实。

文字语音转换技术是基于声音合成技术的一种声音产生技术,它能将计算机内的文本转换成连续自然的语言交流。目前,中、英、日、法、德五种语言的文语转换系统在世界范围内得到了发展,并广泛应用于许多领域。

8.2 多媒体技术应用现状及发展趋势

8.2.1 多媒体技术的应用

多媒体技术有着广泛的应用和开发领域,包括教育培训、电子商务、信息发布、游戏娱乐、电子出版、创意设计等。

在教育培训方面,可以开发远程教育系统、网络多媒体资源、制作数字电视节目等。多媒体因能够实现图文并茂、人机交互、反馈,从而能有效地激发受众的学习兴趣。用户可以根据自己的特点和需要来有针对性地选择学习内容,主动参与。以互联网为基础的远程教学,极大地冲击着传统的教育模式,把集中式教育发展成为使用计算机的分布式教学。学生可以不受地域限制,接受远程教师的多媒体交互指导。因此,教学突破了时空的限制,并且能够及时交流信息,共享资源。

在电子商务领域,开发网上电子商城,实现网上交易。网络为商家提供了推销自己的机会。通过网络电子广告、电子商务网站,能将商品信息迅速传递给顾客,顾客可以订购自己喜爱的商品。目前,国际上比较流行的电子商务网站有网上拍卖电子湾 eBay、亚马逊,国内的电子商务网站有京东、拼多多、淘宝网等。

在信息发布方面,组织机构或个人都可以成为信息发布的主体。各公司、企业、学校及政府部门都可以建立自己的信息网站,通过媒体资料展示自我和提供信息。超文本链接使大范围发布信息成为可能。讨论区、BBS 可以让任何人发布信息,实时交流。如清华大学的 BBS 水木清华站拥有广泛的国内外用户。另外,博客、播客等形式提供了展示自我和发布个人信息的舞台。

在个人娱乐方面,开发娱乐网站,利用 IPTV、数字游戏、影视点播、移动流媒体等为人们提供娱乐。随着数据压缩技术的改进,数字电影从低质量的 VCD 上升为高质量的 DVD。通过数字电视,不仅可以看电视、录像,实现视频点播,而且微机、互联网、互联网电话、电子邮箱、计算机游戏、家居购物和理财都可以使用。另外,数码相机、数码摄像机的发展,也推动了数字电视的发展。计算机游戏已成为流行的娱乐方式,特别是移动端游戏因其新颖、开放、交互性好和娱乐性强等特点,受到越来越多人的青睐。

在电子出版方面,开发多媒体教材,出版网上电子杂志、电子书籍等。实现编辑、制作、处理输出数字化,通过网上书店,实现发行的数字化。电子出版是数字媒体和信息高速公路应用的产物。我国新闻出版署对电子出版物曾有以下界定:"电子出版物系指以数字代码方式将图、文、声、像等信息存储在磁、光、电介质上,通过计算机或类似设备阅读使用,并可复制发行的大众传播媒体。"目前,电子出版物基本上可以分为两大类:封装型的电子书刊和电子网络出版物。封装型电子书刊是以光盘等为主要载体,如 CD-ROM;电子网络出版物则以多媒体数据库和网络为基础,以计算机主机的硬磁盘为存储介质。如 eBook。

8.2.2　多媒体技术的发展趋势分析

1. 网络化发展趋势日益明显

人类进入 21 世纪后，互联网对于人们的生活和工作产生了重要的影响。同时，多媒体技术与计算机信息技术有着密切的关联性，多媒体技术的发展，离不开计算机信息技术的支持。在计算机信息技术的影响下，多媒体技术在发展过程中，逐步呈现出"网络化"的发展趋势。网络化发展趋势主要表现为利用多媒体技术提升交流效果，通过信息同步，可以实现"面对面"的沟通和交流，从而在学术研究以及问题解决过程中，将会起到十分重要的作用。例如，多媒体技术的应用，实现了事物的可视化，通过对事物的可视化，可以对事物的发展状态进行较好的了解，这就为问题解决创造了有力条件。

2. 多媒体智能化、嵌入化发展趋势明显

多媒体技术在发展过程中，必然会不断地进步，具有较高的智能化、嵌入化发展水平。多媒体技术应用，需要对计算机硬件技术进行把握，通过利用智能芯片，提升人们生活的智能化水平。这一发展目标，就需要对嵌入技术进行利用，并对多媒体技术进行提升，使之与设备的 CPU 进行结合，从而保证系统的功能得以提升，能够满足实际需要。CPU 在设计过程中，融合了更多的逻辑计算，通过设定相应的程序，可以保证设备工作能够按照程序执行，解决人们的实际问题。这样一来，可以降低人工劳动，使多媒体技术的智能化得到大幅度提升。

3. 虚拟现实技术将得到更好地推广

多媒体技术发展过程中，虚拟现实技术也得到了快速发展和应用。虚拟现实技术注重对现实状况进行模仿，从而满足人们的试验需要。虚拟现实技术使图像呈现技术水平得到了大幅度提升，借助于图像呈现技术，可以置身于虚拟场景对现实中无法完成的事情进行感受，增强人们对某一现实的体验效果。虚拟现实技术为人们带来更加逼真的感受，可以在电商、工程试验中进行广泛利用。

8.3　动画制作技术

8.3.1　动画基础知识

1. 动画的界定

说到动画，大家可能会想到另外一个词语——漫画。两者在某种程度上有相同之处，都是用卡通化的形象来表达一定的想法，而且从产业上来说，两者是属于同一产业领域之中——动漫产业。因此，在介绍动画的定义之前，首先来了解一下动漫。

动漫从概念上泛指漫画和动画，被称为文学、音乐、舞蹈、绘画、雕塑、戏剧、建筑、电影等八大艺术之外的"第九艺术"，这一艺术综合了音乐、幽默、漫画、摄影、文学、戏剧、文艺评论等学科。最大的特点就是寓教于乐，进而成为"读图时代"的典型代表和首选之作。漫画一般是以书面或电子的形式发行的静态卡通作品，大多数是几幅连续的画面配上文字解说，如

报纸上的讽刺漫画、小人书等

而动画是通过连续播放一系列画面,给视觉造成动态变化的图画,能够展现事物的发展过程和动态。对于现在的技术而言,"动画"并不仅仅是指传统意义上的在屏幕上看到的带有一定剧情的影片和电视片(动画片),而且还包括在教育、工业上用来进行演示的非实物拍摄的屏幕作品。

动画片的艺术形式更接近于电影和电视,而且它的基本原理与电影、电视一样,都是人眼视觉现象的应用——视觉暂留。利用人的视觉生理特性可制作出具有高想象力和表现力的动画影片。

2. 动画的分类

动画可以从不同角度进行分类。

(1)传统动画和计算机动画。从制作技术和手段看,动画可分为以手工绘制为主的传统动画和以计算机为工具手段的数字动画。

传统动画又可分为手绘动画和模型动画。手绘动画是指通过手工纸质绘画的方式去描述每一个动作,然后将这些绘画的结果拍摄并拼接起来的一种方法;而模型动画则是通过制作模型,然后将模型的运动过程逐一拍摄下来的制作方法。例如,《唐老鸭和米老鼠》《白雪公主》《三个和尚》就属于传统手绘动画,《小鸡快跑》《圣诞夜惊魂》《曹冲称象》属于模型动画。

计算机动画则是在制作过程中用计算机来辅助或者替代传统制作颜料、画笔和制模工具,这种工具的辅助和替代改变了传统动画的制作工艺。如大家喜闻乐见的《玩具总动员》《虫虫危机》《海底总动员》《Q版三国》《封神榜》则属于计算机动画。

(2)平面动画和三维动画。如果从空间的视觉效果上看,又可分为平面动画和三维动画。平面动画又可称为二维动画。这种动画无论画面的立体感有多强,终究只是在二维空间上模拟三维空间效果,同一画面内只有物体的位置移动和形状改变,没有视角的变化。而三维动画中不但有物体本身位置和动作的改变,还可以连续地展现视角的变化。

传统动画中可以包含传统二维动画(如传统手绘动画)和传统三维动画(模型动画),计算机动画中也可以分为计算机二维动画和计算机三维动画。

此外,按动作的表现形式来区分,动画大致分为接近自然动作的"完善动画"(动画电视)和采用简化、夸张的"局限动画"(幻灯片动画)。从播放效果上看,还可以分为顺序动画(连续动作)和交互式动画(反复动作)。从每秒播放幅数来讲,还有全动画(每秒 24 幅)和半动画(少于 24 幅)之分。

从分类的使用频率上来看,按照制作技术和视觉效果这两个分类方法使用的频率最高,也最容易被人们所接受。

8.3.2 动画形成的原理

动画的形成依托于人类视觉中所具有的"视觉暂留"特性。视觉暂留又称为余晖效应,于 1824 年由英国伦敦大学教授彼得·罗杰在他的研究报告《移动物体的视觉暂留现象》中最先提出。视觉暂留现象首先被中国人运用,走马灯便是据历史记载中最早的视觉暂留运用。宋时已有走马灯,当时称"马骑灯"。随后法国人保罗·罗盖在 1828 年发明了留影盘,它是一个被绳子在两面穿过的圆盘。盘的一个面画了一只鸟,另一面画了一个空笼子。当圆盘旋转时,鸟在笼子里出现了,这证明了当眼睛看到一系列图像时,它一次保留一个图像。

电影、电视、动画技术正是利用人眼的这一视觉惰性,在前一幅画面还没有消失前,继续播放后一幅画面,一系列静态画面就会因视觉暂留作用而给观看者造成一种连续的视觉印象,产生逼真的动感,造成一种流畅的视觉变化效果。

8.3.3　传统动画的制作流程

传统动画的制作是一个复杂而繁琐的过程,无论是手绘动画还是模型动画,其基本规律和思路是一致的。简单来说,其关键步骤包含由编导确定动画剧本及分镜头脚本;美术动画设计人员设计出动画人物形象;美术动画设计人员绘制、编排出分镜头画面脚本;动画绘制人员进行绘制;摄影师根据摄影表和绘制的画面进行拍摄;剪辑配音。

传统动画的制作过程一般可分为 4 个阶段:总体设计、设计制作、具体创作和拍摄制作,每一阶段又有若干个步骤。

传统的动画制作,尤其是大型动画片的创作,是一项集体性劳动,创作人员的集体合作是影响动画创作效率的关键因素。

一部长篇动画片的生产需要许多人员,有导演、制片、动画设计人员和动画辅助制作人员。动画辅助制作人员是专门进行中间画面添加工作的,即动画设计人员画出一个动作的两个极端画面,动画辅助人员则画出它们中间的画面。画面整理人员把画出的草图进行整理,描线人员负责对整理后画面上的人物进行描线,着色人员把描线后的图着色。由于长篇动画制作周期较长,还需专职调色人员调色,以保证动画片中某一角色所着色前后一致。此外还有特技人员、编辑人员、摄影人员及生产人员和行政人员。

8.3.4　数字动画制作的原理及应用前景

1. 数字动画制作的原理

动画在制作过程中,为了利用了人的视觉暂留现象,则需要将很多幅静止的画面通过帧将它们串联起来,然后让画面快速地运动,给视觉造成连续变化的画面。如在 Flash 动画的制作过程中,有逐帧动画和补间动画两种动画,前者用于制作比较真实的、专业的动画效果,如人走路的动画,而后者则用于快速地创建平滑过渡的动画,它们都依托于帧(用来标记画面,一个帧上可以有一个或多个画面)来进行制作,将所有的帧连起来,则会产生画面运动的效果,所有的动画都遵循一个原理——快速连续播放静止的画面,从而给人眼产生一种画面会动起来的错觉。对于其他的二维和三维动画,其制作原理也是类似的。

动画制作不仅要遵循视觉暂留的原理,还应该有一套完整的方案,一部动画片的诞生,无论是 10 分钟的短片,还是 90 分钟的长片,都必须经过编剧、导演、美术设计(人物设计和背景设计)、设计稿、原画、动画、绘景、描线、上色(描线复印或计算机上色)、校对、摄影、剪辑、作曲、拟音、对白配音、音乐录音、混合录音、洗印等十几道工序的分工合作、密切配合才能完成。

2. 数字动画的分类

数字动画又称为计算机动画,是指在制作过程中用计算机来辅助或者替代传统制作颜料、画笔和制模工具的一种动画制作方法及其最终成果。可以从两个方面去理解这一含义:

其一，广义上的理解，是指在制作动画时采用数字技术(计算机技术)而得到的动画，那么在存储介质上，可以是传统的磁带或胶片介质，也可以是硬盘和光盘介质；其二就是狭义上的理解，是指在制作、存储、传输、重现等过程全部运用数字技术。那么，广义上的数字动画一般对应着传统意义上的动画影片，而狭义上的数字动画则对应着网络动画和游戏动画。

相比传统动画而言，计算机动画由于计算机技术的加入使得动画制作工艺和周期大大简化。如果要细分计算机动画的类型，可以从技术这一维度来进行各方面的考察。

首先，根据技术在制作中的作用大小。按照计算机及其软件在动画制作中的作用而言，计算机动画可分为计算机辅助动画和计算机创作动画两种。计算机辅助动画属于二维动画，其主要用途是辅助动画师制作手绘动画，简化手绘动画的工具和手段；而计算机创作动画则完全用计算机来替代传统动画制作工具而得到的动画，一般也把它称为"无纸动画"。如网络中常见的 Flash 动画，一般都是完全用计算机来绘制、作图、上色并使其运动的；又如，计算机三维造型动画，则是用计算机建模来替代黏土和钢架的建模。

其次，可以考察具体动画技术形式。如按照计算机动画制作当中动画运动的控制方式分类。按照这种分类可分为实时(real-time)动画和逐帧动画(frame-by-frame)两种。

逐帧动画，关于它的理解较为简单，可以按照传统手绘动画的思路去理解，在表现画面中某一运动时，将该物体运动的过程在计算机中按照画面播放的先后顺序逐一地画出来，也即通过一帧一帧显示动画的图像序列而实现运动的效果。

而实时动画是用算法来实现物体的运动的，它并不是将运动物体的动作按照时间点逐一地画出来，而是只记录最开始的状态和最终的状态，中间的运动过程通过计算机自动产生。实时动画也称为算法动画，它是采用各种算法来实现运动物体的运动控制。在实时动画中，计算机对输入的首末状态的数据进行快速处理，并在人眼察觉不到的时间内将结果显示出来。

举个简单的例子，要表现一个物体从屏幕的左边直线运动到屏幕的右边。如果采用实时动画制作方式，此时人们就无须去绘画出该物体在屏幕中间各点的位置，而只需给出起始和最终状态位置以及运动的时间长短等数据，让物体按照计算机计算的结果直接去运动。如此一来大大简化了中间的繁杂劳动。

实时动画的响应时间与许多因素有关，如计算机的运算速度是慢还是快，图形的计算是使用软件还是硬件，所描述的景物是复杂还是简单，动画图像的尺寸是小还是大等。实时动画一般不必记录在磁带或胶片上，观看时可在显示器上直接显示出来。例如，电子游戏机的运动画面一般都是实时动画。

3. 数字动画的优势

对于制作工艺而言，计算机动画同样要经过传统动画制作的 4 个阶段。但是计算机的使用，大大简化了工作程序，提高了效率。以计算机二维动画制作为例，我国的 52 集动画连续剧《西游记》就绘制了 100 多万张原画、近 2 万张背景，共耗纸 30 吨、耗时整整 5 年。而在迪斯尼的动画大片《花木兰》中，一场匈奴大军厮杀的戏仅用了 5 张手绘士兵的图，计算机就变化出三四千个不同表情士兵作战的模样。《花木兰》人物设计总监表示，这部影片如果用传统的手绘方式来完成，以动画制片小组的人力，完成整部影片的时间可能由 5 年延长至 20 年，而且要拍摄出片中千军万马奔腾厮杀的场面，基本是不可能的。

由此可见计算机在动画制作中的作用和效果。具体而言，在计算机辅助动画制作过程中,计算机的优势主要表现在以下几方面。

（1）关键帧（原画）的产生。关键帧以及背景画面,可以用摄像机、扫描仪、数字化仪实现数字化输入（如用扫描仪输入铅笔原画）,也可以用相应软件直接在计算机中绘制。动画软件都会提供各种工具、方便绘图。这大大改进了传统动画画面的制作过程,可以随时存储、检索、修改和删除任意画面。传统动画制作中的角色设计及原画创作等几个步骤,一步就完成了。

（2）中间画面的生成。利用计算机对两幅关键帧进行插值计算,自动生成中间画面,这是计算机辅助动画的主要优点之一。这不仅精确、流畅,而且将动画制作人员从烦琐的劳动中解放出来。

（3）分层制作合成。传统动画的一帧画面,是由多层透明胶片上的图画叠加合成的,这是保证质量、提高效率的一种方法,但制作中需要精确对位,而且受透光率的影响,透明胶片最多不超过 4 张。在动画软件中,也同样使用了分层的方法,但对位非常简单,层数从理论上说没有限制,对层的各种控制,如移动、旋转等,也非常容易。

（4）着色。动画着色是非常重要的一个环节。计算机动画辅助着色可以解除乏味、昂贵的手工着色。用计算机描线着色界线准确、不需晾干、不会窜色、改变方便,而且不因层数多少而影响颜色,速度快,更不需要为前后色彩的变化而头疼。动画软件一般都会提供许多绘画颜料效果,如喷笔、调色板等,这也是很接近传统的绘画技术。

（5）预演。在生成和制作特技效果之前,可以直接在计算机屏幕上演示草图或原画,检查动画过程中的动画和时限以便及时发现问题并针对问题进行修改。

而在三维动画制作过程中,计算机三维动画用计算机软件建模完全替代了手工建模,用计算机三维软件中的骨骼技术完全替代金属支架建模,用软件贴图技术替代了黏土模型的手工着色和服装设计,并且通过动作捕捉技术使动画角色的表情、动作更加连贯、生动。

8.4 视频处理技术

在当前的媒体形式中,最受人追捧的、最能长时间吸引眼球的莫过于视频。无论是在电视机上看到的电视节目,还是在电影屏幕上看到的电影大片,以及在计算机上看到的动态图像,都属于视频范畴。

当前的视频媒体制作和传输越来越多地依赖数字技术的支撑,特别是在计算机上所看到的电影和电视节目。那么什么是数字视频? 如何获得数字视频? 在了解这些问题之前,大家有必要先了解一下电影和电视其本身的原理和历史。

8.4.1 视频基础知识

1. 电影的放映原理

电影从诞生到现在,已经走过了 100 多年的历程。现代社会的飞跃式发展,使得电影的变化非常迅速。最早拍摄的电影（如法国的《工厂的大门》、美国的《梅·欧文和约翰·顿斯的接吻》、德国的《柏林风光》）,以及稍后的叙事片（如梅里爱的《月球旅行记》、鲍特的《火车大劫案》等）,与当代电影相比（如《星球大战》《大白鲨》《终结者》《侏罗纪公园》《辛德勒名单》

等),技术和手段等都不可同日而语。后者拍摄的技术、技巧和方法,以及所蕴含的文化氛围和内涵,都大大超过了前者。

电影是人类史上的重要发明,它借助了照相化学、光学、机械学、电子学等多门学科的知识和原理。如果大家见过电影胶片的话,那么应该知道,电影胶片上的影像都是一格格的静止图像,而为什么人们能够在电影屏幕上看到连续、活动的图像呢?这其实就涉及了电影的放映原理。

(1)电影的放映原理。人们之所以能够看到电影屏幕上的活动影像,其中最大的原因在于人眼的自我欺骗。人眼有一个非常有趣的视觉特性——能够把看到的影像在视网膜上保留一段时间,这种特性称为视觉暂留。科学实验证明,人眼在某个视像消失后,仍可使该物像在视网膜上滞留 0.1—0.4 秒。而在电影放映的过程中,电影胶片以每秒 24 格画面匀速转动,而投影光栅则在每格画面滞留期间开光两次;这就相当于每一格画面给人眼的刺激是 1/24 秒(相当于 0.04 秒),每次刺激则是 0.02 秒,由于人的眼睛有视觉暂留的特性,一个画面的印象还没有消失,下一个稍微有一点差别的画面又出现在银幕上,连续不断的影像衔接起来,就组成了活动电影。

(2)电影的拍摄。利用电影摄影机就可以将现实生活中的活动影像记录在影像胶片上,它类似于照相机,但不同的是它可以连续不断地拍摄,1 秒钟之内可以拍摄很多张照片。在拍摄的过程中,每秒钟的拍摄格数(照片的张数)是可以控制的。例如,按照有声电影的标准,每秒钟应拍摄 24 格影像。与人们所看到活动影像和真实生活中的影像完全一样。如果每秒钟拍摄大于 24 格或小于 24 格的电影镜头,仍按照正常 24 格/秒去播放,那么就会出现慢镜头或快镜头。画面中的运动速度与人眼看到的速度会看所不同。

电影的拍摄是以电影胶片(条状感光胶片)为载体,借助透镜组(物镜)的光学成像,并根据视觉的生理与心理特性,以 24 幅/秒摄取被摄对象的一系列姿态渐次变化而活动连贯的静止画面的过程。对于现在的电影制作工艺而言,记录的材质并不一定完全就是电影胶片,例如当前提出的数字电影技术,其记录的材质是计算机硬盘。

2. 电视的工作原理

现在广为人们接受的电视是在电影的基础上发展起来的。从传统黑白电视到彩色电视,从传统平板电视、CRT 显像管电视、液晶电视等电视设备的发展和普及,到现在数字电视概念和设备的提出,人们对电视实用性和可操作性的需求越来越大。电视让人们足不出户,却能够了解外界世界的多姿多彩。而多方面、多视角的了解社会信息与知识,丰富了百姓的娱乐生活,电视是近百年来最主要的信息传播途径之一。

(1)电视的工作过程。电视是根据人眼视觉特性以一定的信号形式实时传送活动景物(或图像)的技术。在发送端,用电视摄像机把景物(或图像)转变成相应的电信号,电信号通过一定的途径传输到接收端,再由显示设备显示出原景物(或图像)。其过程如图 8-1 所示。

电视图像的传送在发送端是基于光电转换器件,在接收端是基于电光转换器件。20 世纪 90 年代以前,实现这两种转换的器件主要是摄像管和显像管。摄像管阴极发射出来的电子束,在电子枪的电场及偏转线圈的磁场力作用下,按从左到右、从上到下的顺序依次轰击荧光屏。屏幕内表面上涂的荧光粉在电子轰击下发光,其发光亮度正比于电子束所携带的能量,若将摄像端送来的信号加到显像管电子枪的阴极与栅极之间,就可以控制电子束携带

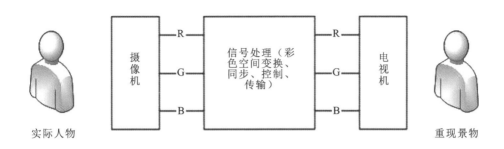

图 8-1 电视的工作过程

的能量,使荧光屏的发光强度受图像信号的控制。若显像管的电-光转换是线形的,那么,屏幕上重现的图像时,其各像素的亮度基本正比于所摄图像相应各像素的亮度,屏幕上就会重现原图像。

(2)扫描的机制。电视图像的摄取与重现实质上是一种光电转换过程,分别是由摄像管和显像管来完成的。在发送端将平面图像分解成若干像素以电子束的形式顺序传送出去,在接收端再将这种信号复合成完整的图像,这种图像的分解与复合是靠扫描来完成的。

扫描有隔行扫描和非隔行扫描(也称为逐行扫描)之分,如图 8-2 所示。黑白电视和彩色电视一般用隔行扫描,而计算机显示图像时一般采用非隔行扫描。

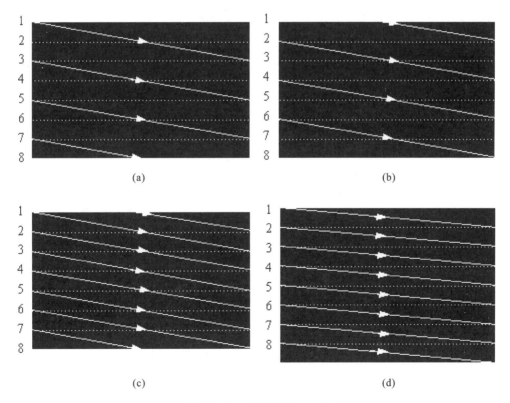

图 8-2 电视/计算机的扫描

在非隔行扫描中,电子束从显示屏的左上角一行接一行地扫描到右下角,在显示屏上扫一遍就显示一幅完整的图像,如图 8-2(d)所示。

在隔行扫描中,电子束扫描完第 1 行后回到第 3 行开始的位置接着扫描如图 8-2(a)至图 8-2(c)所示,然后在第 5、7、9 行上扫描,直到最后一行。奇数行扫描完后接着扫描偶数行,这样就完成了一帧(frame)的扫描。由此可以看到,隔行扫描的一帧图像由两部分组成,一部分由奇数行组成,称奇数场,另一部分由偶数行组成,称为偶数场,两场合起来组成一帧。因此在隔行扫描中,无论是摄像机还是显示器,获取或显示一幅图像都要扫描两遍才能得到一幅完整的图像。在隔行扫描中,扫描的行数必须是奇数。如前所述,一帧画面分两场,第一场扫描总行数的一半,第二场扫描总行数的另一半。隔行扫描要求第一场结束于最后一行的一半,不管电子束如何折回,它必须回到显示屏顶部的中央,这样就可以保证相邻的第二场扫描恰好嵌在第一场各扫描线的中间。正是这个原因,才要求总的行数必须是奇数。

8.4.2　数字视频编辑技术

通过上面章节的叙述,读者应该知道了数字视频的相关概念,仅仅"知道"这些概念是不够的,应该更多关注的是"做"。那么,数字视频能够"做些什么""如何去做"呢?理解这一问题,可以从以下几个方面去认识:其一,相对于传统的模拟视频编辑,数字视频编辑的优势有哪些?其二,对数字视频进行编辑,应该遵循怎样的流程?其三,进行数字视频编辑,需要哪些常用的编辑软件,这些软件中涉及的关键技术又包括什么?

1. 视频编辑的基本概念

(1)视频编辑的定义。传统的电影作品编辑是将拍摄到的电影素材胶片用剪刀等工具进行剪断和粘贴,去掉无用的镜头,而对于现在的影视作品中的编辑概念而言,其内涵远远超出了传统意义上的界定。数字编辑除了对有用的影视画面的截取和顺序组接外,还包括了对画面的美化,声音的处理等多方面。例如,张艺谋拍摄的武侠片《英雄》中,漫天枫叶乱舞、浩浩荡荡的车马军队,以及李连杰被万箭穿心时的效果;《侏罗纪公园》中恐龙的复活、《金刚》中硕大的猩猩、电视节目中精美的片头预告……这些都是当前视频编辑技术的体现。这些技术让人们感受到梦幻般的虚拟情境,把人们的视野扩展得更远更深,与此同时,也省去了大量的人力物力消耗,节省了电影制作的成本。

视频编辑包括了两个层面的操作含义:一是传统意义上简单的画面拼接;二是当前在影视界技术含量高的后期节目包装——影视特效制作。

就技术形式而言,视频可以分为两种形式:线性编辑和非线性编辑。传统的视频编辑是在编辑机上进行的。编辑机通常由一台放像机和一台录像机组成,剪辑师通过放像机选择一段合适的素材,把它记录到录像机中的磁带上,然后再寻找下一个镜头。此外,高级的编辑机还有很强的特技功能,可以制作各种叠画,可以调整画面颜色,也可以制作字幕等。但是由于磁带记录画面是顺序的,编辑者无法在已有的画面之间插入一个镜头,也无法删除一个镜头,除非把这之后的画面全部重新录制一遍,所以这种编辑称为线性编辑。以数字视频为基础的非线性编辑技术的出现,使剪辑手段得到很大的发展。这种技术将素材记录到计算机中,利用计算机进行剪辑。它采用了电影剪辑的非线性模式,用简单的鼠标和键盘操作代替了剪刀加浆糊式的手工操作,剪辑结果可以马上回放,所以大大提高了效率。

它不但可以提供各种剪辑机所有的特技功能,还可以通过软件和硬件的扩展,提供编辑机也无能为力的复杂特技效果。

(2)视频编辑中的基本概念。无论是线性编辑还是非线性编辑,在进行视频编辑的过程中,常常会涉及一些最基本概念,如镜头,组合和转场过渡等。

①镜头。镜头就是从不同的角度、以不同的焦距,用不同的时间一次拍摄下来,并经过不同处理的一段胶片,它是一部影片的最小单位。

镜头从不同的角度拍摄来分有正拍、仰拍、俯拍、侧拍、逆光、滤光等;以不同拍摄焦距分有远景、全景,中景,近景,特写,大特写等;按拍摄时所用的时间不同,又分为长镜头和短镜头。

②镜头组接。谈到镜头的组接,一定会涉及一个专业术语——蒙太奇。蒙太奇是法语montage 的译音,原是法语建筑学上的一个术语,意为构成和装配,后被借用过来,引申用在电影上就是剪辑和组合,表示镜头的组接。所谓镜头组接,即把一段片子的每一个镜头按照一定的顺序和手法连接起来,成为一个具有条理性和逻辑性的整体。它的目的是通过组接建立作品的整体结构,更好地表达主题,增强作品的艺术感染力,使其成为一个呈现现实、交流思想、表达感情的整体。它需解决的问题是转换镜头,并使之连贯流畅并创造新的时空和逻辑关系。

镜头的组接除了采用光学原理的手段以外,还可以通过衔接规律,使镜头之间直接切换,使情节更加自然顺畅,关于镜头的组接方法与规律,大家在实际动手实验中一方面可以自己体会,另一方面可以查阅相关资料。

③转场。影视作品最小的单位是镜头,若干镜头连接在一起形成镜头组。一组镜头经有机组合构成一个逻辑连贯、富于节奏,含义相对完整的电影片段,称为蒙太奇句子。它是导演组织影片素材、揭示思想、创造形象的最基本单位。一般意义上所说的段落转换即转场,有两层含义:一是蒙太奇句子间的转换,二是意义段落的转换,即叙事段落的转换。段落转换是内容发展到一定程度的要求,在影像中段落的划分和转换,是为了使表现内容的条理性更强,层次的发展更清晰,为了使观众的视觉具有连续性,需要利用造型因素和转场手法,使人在视觉上感到段落与段落间的过渡自然、顺畅。

转场效果是电影电视编辑中最常用到的方法,最常见的就是"硬切"了,即是从一个剪辑到另一个剪辑的直接变化。而有些时候,正如常在电视节目中看到的,有各种各样的转场过渡效果。为此,很多视频编辑软件都提供了多种风格各异的转场效果,并且每一种效果都有相应的参数设置,使用起来非常方便。

2. 数字视频编辑的基本流程

数字编辑技术有很多优点,因此它在实际工作中的运用也越来越广泛。人们可以依托编辑软件把各种不同的素材片段组接、编辑,处理并最后生成一个 AVI 或 MOV 格式文件。其操作是使用菜单命令,鼠标或键盘命令,以及子窗口中的各种控制按钮和选项的配合完成的。在操作工作中可对中间或最后的视频内容进行部分或全部的预览,以检查编辑处理效果。数字视频编辑包括以下 7 个基本步骤。

(1)准备素材文件。依据具体的视频剧本以及提供或准备好的素材文件可以更好地组织视频编辑的流程。素材文件包括:通过采集卡采集的数字视频 AVI 文件,由 Adobe Premiere 或其他视频编辑软件生成的 AVI 和 MOV 文件,WAV 格式的音频数据文件、无伴音的动画 FLC 或 FLI 格式文件,以及各种格式的静态图像,包括 BMP、JPG、PCX、TIF 等。电视节目中合成的综合节目就是通过对基本素材文件的操作编辑完成的。

(2)进行素材的剪切。各种视频的原始素材片段都称为一个剪辑。在视频编辑时,可以选取一个剪辑中的一部分或全部作为有用素材导入到最终要生成的视频序列中。剪辑的选择由切入点和切出点定义。切入点指在最终的视频序列中实际插入该段剪辑的首帧;切出点为末帧。也就是说切入点和切出点之间的所有帧均为需要编辑的素材,使素材中的瑕疵降低到最少。

(3)进行画面的粗略编辑。运用视频编辑软件中的各种剪切编辑功能进行各个片段的编辑剪切等操作。完成编辑的整体任务。目的是将画面的流程设计得更加通顺合理,时间表现形式更加流畅。

(4)添加画面过渡效果。添加各种过渡特技效果,使画面的排列以及画面的效果更加符合人眼的观察规律,更进一步进行完善。

(5)添加字幕(文字)。在做电视节目,新闻或者采访的片段中,必须添加字幕,以便更明确地表示画面的内容,使人物说话的内容更加清晰。

(6)处理声音及效果。在片段的下方进行声音的编辑(在声音轨道线上),如添加背景音乐、音响效果,或对现场声进行裁减等;当然也可以调节左右声道或者调节声音的高低、渐近、淡入淡出等效果。

(7)生成视频文件。对窗口中编排好的各种剪辑和过渡效果等进行最后生成结果的处理称为编译(渲染),经过编译才能生成为一个最终的视频文件。在这一步骤生成的视频文件不仅可以在编辑机上播放,还可以在任何装有播放器的机器上操作观看。

技能提升篇

第9章　Windows 操作系统应用

操作系统是管理计算机硬件与软件资源的计算机程序,同时也是计算机系统的内核与基石。有了操作系统,计算机的操作变得十分简便、高效。微软公司开发的 Windows 操作系统是微型计算机使用的主流操作系统,Windows 10 目前应用最为广泛,其图形化界面让计算机操作变得更加直观和容易。

学习目标:
1. 了解操作系统。
2. 掌握桌面的操作。
3. 掌握文件的管理操作。
4. 掌握系统常见配置操作。

9.1　Windows 的基本操作

任务描述:熟悉 Windows 10 的基本知识,完成操作系统的个性化设置,掌握操作系统基本操作。

任务目标:
- 熟悉操作系统的基本知识。
- 掌握 Windows 10 的基本操作。

技能目标:
- 能对系统进行个性化设置。
- 能完成 Windows 10 的基本操作。

9.1.1　操作系统的发展

1. Windows 系列操作系统

Windows 采用了图形化模式,比起从前的 DOS 需要输入指令使用的方式,更人性化。随着计算机硬件和软件的不断升级,微软的 Windows 也在不断升级,从架构的 16 位、32 位再到 64 位,系统版本从最初的 Windows 1.0 到大家熟知的 Windows 95、Windows 98、Windows 2000、Windows XP、Windows Vista、Windows 7、Windows 8、Windows 8.1、Windows 10和 Windows Server 服务器企业级操作系统,不断持续更新,微软一直在致力于 Windows 操作系统的开发和完善,Windows 系列操作系统如图 9-1 所示。

图 9-1　Windows 系列操作系统

2. 手机操作系统

手机操作系统主要应用在智能手机上,目前应用在手机上的操作系统主要有 Android (谷歌)、iOS(苹果)、Windows Phone(微软)、Symbian(诺基亚)、BlackBerry OS(黑莓)、Web OS、Windows mobile(微软)、Harmony(鸿蒙)等。

1996 年,微软发布了 Windows CE 操作系统,微软开始进入手机操作系统。2001 年 6 月,塞班公司发布了 Symbian S60 操作系统,塞班系统以其庞大的客户群和终端占有率称霸世界智能手机中低端市场。2007 年 6 月,苹果公司的 iOS 登上了历史的舞台,手指触控的概念开始进入人们的生活,iOS 将创新的移动电话、可触摸宽屏、网页浏览、手机游戏、手机地图等几种功能融合为一体。2008 年 9 月,当苹果和诺基亚两个公司还沉溺于彼此的争斗之时,Android OS,这个由 Google 研发团队设计的小机器人悄然出现在世人面前,良好的用户体验和开放性的设计,让 Android OS 很快打入了智能手机市场。

我国的华为公司在 2019 年 8 月 9 日正式发布国产的操作系统鸿蒙 OS,华为鸿蒙系统是一款全新的面向全场景的分布式操作系统,将人、设备、场景有机地联系在一起,将消费者在全场景生活中接触的多种智能终端实现极速发现、极速连接、硬件互助、资源共享,用最合适的设备提供最佳的场景体验。

9.1.2　Windows 10 桌面

Windows 10 启动后,屏幕上将显示 Windows 10 桌面。Windows 10 有 7 种不同的版本,如家庭版、专业版、企业版等,并且每个版本的桌面样式各有不同,但在默认情况下,Windows 10 桌面都包括有桌面图标、"开始"按钮、桌面背景和任务栏这 4 个主要的组成部分,如图 9-2 所示,用户可以根据具体的需要进行个性化设置。

1. 桌面图标

桌面上排列的一个个图标,称为桌面图标。每个图标代表一个对象,如应用程序、快捷方式、文件与文件夹等。双击这些图标就可以快速地打开文件、文件夹或应用程序。快捷方式是 Windows 提供的一种快速启动程序、打开文件或文件夹的方法。要注意的是这类图标不表示程序或文档本身,只是方便用户打开程序的一种快捷通道。

2. 任务栏

任务栏位于桌面底部,包括"开始"按钮、快速启动栏、应用程序区、语言栏、通知区域、系

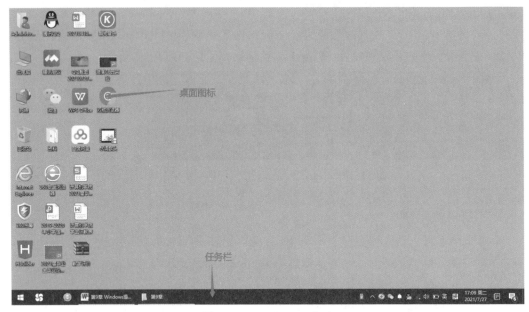

图 9-2　Windows 7 桌面

统提示区域和"显示桌面"按钮,如图 9-3 所示。

图 9-3　任务栏

(1)"开始"按钮:它位于任务栏最左侧,单击"开始"按钮,将打开"开始"菜单,"开始"菜单左侧为菜单列表,右侧为"开始"屏幕。菜单列表框中的选项和"开始"屏幕中的磁贴可帮助用户打开计算机中的应用程序和设置窗口。

(2)快速启动区:它可以把常用的应用程序启动图标拖到该栏中,直接单击就可启动对应的应用程序。

(3)程序按钮区:它的主要功能是实现多个应用程序之间的切换。一般地,当启动一个用程序,在任务栏上就会出现一个与之对应的任务按钮。在多个运行程序中,只有一个程序能够响应用户操作,称为前台程序,其他运行的程序称为后台程序。

(4)语言栏:它是一个浮动的工具栏,在默认的情况下位于任务栏的上方,最小化后位于务栏通知区域的左侧。

(5)通知区域:它包括一组正在运行程序的图标和"显示桌面"按钮。

(6)"显示桌面"按钮:该按钮在任务栏的最右侧,单击该按钮,所有打开的窗口都会最小化。再次单击该按钮,则最小化的窗口会恢复显示。

任务要求:默认情况下,安装完 Windows 10 后,桌面仅显示一个"回收站"图标,通过设置调出其他常用图标,让其显示在桌面,方便使用。

操作步骤

(1)在桌面空白处单击鼠标右键,在弹出的快捷菜单中选择"个性化"选项,打开设置窗口,如图 9-4 所示。

(2)在"个性化"列表中选择"主题"选项,然后单击窗口右侧的"桌面图标设置"文字链

接,打开"桌面图标设置"对话框,在"桌面图标"设置区选中要在桌面上显示的图标复选框,
如图 9 - 4 所示。

图 9 - 4　打开"设置"窗口

(3)单击"确定"按钮,即可在桌面上显示选中的常用图标,如图 9 - 5 所示。

图 9 - 5　"桌面图标设置"对话框

(4)单击"开始"按钮,打开"开始"菜单,在菜单列表中选中"百度网盘",单击鼠标右键,
在弹出的快捷菜单中选择"更多"子菜单的"打开文件位置",如图 9 - 6 所示。

(5)打开"百度网盘"所在位置,然后复制图标到桌面,随后双击百度网盘图标就可以打
开百度网盘。如图 9 - 7 所示。

图 9 - 6　打开应用程序的文件位置

图 9 - 7　添加"百度网盘"快捷图标

9.2　管理文件和文件夹

任务描述:随着电脑使用的时间越来越长,电脑中的文件会越来越多,因此,应对电脑中的文件进行合理的分类管理,养成良好的文件分类管理习惯。

任务目标:

·熟悉文件和文件夹的基本知识。

· 掌握文件和文件的基本操作和方法。

技能目标：

会使用资源管理器对文件进行分类管理。

任务实施：计算机中的信息以文件形式存储在外存储器中，在 Windows 10 中，几乎所有的任务都要涉及文件和文件夹的操作，并通过文件和文件夹对信息进行组织和管理。文件和文件夹是 Windows 10 中重要的概念之一。

9.2.1　文件和文件夹

1. 文件的命名

文件是具有名称标识的一组相关信息集合。可以是文档、图形、图像、声音、视频、程序等。每个文件必须有一个唯一的标识，这个标识就是文件名。

文件名一般由主文件名和扩展名组成，其格式为：＜主文件名＞[. 扩展名]

有关文件名的命令规则：

(1)文件主名：在 Windows 10 中可以使用最多 255 个英文字符或 127 个汉字组成文件名，但文件名中不能出现"\""/"":""＊""?""""""＜""＞""|"。

(2)扩展名：从小圆点"."开始，后跟 0～3 个 ASCII 字符。扩展名可以没有，无扩展名时，则小圆点可省略。

常见的文件类型如表 9－1 所示。

表 9－1　常用扩展名及其含义

扩展名	文件类型	扩展名	文件类型
DBF	数据库文件	JPG、BMP、GIF	图形文件
BAK	备份文件	PPT、PPTX	PowerPoint 演示文件
BAS	BASIC 源程序文件	HTML、HTM	网页文件
BAT	批处理文件	LIB	程序库文件
BIN	二进制程序文件	HLP	求助文件
C、CPP	C 语言源文件	MP3、WAV、MID	音频文件
AVI、MPG	视频文件	DRV	设备驱动文件
ZIP、RAR	压缩文件	VBP	VB 工程文件
DOC、DOCX	Word 文件	PRN	打印文件
XLS、XLSX	Excel 文件	SYS、DLL、INT	系统配置文件
EXE、COM	可执行文件	TMP	临时文件
FOR	FORTRAN 源文件	TXT	文本文件

2. 文件夹及路径

文件夹是用来存放文件的容器，便于用户使用和管理文件。文件夹的命名规则与文件命名规则相同，但文件夹没有扩展名。

路径：在文件夹的树形结构中，从根文件夹开始到任何一个文件都有唯一一条通路，该通路全部的结点组成路径,路径就是用\隔开的一组文件夹名。

当前文件夹:指正在操作的文件所在的文件夹。

绝对路径和相对路径:绝对路径是指以根文件夹"\"开始的路径。相对路径是指从当前文件夹开始的路径。

9.2.2 Windows 10 资源管理器

"资源管理器"是 Windows 10 中一个重要的文件、文件夹等资源管理工具,在"资源管理器"中,所有的磁盘的内容都显示在同一个窗口中,可以看到计算机中完整的文件夹结构。

整个资源管理器窗口由两部分组成。在窗口的左侧以树状结构显示系统中包含的各类资源,窗口右侧显示的是当前驱动器或当前目录下所有的文件或文件夹。右击"开始"按钮,在弹出的快捷菜单中选择"打开 Windows 资源管理器"命令或双击桌面上的"此电脑"图标,打开后的"Windows 资源管理器"窗口,如图 9-8 所示。

图 9-8 "Windows 资源管理器"窗口

9.2.3 文件和文件夹的操作

常见的文件和文件夹操作有新建、选择、复制、移动、删除、查看属性、重命名、查找等。

1. 文件或文件夹的建立

文件或文件夹的建立方法:首先将鼠标放在要存放创建文件或文件夹的窗口空白处,然后单击鼠标右键,在弹出的快捷菜单中选择"新建"命令,输入文件名。

2. 选择文件或文件夹

单个文件(夹)的选择:直接单击选择文件或文件夹。

多个连续文件(夹)的选择:先单击第一个,按住 Shift 键,再单击最后一个文件或文件夹。

多个不连续文件(夹)的选择:按住 Ctrl 键,逐个单击每一个文件或文件夹。

3. 复制、移动(剪切)、删除、重命名文件或文件夹

移动是指将所选文件或文件夹移动到指定位置,在原来的位置不保留被移动的文件或文件夹,而复制会在原来的位置保留被移动的文件或文件夹。移动、复制、重命名是管理文件时经常使用的操作,用户应牢牢掌握。

选定目标后,按"Ctrl+C"组合键进行复制或者按"Ctrl+X"组合键进行剪切,按 Delete 键进行删除,按 F2 键进行重命名;或单击鼠标右键,选择复制、剪切、删除、重命名等命令。

4. 查看文件(夹)属性

右击文件或文件夹图标,在弹出的快捷菜单中选择"属性"命令,或者单击工具栏上的"组织"按钮,选择"属性"命令,打开"属性"对话框,可以查看文件或文件夹图标的名称、位置、大小、状态及其他详细信息,如图 9 - 9 所示,选择"高级"按钮,可以设置文件加密、存档等属性。

图 9 - 9　设置文件(夹)属性

5. 查找文件或文件夹

计算机在使用过程中经常会找不到某个文件或文件夹,此时可借助 Windows 10 的搜索功能进行查找。

设置合适的搜索范围很重要,由于现在的硬盘容量都很大,把所有硬盘都进行搜索将会

耗费很长的时间。因此,若能确定文件存放的大致位置,可先直接打开相应的文件夹窗口,然后再进行搜索,如图 9 - 10 所示。

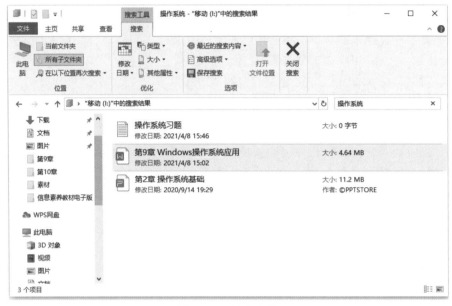

图 9 - 10　搜索文件

任务要求:

(1)在 E 盘上,创建名为"个人资料"的文件夹。

(2)在"个人资料"文件夹下建立两个子文件夹"个人照片"和"学习资料",并在"学习资料"文件夹下建立一个"旅游记录.txt"的文件。

(3)将"旅游记录.txt"文件复制到"个人照片"文件夹中,并将其重命名为"旅游消费记录.txt"。

(4)将"个人照片"文件夹中"旅游消费记录.txt"文件设置为隐藏和只读属性。

(5)删除"个人资料"文件夹中的"旅游记录.txt"文件。

操作步骤:

(1)打开"此电脑"窗口,双击 E 盘盘符打开该磁盘,在窗口右侧空白区单击鼠标右键,在弹出的菜单中选择"新建"→"文件夹"命令,输入文件夹名称为"个人照片",同时再新建一个"学习资料"的文件夹,如图 9 - 11 所示。

(2)打开"学习资料"文件夹,在窗口空白区单击鼠标右键,在弹出的菜单中选择"新建"→"文本文"件命令,输入文件名称为"旅游记录"。

(3)选中"旅游记录"文本文件,按"Ctrl+C"组合键,在导航窗格中单击打开"个人资料"文件夹,在窗口右侧按"Ctrl+V"组合键完成"旅游记录"文件的复制。

(4)选中"旅游记录"文本文件,按 F2 键或单击鼠标右键选择重命名命令,输入"旅游消费记录"完成重命名。

(5)选中"旅游消费记录"文件,单击鼠标右键,在弹出的快捷菜单中选择"属性"命令,在弹出的对话框中选中隐藏和只读属性,单击"确定"按钮完成。

图 9 - 11　新建文件夹

9.3　系统设置和管理

任务描述:根据实际需要,对电脑进行个性化设置,新建账号并设置密码,安装或卸载相关软件。

任务目标:

- 熟悉系统的基本设置。
- 掌握用户管理的基本操作。
- 掌握添加和删除的软件操作。

技能目标:

- 会使用系统设置对系统进行管理。

任务实施:Windows 设置是一项重要的系统管理工具,可用来进行系统管理和系统环境设置。功能包括"个性化""应用""账户""时间和语言"等 12 个设置。右键桌面左下角的"开始"按钮,在菜单列表中选择"设置"进入即可,如图 9 - 12 所示。

9.3.1　个性化设置

在"Windows 设置"窗口内选择"个性化",或者直接在桌面空白处右击,从弹出的快捷菜单中选择"个性化"命令,都可以打开"个性化"设置窗口,如图 9 - 13 所示。

1.设置桌面背景

在"个性化"窗口中,单击"背景"选项,在"背景"下拉列表中选择图片,在"选择图片"列

图 9-12 系统设置对话框

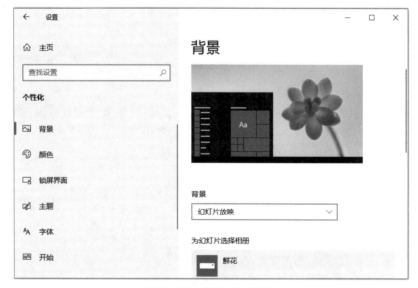

图 9-13 "个性化"窗口

表中单击要应用的背景图片,完成桌面背景的设置。

2. 设置屏幕保护程序

屏幕保护程序用于在一段时间之内没有使用触发鼠标或键盘操作时,屏幕上出现暂停显示或动画显示,用以保护显示器寿命。

在"个性化"窗口,单击"锁屏界面"链接,在窗口右侧单击"屏幕保护程序设置"链接,打开屏幕保护程序设置对话框,在"屏幕保护程序"下拉列表中选择"彩带",设置等待时间,如果用户设置登录密码,则可选中"在恢复时显示登录屏幕",如图 9-14 所示。

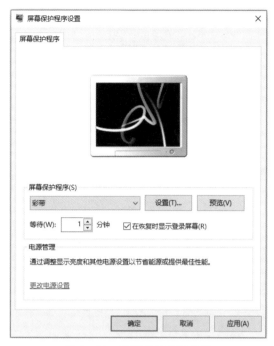

图 9 - 14　屏幕保护程序设置

3. 设置主题

主题是成套的桌面设置方案,决定桌面上各种可视元素的外观,每选择一种主题单击图标,其桌面背景、窗口、颜色等都会随之确定。

在"个性化"窗口中选择"主题"选项,在窗口右侧的主题列表中单击"鲜花"主题,即可完成主题设置。

4. 设置屏幕分辨率

在桌面空白处右击,从弹出的快捷菜单中选择"显示设置"命令,打开"显示"窗口,单击窗口右侧的"分辨率"下拉按钮,从中选择即可,如图 9 - 15 所示。

9.3.2　用户和账户设置

1. 用户账户

Windows 允许多个用户共用一台计算机,既要充分共享资源,又要将各用户所用的数据和程序相互区分开,因此,必须为每个使用者分别设立账户,使计算机能对使用者的行为进行管理,以便更好地保护用户的资料。

任务要求:

在 Windows 10 中创建一个带密码的账户。

操作步骤:

(1)在设置窗口中选择"账户",在打开窗口的左侧中选择"其他用户",如图 9 - 16 所示。

(2)选择"其他人添加到这台电脑",打开"本地用户和组"窗口,选择左侧的"用户",单击鼠标右键,在弹出的菜单中选择"新用户"命令,打开"新用户"对话框,输入新用户名和密码,

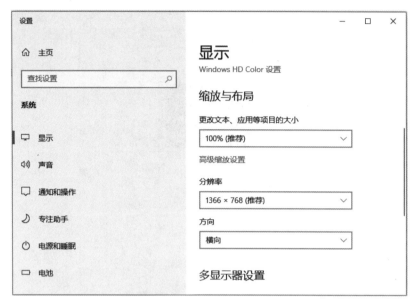

图 9-15 "显示"窗口

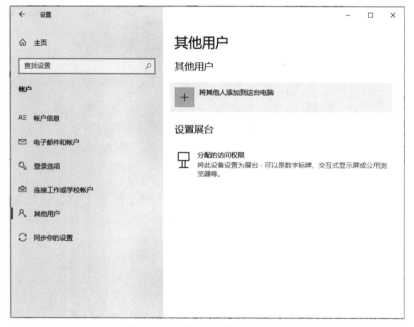

图 9-16 单击"其他用户"选项

去掉选中的"用户下次登录须更改密码"选项,单击"创建"按钮,完成用户的创建,如图 9-17 所示。

（3）关闭"本地用户和组"窗口和"新用户"对话框,单击"账户"中的"其他用户",就可以看到刚才创建好的新用户,如图 9-18 所示。

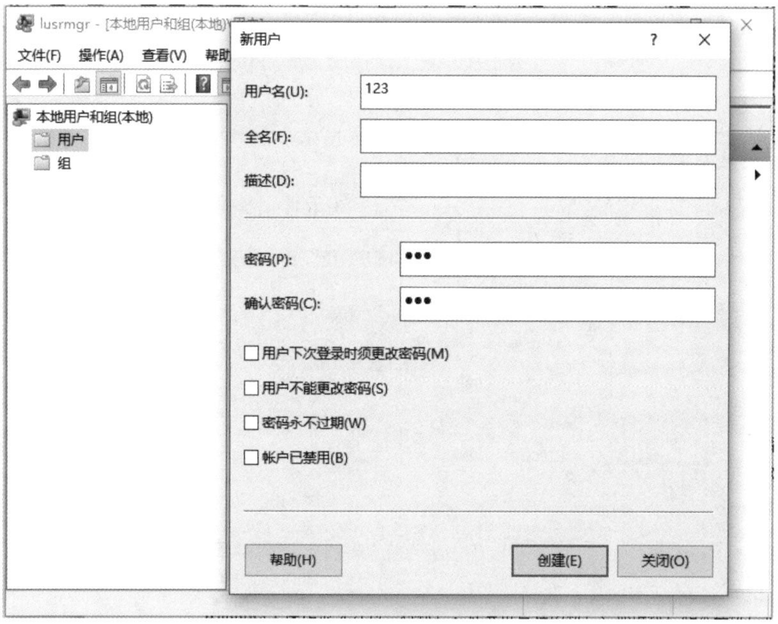

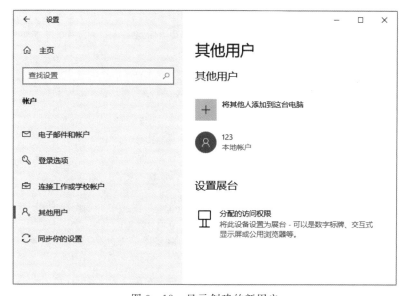

图 9 - 17　新用户的创建

图 9 - 18　显示创建的新用户

9.3.3　添加打印机

打印机是计算机的重要输出设备，可以连接到本地计算机上，也可以连接到局域网中。在使用打印机之前要安装打印机及其驱动程序，使用"添加打印机"向导即可完成打印机的安装。

任务要求：

在 Windows 10 中添加打印机。

操作步骤：

(1)在 Windows 设置窗口中选择"设备"，在打开窗口的左侧中选择"打印机和扫描仪"，点击窗口的右侧的"添加打印机和扫描仪"，如图 9-19 所示。

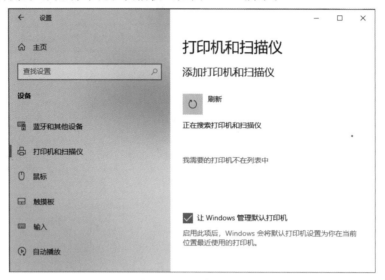

图 9-19　搜索打印机

(2)在窗口中，单击"我需要的打印机不在列表中"超链接，在打开的对话框中选择"通过手动设置添加打印机或网络打印机"，如图 9-20 所示。

图 9-20　手动设置本地打印机

(3)单击"下一步"按钮，在弹出的对话框中使用默认选项，单击"下一步"按钮，弹出的对话框中选择打印机的厂商和型号，如图 9-21 所示。

(4)单击"下一步"按钮，在弹出的对话框中使用默认选项，安装完打印机的驱动程序后，

图 9-21　选择打印机厂商和型号

单击"下一步"按钮,在弹出的对话框中输入打印机名称,完成后单击"下一步"按钮,在弹出的对话框中选择不共享这台打印机,单击"下一步"按钮,完成添加打印机,如图 9-22 所示。

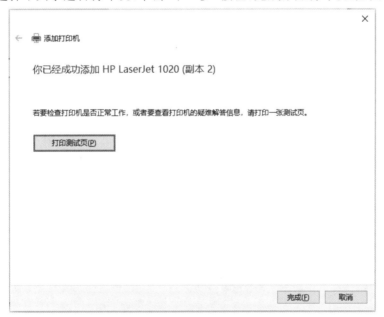

图 9-22　完成打印机添加

9.3.4　安装与卸载应用程序

在要在计算机上安装应用程序,应先获取该应用程序的安装程序,其文件扩展名一般为".exe"。一般来说,用户需要在网络中下载应用程序的安装程序。下面分别介绍安装与卸载应用程序的方法。

1. 安装应用程序

双击安装程序,打开安装程序向导,确定后安装位置,按照向导提示完成软件安装。

2. 卸载应用程序

卸载应用程序是指将安装在硬盘的软件从系统管理中清除,而不是简单的文件删除操作。卸载的方法是:在"控制面板"中的"程序"窗口中单击"卸载程序",在显示的"卸载或更改程序"列表选择要卸载的程序名,单击"卸载"按钮,如图 9-23 所示。

图 9-23　卸载应用程序

第 10 章　文字处理

操作视频

　　WPS Office 是由金山办公软件股份有限公司自主研发的一款办公软件套装,包含文档、表格和演示三个组件。WPS 文档是一款文字处理软件,可用于制作各种图文类办公文档。实现了网络办公、手机和平板电脑办公、资源共享等功能。Word 文档具有强大的文字、表格、对象编辑处理、邮件合并功能和长文档编排的自动化功能,在机关、企事业单位的行政、人事、宣传、商业等日常工作,以及个人事务中得到了广泛应用。

　　本章介绍 WPS 中文字处理的基本知识和基本操作,然后通过典型案例项目的编排操作,讲述文本编排、表格编制、图文混排、邮件合并、长文档高效排版等编排知识和操作技巧要领,巩固和提高大家的操作综合技能。

　　学习目标:
- 掌握文档格式的基本编排。
- 掌握文档中制作表格的方法。
- 熟练掌握文档图文混排的基本操作。
- 掌握对文档进行美化的技巧。

10.1　文档的基本编辑

　　任务描述:对诗词《沁园春·雪》进行排版设计,诗词内容分为主体(标题和正文)、作者简介、创作背景、诗句注释四部分,诗词主体排版主体要突出。将诗词正文分两栏排版,内容进行排版设计,以增强诗词的整体美感。

　　任务目标:
- 熟悉文档的新建与保存。
- 掌握文档内容字体格式的设置。
- 掌握文档内容段落的设置。
- 掌握文档页面布局的设置。

　　技能目标:
- 会制作简单的文档。
- 能对文档进行编辑。

· 能完成文档的基本操作。

· 会对文档进行美化。

诗词排版完成后的效果如图 10-1 所示。

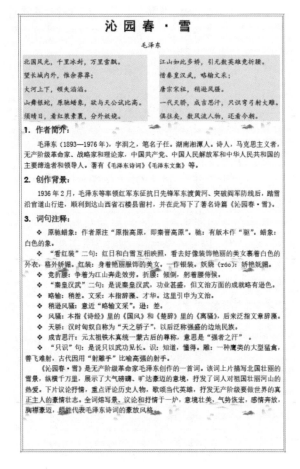

图 10-1　诗词排版效果图

任务实施:**具体的任务实施过程如下文所述。**

10.1.1　WPS 文档的创建和编辑

1.新建和保存文档

在"开始"菜单中选择"所有程序"→"WPS Office"→"WPS"命令或双击桌面上 WPS 图标启动。在主界面中单击"新建"按钮进入"新建"页面,在窗口上方选择"文字",选择后单击下方的"新建空白文档"按钮即可,如图 10-2 所示。

2.保存文档

对于新建的文档,需要进行保存。

方法 1:单击窗口左上方快捷工具栏中的"保存"按钮🖫,在弹出的"另存为"对话框中设置保存路径、文件名和文件类型,然后单击"保存"按钮即可。

图 10-2　新建文档

方法 2：按下"Ctrl＋N"组合键，可直接创建一个空白的 WPS 文档；按"Ctrl＋S"组合键，可以保存文档。

任务要求：

(1)新建一个空白文档，保存为"沁园春雪诗词欣赏.wps"。

(2)把准备好的内容复制到新建的文档中。

操作步骤：

(1)启动 WPS，新建一个空白文档，单击"保存"按钮，在弹出的对话框中，选择保存位置，输入文档的名称"沁园春雪诗词欣赏"，单击"确定"即可。

(2)打开准备好的内容，直接复制到新建的文档中。

3. 选择文本

对文本进行复制、移动、删除或设置格式等操作时，要先将其选中，从而确定编辑的对象。

- 选择连续文本：将光标放到需要选择的文本起始处，然后按住鼠标左键不放并拖动，直至需要选择的文本结尾处释放鼠标，即可选中文本。
- 选择词组：双击要选择的词组。
- 选择一行：将鼠标指针指向某行左边的空白处，当指针变成白色箭头时，单击鼠标左键即可选中该行全部文本。
- 选择多行：将鼠标指针指向左边的空白处，当指针变成白色箭头时，按住鼠标左键不放，并向下或向上拖动鼠标即可。
- 选择一个段落：将鼠标指针指向某段落左边的空白处，当指针变成白色箭头时，双击鼠标左键即可选中当前段落。
- 选择整篇文档：将鼠标指针指向某段落左边的空白处，当指针变成白色箭头时，连续单击鼠标左键 3 次，或按下"Ctrl＋A"组合键，可选中整篇文档。

4. 查找与替换功能的使用

使用"查找和替换"功能可实现某些文本字符全文自动快速查找或替换修改。在"开始"

选项卡中单击"查找替换"按钮,就会弹出"查找和替换"对话框。

任务要求:把诗词中的"毛主席"修改为"毛泽东"。

操作步骤:

(1)单击"查找替换"按钮,打开"替换"选项卡,在"查找内容"文本框中输入"毛主席","替换为"文本框中输入"毛泽东",单击"全部替换"按钮,如图 10 - 3 所示,在弹出的对话框中单击"确定"按钮。

图 10 - 3　查找与替换使用

5. 撤销与恢复操作

在编辑文档的过程中,程序会自动记录执行过的操作,当执行了错误操作时,可通过撤销功能来撤销前一操作,从而恢复到误操作之前的状态,撤销某一操作后,可通过恢复功能取消之前的撤销操作。

方法 1:单击快速访问工具栏中的"撤销"按钮 ↶,可撤销上一步操作,继续单击该按钮,可撤销多步操作;单击快速访问工具栏中的"恢复"按钮 ↷,可恢复被撤销的上一步操作,继续单击该按钮,可恢复被撤销的多步操作。

方法 2:按下"Ctrl+Z"组合键,可撤销上一步操作;按"Ctrl+Y"组合键可恢复被撤销的上一步操作。

10.1.2　文档排版

1.设置文本格式

在 Word 文档中输入的文本的字体默认为"宋体",字号为"五号"。为了更加体现美感。在输入文本后,应对字体、字形字号和字体颜色等进行设置。

方法 1:选择所需的选项进行字体设置。字体组中分别包含了字体、字号、增大/减小字号、加粗、倾斜、删除线、着重号、上标和下标等。字体组如图 10 - 4 所示。

图 10 - 4　字体组

方法 2：点击开始→字体组右下角按钮，弹出"字体"对话框，如图 10-4 所示。可以设置更加特殊的格式，如改变字符之间的距离。

图 10-5　"字体"对话框

任务要求：

(1)设置文档中诗词题目的字体为"黑体"，字号为"二号"，字形为"加粗"，字符间距加宽 5 磅。

(2)设置诗词作者和正文的字体为"楷体"，字号为"小四"。

(3)设置诗词注解部分各小标题的字体为"宋体"，字号为"四号"，字形为"加粗"。

(4)设置诗词注解部分正文的字体为"宋体"，字号为"小四"。

操作步骤：

(1)选中诗词的题目，在"字体"下拉列表中选择"黑体"；在"字号"下拉列表中选中"二号"字体；单击"加粗"按钮；单击鼠标右键，在弹出的菜单中选择字体命令，在字体对话框中打开"字符间距"选项卡，选择"间距"为"加宽"，"值"为 5 磅，完成后单击"确定"按钮，效果如图 10-6 所示。

(2)第 2、3、4 的操作和第 1 步类似，参照图 10-1，选中相关的内容，完成相应的设置。

2. 设置段落缩进

对文档进行排版时，通常会以段落为基本单位进行操作，每个段落可以有自身的格式特征。为了增强文档的层次感，提高可阅读性，可对段落设置合适的缩进。段落的缩进方式有左缩进、右缩进、首行缩进和悬挂缩进 4 种。

- 左缩进：指整个段落左边界距离页面左侧的缩进量。
- 右缩进：指整个段落右边界距离页面右侧的缩进量。
- 首行缩进：指段落首行第 1 个字符的起始位置距离页面左侧的缩进量。大多数文档

图 10 - 6　设置字符间距

都采用首行缩进方式,缩进量为两个字符。

　　• 悬挂缩进:指段落中除首行以外的其他行距离页面左侧的缩进量。悬挂缩进方式一般用于一些较特殊的场合,如杂志、报刊等。

　　方法:将光标定位到需要设置段落缩进的段落中或选中要设置的段落,单击鼠标右键,在弹出的快捷菜单中选择"段落"命令,打开"段落"对话框,在"缩进和间距"选项卡的"缩进"选项组中即可进行设置,其中"文本之前"代表左缩进,"文本之后"代表右缩进;在"特殊格式"下拉列表中可以选择"首行缩进"或"悬挂缩进"命令。

3. 段落的对齐方式

　　对齐方式是指段落在文档中的相对位置,段落的对齐方式有左对齐、居中对齐、右对齐、两端对齐和分散对齐 5 种。

　　(1)两端对齐。默认设置,文本左右两端均对齐,但是段落最后不满一行的文字右边不对齐。

　　(2)左对齐。文本左边对齐,右边参差不齐。

　　(3)右对齐。文本右边对齐,左边参差不齐。

　　(4)居中对齐。文本居中排列。

　　(5)分散对齐。文本左右两边均对齐,当一个段落的最后一行不满一行时,将拉大字符间距使该行文字均匀分布。

　　方法:将光标定位到需要设置的段落中,或选中要设置的段落,然后在"开始"选项卡中单击相应的对齐按钮即可。

4. 段落的间距和行距

　　间距是指相邻两个段落之间的距离,分为段前距和段后距;行距是指段落中行与行之间的距离。间距常用于设置标题段落与前后文本之间的距离,行距常用于设置正文中行与行之间的距离。

方法:打开"段落"对话框,在"缩进和间距"选项卡的"间距"栏中,通过"段前"数值框可设置段前间距,通过"段后"数值框可设置段后间距;通过"行距"下拉列表选择设置行距的方式,然后在"设置值"数值框中输入行距值即可。

任务要求:

(1)设置文档中诗词的题目和作者居中对齐,题目的段前间距和段后间距各 0.5 行,作者的行距是 1.2。

(2)设置诗词注解部分正文的缩进方式为首行缩进(注解部分各小标题除外)。

操作步骤:

(1)选中诗词的题目,打开段落设置对话框,在弹出的对话框中选择对齐方式为居中对齐,段前间距和段后间距分别设置为 0.5 行,如图 10-7 所示。

图 10-7　段落设置

(2)作者和诗词注解部分的操作和第 1 步类似,选中相关的内容,完成相应的设置。

5.段落的边框和底纹效果

在制作文档时,为了能突出显示重点内容,或美化段落文本,可以对段落设置边框或底纹效果。

方法:选中要设置底纹的段落,单击"开始"选项卡中的"底纹颜色"下拉按钮,在弹出的下拉列表中选择需要的颜色。

选中要设置边框的段落,单击"边框"下拉按钮,在弹出的下拉列表中选择"边框和底纹"命令,在弹出"边框和底纹"对话框中的"设置"组选择"方框"命令,然后选择"线型""颜色"和"宽度",完成后单击"确定"按钮。

任务要求：

文档中诗词的正文部分添加"钢蓝，着色1，浅色80％"底纹效果。

操作步骤：

(1)选中诗词的正文部分，在"开始"选项卡中选中"底纹颜色"下拉按钮，在弹出的下拉列表中选择"钢蓝，着色1，浅色80％"，如图10-8所示。

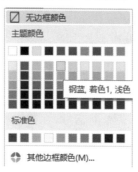

图10-8 底纹设置

6.项目符号和编号

为了更加清晰地显示文本之间的结构与关系，用户可在文档中的各个要点前添加项目符号或编号，以增加文档的条理性。

添加项目符号的方法：选中需要添加项目符号的段落，然后单击"开始"选项卡中的"项目符号"下拉按钮，在弹出的下拉列表中选择需要的项目符号即可。

添加项目编号的方法：选中需要添加编号的段落，单击"编号"下拉按钮，在弹出的下拉列表中选择需要的项目编号即可。

任务要求：

文档中诗词注解中的"词句注释"正文添加"加粗空心方形"的项目符号。

操作步骤：

选中"词句注释"正文中的十段内容，单击"编号"下拉按钮，在弹出的下拉列表中选择"加粗空心方形"项目编号，如图10-9所示。

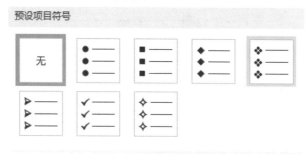

图10-9 设置项目符号

10.1.3 页面布局

为了使文档更加规范和美观，通常需要进行页面设置，页面设置包括纸张大小、页边距、页面边框和页面背景等。

1. 设置页边距

页边距是指文档内容与页面边沿之间的距离,该设置决定了文档版心的大小。对于需要制作页眉、页脚和页码,以及需要装订的文档来说,该参数非常重要。

设置页边距的方法:单击"页面布局"选项卡中的"页边距"下拉按钮,在弹出的下拉列表中可以选择程序预设的几种常用的页边距参数,也可以在"页边距"按钮旁边的 4 个数值框中进行手动设置,包括上、下、左、右 4 个页边参数。

任务要求:

设置文档的页边距,上、下、左、右 4 个页边距分别为 1.5 cm、2 cm、2.5 cm、2.5 cm。

操作步骤:

在"页面布局"选项卡中"页边距"按钮旁边的 4 个上、下、左、右数值框中分别输入 15 毫米、20 毫米、25 毫米、25 毫米,如图 10 - 10 所示。

图 10 - 10　设置页边距

2. 设置纸张方向

纸张方向分为纵向和横向两种。在默认情况下,纸张方向为"纵向",当改变为"横向"时,文档高度值将与宽度值对调,而文档内容将会自动适应新的纸张大小。

改变纸张方向的方法:切换到"页面布局"选项卡,单击"纸张方向"下拉按钮,在弹出的下拉列表中选择"纵向"或"横向"命令即可。

3. 设置分栏

分栏排版是指将一篇文档的全部或部分内容分割为两栏或多栏进行排列,以增加文档的观赏性。

分栏排版的方法:选中要设置分栏的文本,单击"页面布局"选项卡中的"分栏"下拉按钮,在弹出的下拉列表中选择要分割的栏数即可。

任务要求:

文档中诗词的正文分为两栏。

操作步骤:

选中诗词的正文,单击"分栏"按钮,在弹出的下拉列表中选择"两栏",效果如图10 - 11所示。

4. 设置页面背景

为页面添加背景色可以使文档更加美观,为页面可以添加标准色、渐变色和图片背景等。

添加背景色的方法:单击"页面布局"选项卡中的"背景"下拉按钮,在弹出的下拉列表中选择需要的颜色即可。

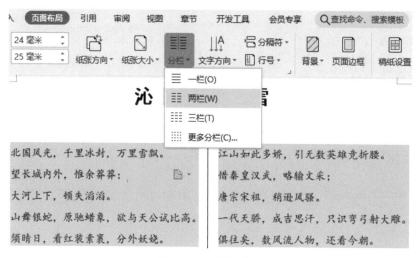

图 10 - 11　设置分栏

任务要求：

为文档页面添加图片背景。

操作步骤：

单击"页面布局"选项卡中的"背景"下拉按钮，在弹出的下拉列表中选择图片背景，在弹出的对话框中选择准备好的图片，完成后单击"确定"按钮，如图 10 - 12 所示。

图 10 - 12　设置图片背景

5. 设置页面边框

页面边框是指为整个文档内容设置一个边框，以起到美化文档的效果。

设置页面边框的方法：单击"页面布局"选项卡中的"页面边框"命令，在弹出的对话框中选择需要的边框即可。

任务要求：

为整个文档添加"双线型""浅蓝""1.5 磅"的页面边框。

操作步骤：

(1)单击"页面布局"选项卡中的"页面边框"命令，在弹出的对话框中选择"方框"，在"线型"中选择"双线型"，颜色选择"浅蓝"，宽度选择"1.5 磅"，完成后单击"确定"按钮，如图 10 - 13 所示。

图 10 - 13　设置页面边框

10.2　表格的基本操作

任务描述：设计一张通用课表，课表包含上课星期、时段、节次、时间、地点、课程名称、开课起止周等内容，表格整体设计美观大方。

任务目标：

- 熟悉表格的新建方法。
- 掌握表格的基本操作。

技能目标：

- 会制作表格。
- 能完成表格的基本操作。
- 会对表格设计。

课表完成后的效果如图 10 - 14 所示。

任务实施：具体的任务实施过程如下文所述。

_____学院（20___—20___学年第__学期）_____专业课表．

课程／星期／时间			星期一	星期二	星期三	星期四	星期五
上午	第1节	8:00-8:50	信息素养 1-16周 1202教室		专业课 1-16周 1202教室	专业课 1-16周 1205教室	信息素养 1-16周 S403机房
	第2节	9:00-9:50					
	第3节	10:10-11:00	大学英语 1-16周 1202教室	高等数学 1-16周 1212教室	大学体育 1-16周 体育场	大学英语 1-16周 1202教室	高等数学 1-16周 1212教室
	第4节	11:10-12:00					
午餐和休息		12:00-14:00					
下午	第5节	14:00-14:50	中国近现代史纲要 1-16周 1201教室	专业课 1-16周 1201教室	·		中国近现代史纲要 1-16周（双周）1201教室
	第6节	15:00-15:50					
	第7节	16:10-17:50	专业课 1-16周 1213教室	专业课 1-16周 S401机房		专业课 1-16周 1202教室	教育学基础 1-16周 1202教室
	第8节	17:10-18:00					
晚餐和休息		18:00-19:30					
晚上	第9节	19:30-20:30	选修课	自习	选修课	自习	自习
	第10节	20:40-21:30					

图 10-14　课表

10.2.1　表格的创建

将光标定位在要插入表格的位置，切换到"插入"选项卡，单击"表格"下拉按钮，在弹出的下拉列表中，根据需要选择一种创建表格的方式，即可在文档中插入表格。以下是两种最常用的表格创建方式。

快速插入表格：打开"表格"下拉列表，在其中有一个 8 行 17 列的虚拟表格，此时移动鼠标可选择表格的行列值，选好后单击鼠标左键，即可在文档中插入需要的表格。

通过对话框插入：打开"表格"下拉列表，选择"插入表格"命令，在弹出的"插入表格"对话框中通过微调框设置表格的行数和列数，在"列宽选择"栏中根据需要进行设置，然后单击"确定"按钮即可，如图 10-15 所示。

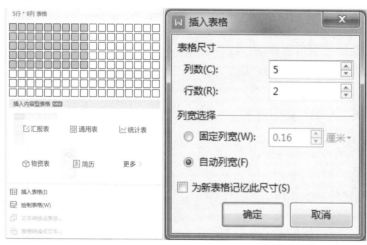

图 10-15　表格创建

任务要求：

新建一个空白文档，保存文档为"通用课表.docx"，参照图 10 - 14，输入表格标题内容，在第 2 行插入 8 行 8 列的表格。

操作步骤：

(1)新建一个空白文档，保存为"通用课表.docx"。

(2)输入表格标题内容，在第 2 行插入 8 行 8 列的表格。

10.2.2　表格的编辑

1. 表格区域的选择

对表格进行编辑时，常常需要先选择要编辑的表格区域。根据选择的对象不同，可分为以下选择方法。

选择单个单元格：将鼠标指针指向某单元格的左侧，待指针呈黑色箭头时，单击鼠标左键可选中该单元格。

选择行：将鼠标指针指向某行的左侧，待指针呈白色箭头时，单击鼠标左键可选中该行。

选择列：将鼠标指针指向某列的上边，待指针呈黑色箭头时，单击鼠标左键可选中该列。

选择整个表格：将鼠标指针指向表格时，表格的左上角会出现标志，单击该标志，即可选中整个表格。

2. 行高和列宽的设置

调整行高和列宽：选中需要调整的行，切换到"表格工具"选项卡，在"高度"或"宽度"的文本框中输入相应的数值即可，如图 10 - 16 所示。

图 10 - 16　行高和列宽的设置

3. 插入与删除行或列

在编辑表格的过程中，常常需要增加行或列，在要插入行或列的相邻单元格中单击鼠标右键，在弹出的快捷菜单中展开"插入"子菜单，在其中选择相应的命令即可。

有时也需要将多余的行或列删除，在要删除的行或列中单击鼠标右键，在弹出的快捷菜单中选择"删除单元格"命令，然后在弹出的"删除单元格"对话框中选择相应的选项即可。

4. 合并与拆分单元格

合并单元格是指将多个单元格合并为一个单元格，拆分单元格是指将合并后的单元格进行恢复。在"表格工具"选项卡中，通过单击"合并单元格"和"拆分单元格"按钮，可对单元格进行合并或拆分操作。

合并单元格：选中需要合并的多个单元格，然后单击"合并单元格"按钮即可。

拆分单元格：选中需要拆分的单元格，单击"拆分单元格"按钮，在弹出的"拆分单元格"对话框中设置拆分的行列数，然后单击"确定"按钮即可。

任务要求：

根据课表内容布局，参照图 10 - 14，适当调整行高和列宽，合并或拆分相关单元格，全部内容编排控制在 1 页内，整个表格布局合理规范。

操作步骤：

(1)结合实际需要，适当调整表格的行高，选中相应表格，单击"表格工具"选项卡，在"高度"文本框中输入相应的数值,高度为 1~2.5 厘米。

(2)调整列宽,操作和第 1 步类似,前 3 列宽度设定为 1.5~2.5 厘米,4~8 列宽度设定为 3.5 厘米。

(3)依据参照图,选中需要合并和拆分的单元格,单击鼠标右键,选择"合并单元格"或"拆分单元格"命令完成合并和拆分操作。

5. 绘制多栏斜线表头

点击其中一个单元格,点击"表格样式"菜单栏,选择"绘制斜线表头",在弹出的对话框中,选择所需要的斜线头类型,单击"确定"按钮,如图 10-17 所示。

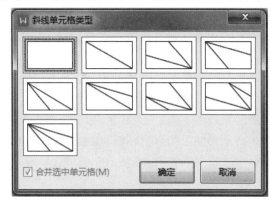

图 10-17　绘制多栏斜线表头

10.2.3　表格的格式化

1. 设置单元格对齐方式

单元格对齐方式是指单元格中段落的对齐方式,包括"靠上两端对齐""靠上居中对齐""靠上右对齐"和"中部两端对齐"等 9 种,分别对应单元格中的 9 个方位。默认情况下,单元格的对齐方式为"靠上两端对齐"。

方法:用鼠标右键单击要设置对齐方式的单元格,在弹出的快捷菜单中展开"单元格对齐方式"子菜单,选择相应的对齐方式,如图 10-18 所示。

2. 表格的美化

为了使表格更加美观,可以为表格设置边框和底纹效果,WPS 文档中预设了多种表格样式,可以直接使用,从而快速美化表格。

方法:将光标定位到表格中,切换到"表格样式"选项卡,在左侧的选项组中勾选需要的表格样式特征,如"首行填充""隔行填充"等,设置完成后展开表格样式列表,在其中选择需要的样式即可。

也可以手动为表格设置边框和底纹效果。选中要设置底纹的单元格,单击鼠标右键,在弹出的快捷菜单中选择"边框和底纹"命令,打开"边框和底纹"对话框,设置需要的边框和

图 10-18　单元格的对齐方式

底纹。

任务要求：

参照图 10 - 14，给课表绘制多栏斜线表头，选择斜线头类型中第 1 行中的第 3 个，在绘制好的表头中插入文本框，分别输入"星期""时间""课程"，调整好位置；给整个表格添加实线、黑色、1.5 磅的外边框线。

操作步骤：

(1)打开"表格样式"选项卡，选择"绘制斜线表头"，在弹出的对话框中，选择第 1 行中的第 3 个的斜线表头，单击"确定"按钮。

(2)打开"插入"选项卡，选择"文本框"中的横向，在指定位置绘制文本框，输入"星期""时间""课程"内容，每个文本框输入一个字，调整好位置，效果如图 10 - 19 所示。

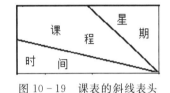

图 10 - 19　课表的斜线表头

(3)选中整个表格，单击鼠标右键，在弹出的菜单中选择"边框和底纹"命令，在弹出的对话框中选择边框选项卡中的自定义、线型为实线、颜色为黑色、宽度为 1.5 磅，在预览框中修改表格的外边框线，完成后单击"确定"按钮，如图 10 - 20 所示。

图 10 - 20　设置表格外边框

10.3　对象的使用

任务描述：设计一张学生会纳新的海报，通过插入和编辑图片、形状、文本框等对象创建图文混排的效果，制作简约、醒目、美观、大方的海报。

任务目标：
- 熟悉各类对象的使用方法。
- 掌握各类对象的基本操作。

技能目标：
- 会使用各类对象。
- 能完成对象的基本操作。
- 会使用各类对象进行设计。

海报设计完成后的效果如图 10 - 21 所示。

图 10 - 21　学生会招新海报

　　任务实施：具体的实施过程如下所述。

10.3.1　插入自选图形

通过 WPS 文档提供的图形绘制功能，可在文档中画出各种样式的形状，如线条、矩形、基本形状和流程图等。

方法：切换到"插入"选项卡，单击"形状"下拉按钮，在弹出的下拉列表中选择要绘制的形状，按下鼠标左键并拖动，即可绘制出相应的形状，如图 10 - 22 所示。

图形绘制完成后，可通过拖动四周白色的圆点来调整图形的大小和比例，通过上方的旋转控制点对图形进行旋转，选中图形点击鼠标右键，选择"添加文字"命令可以输入文字。

10.3.2　设置图形样式

可以对绘制图形的样式进行美化，图形样式主要包括边框、底纹和阴影等，样式可以使用预设图形样式，也可以自行设置。

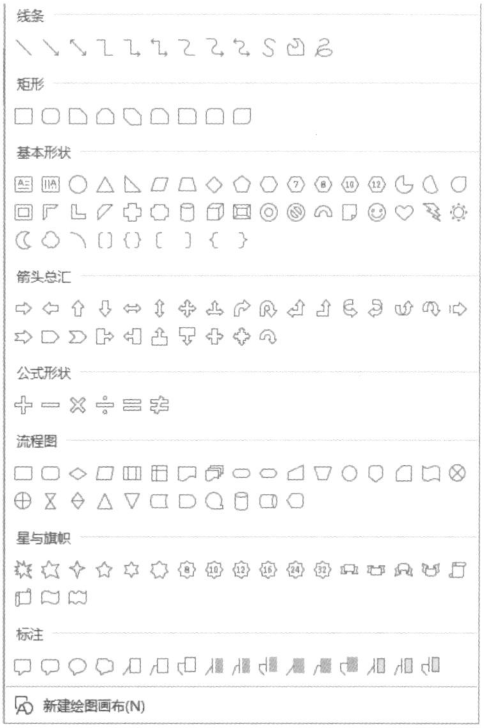

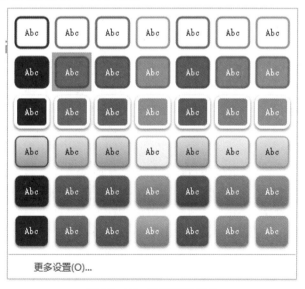

图 10 - 22　自选图形

1.使用预设图形样式

方法:选中图形,切换到"绘图工具"选项卡,在功能区中可以看到多个预设的图形样式缩略图,单击列表框右侧的下拉按钮,在弹出的下拉列表中可以看到所有的预设图形样式,单击要使用的样式图标,如图 10 - 23 所示。

图 10 - 23　预设图形样式

2. 手动设置图形样式

除了使用预设的图形样式外,还可以手动设置图形样式,包括图形填充颜色、边框颜色、阴影效果,以及倒影效果等。

方法:选中图形后,单击"填充"下拉按钮,在弹出的下拉列表中可以选择图形填充颜色;单击"轮廓"按钮,可以设置图形边框颜色;单击"形状效果"下拉按钮,在弹出的下拉列表中选择"阴影"子列表,可以为图形设置阴影效果;选择"倒影"子列表,可以为图形设置倒影效果。

此外,在"形状效果"下拉列表中还可以为图形设置发光、柔化边缘和三维旋转等效果,如图 10-24 所示。

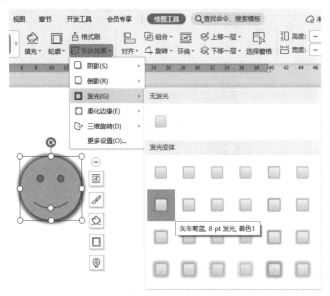

图 10-24　手动设置图形样式

任务要求:

参照图 10-20,设计学生会招新海报,给页面添加背景,绘制两个等腰直角三角形、剪去对角的矩形和上凸带形,设置填充颜色和边框颜色,在上凸带形中输入"青春飞扬　梦想起航",所有图形调整好位置。

操作步骤:

(1)新建文档,打开"页面布局"选项卡,单击背景,在下拉列表中选择颜色"浅绿"。

(2)打开"插入"选项卡,单击形状,在下拉列表中选择"剪去对角的矩形",绘制剪去对角的矩形,填充为"浅绿　着色6　浅色　60%",边框线为红色,大小和位置调整合适即可。

(3)打开"插入"选项卡,单击形状,在下拉列表中选择"直角三角形",按住 Shift 键不放,绘制两个等腰直角三角形,选中其中一个旋转 180 度,填充为黄色,边框线为绿色,另一个三角形填充为粉色,边框线为蓝色,把两个三角形移到指定位置。

(4)打开"插入"选项卡,单击"形状",在下拉列表中选择"上凸带形",绘制形状,高度3~4厘米,宽度 15 厘米即可,设置填充和边框颜色为红色,然后单击鼠标右键,选择添加文字,在上凸带形中输入"青春飞扬　梦想起航",调整好位置,效果如图 10-25 所示。

图 10-25 绘制图形效果

10.3.3 插入艺术字

艺术字是具有特殊效果的文字,多用于广告、海报、传单和文档标题的美化,以达到强烈、醒目的外观效果。

方法:切换到"插入"选项卡,单击"艺术字"下拉按钮,在弹出的下拉列表中单击要使用的艺术字样式,此时文档中将出现一个文本框,删除占位符文字,输入需要的文字即可。

此外,在"文字效果"下拉列表中还可以为艺术字设置阴影、倒影和三维格式等效果,如图 10-26 所示。

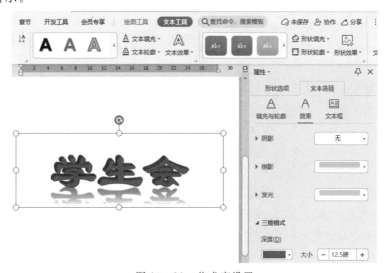

图 10-26 艺术字设置

任务要求：

(1)参照图10-20,插入艺术字"学生会",艺术字样式为"第1行1列",字体为"隶书",字号为72磅,加粗,文本填充和文本轮廓为红色,三维格式深度为红色、大小15磅,曲面图为红色,大小1磅,三维旋转为倾斜左上,调整好位置。

(2)插入艺术字"火热招新",艺术字样式为"第1行1列",字体为"隶书",字号为36磅,加粗,文本填充为红色,文字方向为垂直方向,调整好位置。

(3)插入艺术字"期待您的加入",艺术字样式为"第1行1列",字体为"华文琥珀",字号为36磅,加粗,文本填充为白色,文本轮廓为红色,调整好位置。

操作步骤：

(1)切换到"插入"选项卡,单击"艺术字"下拉按钮,在弹出的下拉列表中单击预设样式中第1行1列,然后输入"学生会",设置字体为"隶书",字号为72磅,加粗,选中艺术字,切换到"文本工具"选项卡,设置文本填充和文本轮廓为红色,单击文本效果,在下拉列表中选择三维旋转为倾斜左上,然后点击文本效果中的更多设置,在打开的属性任务窗格中选择文本选项中效果,设置三维格式深度为红色、大小15磅,曲面图为红色,大小1磅,调整位置合适即可。

(2)切换到"插入"选项卡,单击"艺术字"下拉按钮,在弹出的下拉列表中单击预设样式中第1行1列,然后输入"火热招新",设置字体为"隶书",字号为36磅,加粗,单击文本工具中文字方向按钮,把文字方向修改为垂直方向,调整位置合适即可。

(3)切换到"插入"选项卡,单击"艺术字"下拉按钮,在弹出的下拉列表中单击预设样式中第1行1列,然后输入"期待您的加入",设置字体为"华文琥珀",字号为36磅,加粗,字号为36磅,加粗,切换到"文本工具"选项卡,设置文本填充为白色,文本轮廓为红色,调整位置合适即可。

10.3.4 插入文本框

利用文本框可以制作特殊的文档版式,放置在文档中的任意位置。文本框中可以输入文字、插入图片和表格等对象,分为横排文本框和竖排文本框两种。

方法：切换到"插入"选项卡,单击"文本框"按钮,然后拖动鼠标在文档中绘制出合适大小的文本框即可。其设置填充颜色、边框颜色以及阴影等外观效果的其相关操作和自选图形的操作方法完全一样,选中文本框后切换到"绘图工具"选项卡,根据需要完成相关的操作,如图10-27所示。

任务要求：

参照图10-20,插入文本框,输入相关内容,设置文本字体为"黑体",字号为16磅,加粗,文本框填充为黄色、轮廓为蓝色,文本框大小调整合理。

操作步骤：

(1)切换到"插入"选项卡,单击"文本框"按钮,然后拖动鼠标在文档中绘制出合适大小的文本框,输入内容,设置字体为"黑体",字号为16磅,加粗。

(2)选中文本框,切换到"绘图工具"选项卡,设置文本框的填充为黄色、轮廓为蓝色,调整位置合适即可。

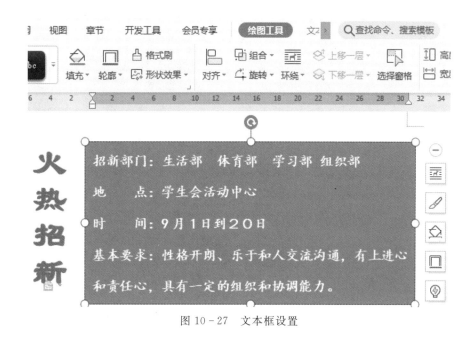

图 10 - 27　文本框设置

10.3.5　插入图片

插入图片配合文字,可以制作出图文并茂的文档,从而使文档内容更加丰富。

1. 插入与编辑图片

插入图片的方法是:将光标定位到需要插入图片的位置,切换到"插入"选项卡,单击"图片"按钮,弹出"插入图片"对话框,选中要插入的图片,然后单击"打开"按钮。

插入图片后,可以通过拖动图片四周的白色圆点来调整图片的大小,也可以在"图片工具"选项卡的"高度"和"宽度"数值框中直接输入需要的图片高度或宽度值。

对图片进行裁剪,方法为:选中图片后切换到"图片工具"选项卡,单击"裁剪"按钮,此时图片四周将出现黑色的控制点,拖动控制点到合适的位置。

2. 图文混排

选中图片后,切换到"图片工具"选项卡,单击"环绕"下拉按钮,即可看到文字绕排图片的各种环绕方式,在下拉列表中选择图片的环绕方式。

图片的环绕方式包括"嵌入型""四周型环绕""紧密型环绕""衬于文字下方"和"浮于文字上方"等七种,下面介绍其中几种常用的环绕方式。

嵌入型:嵌入型是默认的图片插入方式。嵌入型图片相当于一个字符插入到文本中,图片和文字同处一行。嵌入型图片不能随意拖动,只能通过剪切操作来移动。

四周型环绕:顾名思义,四周型方式即文字紧密地排列在图片四周,图片可以随意拖动。随着图片的拖动,周边的文字将自动排列以适应图片。

衬于文字下方:使用该方式,图片将置于文字下方,图片可以任意移动,且不会影响文字的排列。

浮于文字上方:使用该方式,图片将置于文字上方,图片可以任意移动,且不会影响文字的排列。

任务要求：

参照图 10－20，插入学生会会徽，高度和宽度为 4 厘米，环绕方式为浮于文字上方，调整好位置。

操作步骤：

(1)切换到“插入”选项卡，单击“图片”按钮，弹出“插入图片”对话框，选中准备好的学生会会徽，单击“打开”按钮。

(2)选择会徽，切换到“图片工具”选项卡，去掉“锁定纵横比”，设定图片的高度和宽度为 4 厘米，然后单击“环绕”下拉按钮，选择浮于文字上方环绕方式，最后移动图片到合适位置。

10.4　邮件合并

任务描述：以“批量制作录用通知书”为例介绍邮件合并功能，将设置好的录用通知书(主文档)和录取名单(数据源)通过邮件合并，为每位学生生成一份录用通知书。

任务目标：

- 熟悉邮件合并的使用方法。
- 掌握邮件合并的基本操作。

技能目标：

- 能制作并完成邮件合并。

录取通知书设计完成后的效果如图 10－28 所示。

招生录取通知书

<u>　何建国　</u>同学：

经审批，您被录取到我校<u>　汉语言文学　</u>专业（　4　年）学习，请持本通知书于 2021 年 9 月 1 日至 2021 年 9 月 5 日来我院报到！

×××大学

2021 年 8 月 10 日

图 10－28　录取通知书

任务实施：具体的任务实施过程如下所述。

10.4.1　主文档

在实际工作中，经常会遇到主体内容相同，但个别内容变化的文档，如录取通知书、工资条、邀请函、工作卡等,这类文档的共同点是,文档的主体内容完全相同,只有其中包含的姓名、性别等部分信息发生变化,使用 Word 提供的邮件合并功能可以快速制作此类文档。

主文档是指在邮件合并操作中,所含文本和图形在所有文档中都共有的内容,例如,录用通知书中有关录用的描述性内容是每份通知书的相同部分。主文档必须是 Word 文档,邮件合并前先设置好主文档内容及格式,如图 10-29 所示。

图 10-29　主文档

10.4.2　数据源

数据源是指文档中要使用的变化的信息,是多个文档所包含不同内容的部分,例如,录用通知书中姓名、专业是每份通知书不相同部分。数据源可以是 Excel 工作簿或 Word 表格数据或是进入邮件合并状态即时输入的数据信息,如图 10-30 所示。

姓名	专业	学制
何建国	汉语言文学	4
陈平安	英语	4
马建华	教育技术	4
李国强	物理	4
王美丽	数学与应用数学	4
苏红军	应用化学	4
赵天天	地理科学	4
李红霞	软件工程	4
王佳乐	舞蹈	4
张富贵	美术学	4
李晓乐	动画	4

图 10-30　数据源

任务要求:

使用邮件合并功能,将录用通知书主文档和录取学生名单数据源建立关联。

操作步骤:

(1)打开主文档"录用通知书.docx"。

(2)切换到"引用"选项卡,选择"邮件"命令,然后单击"打开数据源"按钮,在弹出的对话框中选择需要合并的数据源,单击"打开"按钮,如图 10-31 所示。

(3)将光标定位至"同学:"前,点击"插入合并域"按钮,在弹出的对话框中选择姓名,单击"插入"按钮,如图 10-32 所示。

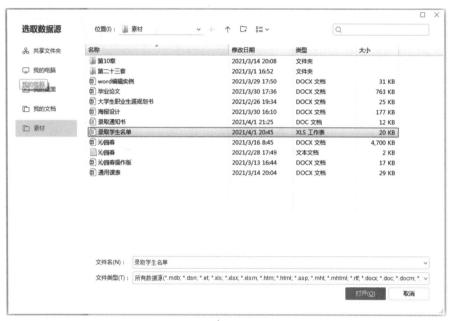

图 10-31　选取数据源对话框

图 10-32　插入域对话框

（4）其他域插入操作类似，依次插入所需要合并的区域，完成后点击合并到新文档，在弹出的对话框中选择全部，如图 10-33 所示，单击"确定"按钮，数据就统一合并到了新文档中。

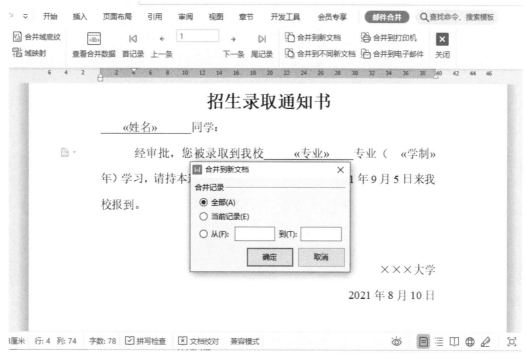

图 10-33　合并到新文档

10.5　长文档高效排版

　　任务描述：以"毕业论文"为例介绍 Word 的高级排版，完成制作论文封面，插入目录、分页和分节，设置页码、页眉和页脚。

　　任务目标：

- 掌握目录、分页和分节的基本操作。
- 掌握页码、页眉和页脚的基本操作。

　　技能目标：

- 熟悉长文档编排的相关操作和技巧。
- 能运用高级排版设计文档编排。

　　毕业论文排版完成后的效果如图 10-34 所示。

10.5.1　应用和修改默认样式

　　在 WPS 文档中默认内置了一些常用样式，在其中显示文档内置的样式列表，包括"标题 1""标题 2""标题 3""标题 4"和"正文"等，其中的标题样式通常应用于文档的各级标题。默认情况下，在新建空白文档中输入的文本均使用"正文"样式，即"宋体、五号、两端对齐、无缩进、无间距"的基础格式。

　　如果对默认的样式效果不满意，可以对其进行修改。

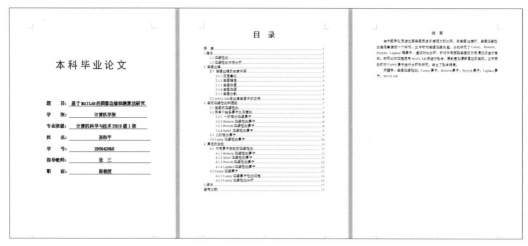

图 10 - 34　毕业论文

方法：将鼠标指向要修改的样式名称，单击鼠标右键，选择"修改样式"命令，在弹出的"修改样式"对话框中即可对样式进行修改，如图 10 - 35 所示。

图 10 - 35　修改样式对话框

10.5.2　使用格式刷复制样式

当文档中有多个相同样式的段落时，可以使用格式刷快速复制样式。

方法：将光标定位到样本段落中，在"开始"选项卡中单击"格式刷"按钮，此时光标将变为形状，单击要复制样式的段落，即可快速复制样式。如果希望连续应用格式刷，可以双击"格式刷"按钮，然后依次单击要复制样式的段落，使用完后按下 Esc 键取消。

10.5.3　使用导航窗格

在编排长文档时，需要随时了解文档的目录结构，并常常需要在不同的章节之间跳转，此时我们可以通过导航窗格来快速查看和选择文档的章节,这对于几十页甚至几百页的文档来说,是一个非常实用和便捷的功能。

切换到"视图"选项卡,单击"导航窗格"按钮,即可打开"导航窗格"窗格,在该窗格中显示了所有应用了标题样式的文本信息,通过单击各级标题前的三角形标志,可以展开或隐藏下级目录标题,单击标题名称即可快速跳转到该目录所在的页面,如图 10 - 36 所示。

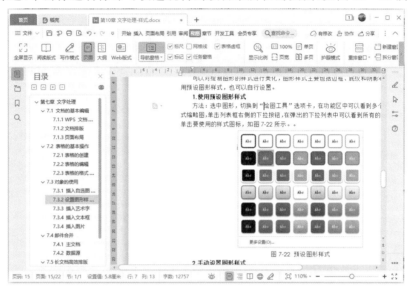

图 10 - 36　导航窗格

任务要求:

(1)参照图 10 - 31,设计毕业论文的封面。

(2)修改"标题 1"样式的字体为黑体,字号为四号,段前和段后间距为 0 行,行距为单倍行距,修改"标题 2"样式的字体为黑体,字号为小四号,段前和段后间距为 0 行,行距为单倍行距,修改"标题 3"样式的字体为宋体,字号为小四号,段前和段后间距为 0 行,行距为单倍行距。

(3)使用"标题 1"样式修改论文的"摘要、1、2、3、…"章节一级标题的格式;使用"标题 2"样式修改论文的"1.1、2.1、3.1、…"章节二级标题的格式;使用"标题 3"样式修改论文的"2.1.1、2.2.1、3.2.1、…"章节三级标题的格式。

操作步骤:

(1)设置封面上"本科毕业论文"的格式为黑体,字号为小初。

(2)设置封面上"题目:"~"职称:"的格式为宋体,字号为三号。

(3)为封面上"题目:"~"职称:"右侧的文本添加下画线,如图 10 - 37 所示。

(4)打开文档"毕业论文.docx",将鼠标指向"标题 1"样式,单击鼠标右键,选择"修改样式"命令,在弹出的"修改样式"对话框中修改字体为黑体,字号为四号,单击"格式"按钮,在弹出的菜单中选择段落,在弹出的"段落"对话框中修改段前和段后间距为 0 行,行距为单倍行距,如图 10 - 38 所示。

(5)"标题 2"样式、"标题 3"样式的修改和第 1 步操作类似,依次完成"标题 2"和"标题 3"样式的修改。

图 10 - 37　毕业论文封面

图 10 - 38　修改"标题 1"样式

（6）选中"摘要"所在行，点击"标题 1"样式，然后双击"格式刷"按钮，依次单击要复制样式的"1、2、3、…"章节一级标题，使用完后按下 Esc 键取消。

（7）"1.1、2.1、3.1、…"章节二级标题的格式和"2.1.1、2.2.1、3.2.1、…"章节三级标题的格式和第 3 步类似，依次完成章节二级标题和章节三级标题的格式修改。

（8）单击"导航窗格"按钮，打开"导航窗格"窗格，在窗格中就可以看到所有应用了标题样式的毕业论文章节标题。

10.5.4　分页符和分节符

分页符是分页的一种符号，在上一页结束以及下一页开始的位置。在 WPS 文档中可插入一个"自动"分页符，或者通过插入"手动"分页符（或硬分页符）在指定位置强制分页。

通常情况下,用户在编辑文档时,系统会自动分页。如果要对文档进行强制分页,可通过插入分页符实现。

方法:切换到"插入"选项卡,鼠标放到指定位置,单击"分页",在下拉列表中选中"分页符"即可完成分页,如图 10 - 39 所示。

分节符把文档从插入的分节符处分为两节,通过为文档插入分节符,可将文档分为多节。节是文档格式化的最大单位,只有在不同的节中,才可以对同一文档中的不同部分进行不同的页面设置,如设置不同的页眉、页脚、页边距、文字方向或分栏版式等格式。

方法:切换到"章节"选项卡,鼠标放到指定位置,单击"新增节",在下拉列表中选中"下一页分节符"即可分成两节,如图 10 - 40 所示。

图 10 - 39　插入分页符

图 10 - 40　插入分节符

任务要求:

(1)对文档内容进行分节,使得"封面""目录""图表目录""摘要""论文正文"四部分内容都位于独立的节中,且每节都从新的一页开始。

(2)对文档内容进行分页,使得每章都从新的一页开始。

操作步骤:

(1)切换到"章节"选项卡,点击"章节导航",把鼠标放到论文中"目录"的左侧,单击"新增节",在下拉列表中选择"下一页分节符",即可将论文封面和文档其他内容分别放在不同的节中,如图 10 - 41 所示。

(2)和第 1 步操作类似,把鼠标分别放到论文中"摘要"和"第 1 章"的左侧,插入分节符即可完成论文中四个部分位于不同的节中。

(3)切换到"插入"选项卡,将鼠标放到每章需要分页的位置,单击"分页",在下拉列表中选中"分页符"即可使每章都从新的一页开始。

10.5.5　制作页眉和页脚

页眉和页脚作为文档的辅助内容,在文档中的作用非常重要。页眉是指页边距的顶部区域,通常显示文档名、论文题目、章节标题等信息。页脚是页边距的底部区域,通常用于显示文档页码。在 WPS 文档中,用户可以统一设置相同的页眉和页脚,也可分别为偶数页、奇数页或不同的节等设置不同的页眉和页脚。

1.编辑页眉和页脚

方法:要对页眉或页脚进行编辑,切换到"章节"选项卡,点击"页眉页脚",或双击页眉或页脚区域,即可进入页眉和页脚编辑状态,把光标将定位到页眉或页脚中,可以在页眉或页

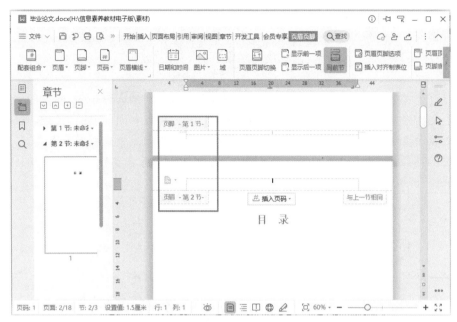

图 10-41　插入分节效果

脚区域中输入需要的内容。页眉和页脚编辑完成后,可双击正文编辑区域或单击"页眉和页脚"选项卡中的"关闭"按钮退出页眉和页脚编辑状态。

页眉和页脚的编辑方法同正文一样,除了可以输入文字信息,还可以插入图片、文本框和形状等对象,如图 10-42 所示。

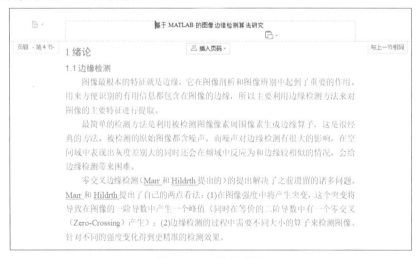

图 10-42　编辑页眉

2. 添加页码

如果一篇文档含有很多页,为了打印后便于整理和阅读,应对文档添加页码。

添加页码的方法:双击页眉或页脚编辑区域进入页眉或页脚编辑状态,点击浮动的"插入页码"按钮,在弹出的菜单中分别选择页码的样式、位置和应用范围,完成后单击"确定"按钮即可,如图 10－43 所示。

图 10－43　插入页码

插入页码后,在页码上方将显示"重新编号""页码设置"和"删除页码"3 个按钮。其中,单击"重新编号"按钮,可以重新设置该页的起始页码;单击"页码设置"按钮,在弹出的窗口中可以设置页码样式和位置;单击"删除页码"按钮,可以根据需要删除页码。

任务要求:

给毕业论文添加页眉,内容为论文的题目,要求封面和目录无页眉;给毕业论文添加页码,要求封面页无页码,目录的页码应用范围为本节,摘要及以后的页码连续。

操作步骤:

(1)切换到"章节"选项卡,点击"页眉页脚",进入页眉和页脚编辑状态,把光标将定位到页眉,点击取消"同前节",然后输入毕业论文题目。

(2)把光标将定位到论文"目录"所在的页脚,点击"插入页码",在弹出的菜单中选择页码位置居中,应用范围为本节。

(3)把光标将定位到论文"摘要"所在的页脚,点击"插入页码",在弹出的菜单中选择页码位置居中,应用范围为本节及以后,完成后"关闭"页眉和页脚,退出编辑状态。

10.5.6　制作文档目录

目录是文档标题和对应页码的集中显示,而制作文档目录的过程就是对文档标题的提取过程。文档对于文档标题的识别取决于该标题是否应用了标题类样式,在"样式和格式"窗格中,"标题 1""标题 2""标题 3"等内置样式均属于标题样式,应用了这些样式的段落均可以被文档作为标题引用到目录中。而"正文"及其他新建样式均属于非标题样式。在正确设置了标题样式后,就可以为文档提取目录了。

方法:将光标定位到要插入目录的位置,切换到"引用"选项卡,单击"目录"下拉按钮,在弹出的下拉列表中选择"智能目录"命令即可,如图 10－44 所示。

任务要求:

在目录所在页给论文自动生成目录,要求目录共分为三级,设置"目录"两个字的格式为宋体、二号。

操作步骤:

(1)切换到"引用"选项卡,单击"目录"下拉按钮,在弹出的下拉列表中选择"智能目录",

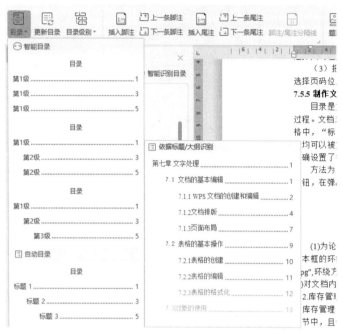

图 10-44 制作文档目录

选择系统内置的目录三级样式。

(2)WPS 文档将自动搜索整个文档中 3 级标题以及标题所在的页码,编制成目录,效果如图 10-41 所示。如页码有变化,可以点击目录上方显示的"更新目录"按钮。

(3)选中"目录"两个字,设置字体为宋体,字号为二号,效果如图 10-45 所示。

图 10-45 毕业论文目录

10.6　WPS Office 在线编辑与协同使用

当无法面对面沟通时,大家的需求和问题便无法高效执行,团队协作就会受到阻碍。为提高远程办公的效率,WPS Office 提供了在线协作功能,能够实现多人实时在线查看和编辑 WPS 文件(包括文档、表格和演示文稿等),协作文件加密存储的操作,除了由发起者指定可协作人之外,还可以设置查看/编辑的权限。

使用在线协作功能,要求用户登录 WPS Office 账号。同时,文件需要上传至云端才可被团队其他成员访问和编辑。下面以协作编辑 WPS 文档为例介绍 WPS Office 在线协作功能的使用,其具体操作步骤如下。

(1)创建或打开需要协作编辑的 WPS 文档,单击 WPS 文字工作界面右上角的"访客登录"按钮,打开 WPS Office 账号登录界面,默认显示"微信登录",如图 4 - 46 所示。用户扫描下方的二维码即可快速完成 WPS Office 账号的注册和登录,此外,用户也还可以通过手机微信扫码、手机验证登录等方式登录 WPS Office 账号。

图 10 - 46　WPS 账号登录

(2)单击账号名称下方的"协作"按钮,点击进入多人协助"发起协作"对话框,将会弹出"即将进入协作,是否保存更改"对话框,单击"保存更改对话框"按钮,如图 10 - 47 所示。

(3)文档完成上传后,进入在线协作模式,单击页面上方的"分享"按钮,如图 10 - 48 所示。

(4)打开"分享"对话框,在其中选择公开分享的方式后,单击"创建并分享"按钮,如图 10 - 49 所示。

(5)在打开的页面中单击"复制链接"超链接,如图 10 - 50 所示,然后将复制的链接发送给协作人,协作人收到链接后单击进入,就可以查看文档或者与创建者一同编辑文档。

图 10 - 47　协助前保存

图 10 - 48　单击"分享"按钮

图 10 - 49　创建并分享

邀请他人加入分享　　　　　　　　　　　获取免登录链接

任何人 可编辑 ▼　30天有效(05-04 19:14前) ▼　　复制链接
https://www.kdocs.cn/l/cbm6Ft81sSSq

已加入分享的人

　文件创建者　　　　　　　　　　　　　　　□ 创建者

Q 搜索用户名称、手机号，添加协作者　　　　　　从通讯录选择

图 10 - 50　复制链接共享文档

　　(6)如果选择"指定人可编辑"选项，在"搜索"文本框中输入协作人的 WPS Office 账号的用户名称或手机号码，在搜索结果中单击"添加"超链接，也点击"从通讯录选择"，把需要编辑的用户添加进来，在打开的列表框中选择"可编辑"选项，可以邀请协作人参与文档编辑，如图 10 - 51 所示。

分享　　　　　　　　　　　　　　　　　　×

邀请他人加入分享　　　　　　　　　　　获取免登录链接

仅下方指定人 可查看/编辑 ▼　永久有效　　复制链接
https://www.kdocs.cn/l/cbm6Ft81sSSq

已加入分享的人

　火焰　　　　　　　　　　　　　　　　　已添加

Q 18●●●●●●●●●　　　　　　　　　　　　×

禁止查看者下载、另存和打印　　　　　　　　　　○

图 10 - 51　邀请协作人

第 11 章　电子表格数据处理

　　电子表格软件是专门用于数据处理的应用程序,它不仅具有强大的数据组织、计算、分析和统计功能,还可以通过图表、图形等多种形式形象地显示处理结果。利用电子表格软件提供的函数与丰富的功能对电子表格中的数据进行统计和数据分析,用户只需直接向表格中输入基础数据,它一般都将自动更新维护表格中的计算、分析、统计等结果,使得用户的工作达到事半功倍的效果。电子表格软件的应用,为用户在日后的办公中提供了一种的高效的数据统计和分析的平台。

　　学习目标
- 了解电子表格软件的功能、特点
- 掌握电子表格的管理及表格制作方法
- 掌握电子表格中公式、函数的使用及单元格的引用方法
- 掌握电子表格数据管理方法
- 掌握图表的制作

11.1　创建数据表格

　　任务描述:根据学校教学质量管理需求,需要经常对学生学习中的各类信息进行记录、整理、统计、分析,现在要采用电子表格来管理学生基本信息。首要任务是制作学生基本信息表、学生成绩表,包括工作簿的建立、数据的录入、对工作表行格式化。制作完成的学生基本信息表如图 11-1 所示。

　　任务目标:
- 熟悉 WPS 电子表格工作界面及使用方式
- 理解工作簿、工作表和单元格的概念,以及它们之间的关系
- 掌握工作表的管理操作
- 掌握在工作表中输入与编辑数据的方法
- 掌握单元格的选择、操作方法
- 掌握工作表的格式设置与美化方法
- 掌握数据表的查看浏览

	A	B	C	D	E	F	G	H	I	J
1				计算机学院2019级学生信息表						
2	学院名称:			计算机学院			制表人:		张 X X	
3	序号	学号	姓名	专业	班级	性别	出生日期	年龄	联系电话	
4	1	191340001	王康龙	软件工程	软本192	男	2002年5月27日	19	15969838323	
5	2	191340002	舒坤	计算机科学与技术	计本192	男	2001年6月15日	20	13474250081	
6	3	191340003	牛炳锐	网络工程	网本192	男	2002年5月29日	19	15852993990	
7	4	191340004	汉文	网络工程	网本191	男	2003年12月21日	18	13834059302	
8	5	191340005	蒋锋	软件工程	软本192	男	2004年8月14日	17	13635715625	
9	6	191340006	史维维	软件工程	软本191	女	2002年3月2日	19	13901608399	
10	7	191340007	黛翎	网络工程	网本191	女	2000年12月30日	21	13891190890	
11	8	191340008	汤启	计算机科学与技术	计本191	男	2000年12月15日	21	13861777437	
12	9	191340009	郑琬丽	软件工程	软本192	女	2001年9月15日	20	13691855200	
13	10	191340010	李霞	网络工程	网本192	女	2000年10月27日	21	13095008185	
14	11	191340011	程思妹	软件工程	软本192	女	2003年9月11日	18	13999205975	
15	12	191340012	程诗雨	网络工程	网本192	女	2003年7月16日	18	13899471687	
16	13	191340013	张洋洋	计算机科学与技术	计本191	女	2002年6月13日	19	13779199764	
17	14	191340014	张洁	计算机科学与技术	计本191	女	2002年8月20日	19	13199857020	
18	15	191340015	程丽	计算机科学与技术	计本192	女	2002年3月5日	19	15291307785	
19	16	191340016	王方园	软件工程	软本192	女	2003年4月11日	18	13311191021	
20	17	191340017	方玥	计算机科学与技术	计本192	女	2002年5月23日	19	13520628515	
21	18	191340018	蒋思静	网络工程	网本192	女	2001年6月21日	20	13641364832	
22	19	191340019	牛蒙	信息安全	信安192	男	2001年7月10日	20	13730183602	
23	20	191340020	罗启航	信息安全	信安192	男	2002年4月9日	19	13426286547	
24	21	191340021	马文清	信息安全	信安191	男	2000年7月16日	21	13911397706	
25	22	191340022	冯朝阳	信息安全	信安191	男	2001年5月22日	20	13910538915	
26	23	191340023	张瑞瑞	信息安全	信安191	女	2001年9月6日	20	13701396104	
27	24	191340024	张科鑫	信息安全	信安192	女	2001年6月7日	20	13701039911	
28										

学生基本信息表　　各科成绩汇总表　　C语言成绩表　　植树活动　　学生信息统计透视表　　学生成绩统计透视表　　+

图 11-1　完成后的学生基本信息表

技能目标:
- 学会使用 WPS 表格软件使用
- 学会制作简单的电子表格
- 能完成工作表的基本操作
- 能够正确录入各类数据
- 能对电子表格进行编辑
- 能对电子表格进行格式设置
- 能够快速查看浏览数据表数据

任务实施:具体的任务实施过程如下所述。

11.1.1　创建电子表格

1. 新建和保存文档

启动 WPS Office,在主界面中单击"新建"按钮进入"新建"页面,或者点击 WPS 左上角的"＋"号,菜单栏上方选择"表格",在下方会展开"新建空白文档""新建在线文档"和 WPS Office 设计师精心设计的各类电子表格文档模板。

一般情况下,我们选择"新建空白文档",可创建本地空白电子表格文档。如果用户拥有

WPS 会员账号且登录了账号，可以根据需要选择 WPS 模板快速建立格式电子表格或者可多人协作的在线文档。

任务要求：

新建一个空白电子表格文档，保存为"学生信息表.et"。

操作步骤：

（1）启动 WPS Office，点击左上角的"＋"号，菜单栏上方选择"表格"，在新建表格列表中选择"新建空白文档"，创建电子表格。

（2）单击 WPS 界面左上角快速访问工具栏中的"保存"按钮，或使用"文件"菜单中的"保存"命令或"另存为"命令，打开"另存文件"对话框。

（3）在对话框中选择文件存储的位置，然后在"文件类型"下拉列表框中选择工作簿要保存的格式，WPS Office 默认选择"WPS 表格"格式，文件扩展名为".et"。为了兼容 Microsoft Office，也可选择"Microsoft Excel 表格"，文件扩展名为".xlsx"，最后在"文件名"文本框中输入要保存的文件名"学生信息表"，单击"保存"按钮，完成电子表格文件。

2.认识工作簿、工作表和单元格。

WPS 表格的工作界面和前面学过的文字基本相似。不同之处在于，在文字处理中主要进行的文字处理工作，而此处我们进行的所有工作都是在工作簿、工作表和单元格中完成的，如图 11-2 所示。

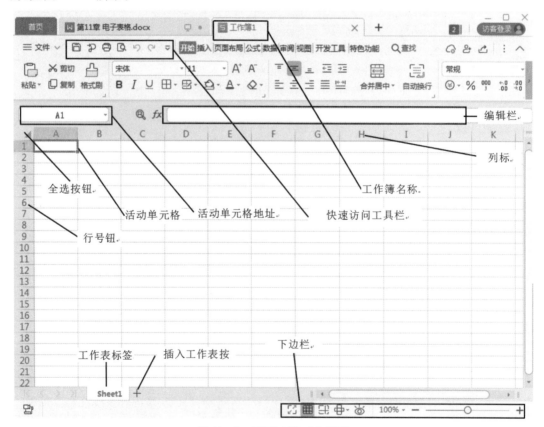

图 11-2 WPS 表格工作界面

工作簿是指用来保存电子表格内容的文件,一个工作簿由多个不同类型的工作表组成。当创建一个新工作簿文件时,默认的工作簿名为"工作簿 1"。当打开一个表格文档时,该文档名即为工作簿的名称,工作表的内容就是该表格文档的内容。

工作表包含在工作簿中,如果把一个工作簿看成一个"小册子"的话,一个工作表就是"小册子"里的一页,即一张"表格"。WPS 表格默认为新建工作簿创建 1 张工作表,用户可根据需求自行添加、重进命名或删除工作表。在任何状态下,有且只有一张工作表能够接受用户的"操作",把这张工作表称之为活动工作表或当前工作表,用户只需用鼠标左键单击相应的工作表标签就可将其变为当前工作表。每个工作表由工作表标签、行号、列标、单元格组成,行号显示在工作表左侧,依次用数字 1,2,…,表示;列标显示在工作表上方,依次用字母 A,B,…,表示。

单元格是工作表中行与列相交形成的长方形区域,是工作表最基本的数据单元,也是工作簿的最小组成单位。为了便于识别和引用单元格,用单元格所在的"列标＋行号"的形式来表示,例如第 3 行第 1 列称为 A3,第 7 行第 3 列称为 C7 等。在工作表中,当单击某单元格时,其边框线变粗,此单元格即为活动单元格,活动单元格在当前工作表中有且仅有一个,可在活动单元格中进行输入、修改或删除内容等操作。活动单元格右下小的实心小方块称为填充柄,对于单元格的快速填充十分有用。

表格数据区域左上部为地址栏,用于显示当前单元格的名称或通过输入单元格名称快速定位单元格。右侧为编辑栏,用于显示、输入和修改活动单元格中的数据或公式。

11.1.2　工作表的基本操作

工作表是工作簿中用来分类存储和处理数据的场所,制作电子表格时,经常需要进行工作表的选定择、插入、重命名、复制移动、删除工作表等操作。WPS 表格中所有的编辑操作遵循"先选择后操作"原则,即先选择要操作的对象,再进行相应的操作。

1. 插入和删除工作表

默认情况下,一个工作簿中仅有 1 张工作表,工作中往往需要插入更多的工作表。在表格中插入工作表的方法主要有以下几种。

- 单击工作表标签栏右侧的"新建工作表"按钮。
- 按下"Shift＋F11"组合键。
- 在"开始"选项卡中单击"工作表"按钮,在弹出的下拉列表中选择"插入工作表"命令,在打开的"插入工作表"对话框中单击"确定"按钮。
- 用鼠标右键单击某一工作表标签,在弹出的快捷菜单中选择"插入"命令,然后在打开的"插入工作表"对话框中单击"确定"按钮。

如果工作簿中存在多余的工作表,可以将其删除。删除工作表的方法主要有以下两种。

- 用鼠标右键单击需要删除的工作表标签,在弹出的快捷菜单中选择"删除工作表"命令。
- 选中需要删除的工作表,在"开始"选项卡中单击"工作表"按钮,然后在弹出的下拉列表中选择"删除工作表"命令。

2. 重命名工作表

默认情况下,WPS 工作表以 Sheet1、Sheet2、Sheet3 等依次命名,为了方便管理,我们可以给工作表取一个与其内容相关的名字。重命名工作表的方法主要有以下两种。

（1）双击需要重命名的工作表标签，此时工作表标签呈可编辑状态，直接输入新的工作表名称即可。

（2）用鼠标右键单击工作表标签，在弹出的快捷菜单中选择"重命名"命令，此时工作表标签呈可编辑状态，直接输入新的工作表名称即可。

3. 选择工作表

单击 WPS 表格界面左下角的某工作表标签即可选中该工作表，同时该工作表就变为当前工作表（接收用户操作的工作表）；要选择多个相邻工作表，可按住 Shift 键，然后单击第一个工作表的标签，再单击最后一个工作表标签；要选择多个不相邻的工作表，可在按住 Ctrl 键的同时依次单击要选择的工作表标签。

4. 移动或复制工作表

要在同一工作簿中移动工作表，可在要移动的工作表标签上按下鼠标左键，将其拖到目标位置释放鼠标即可。若在拖动过程中按住 Ctrl 键，则表示复制工作表，同时保留源工作表。

在某工作表标签上将右击，在弹出的快捷菜单中选择"移动或复制"选项，在打开的"移动或复制工作表"对话框中选择好位置，如果保留原工作表则选中"建立副本"选项，单击"确定"按钮。

任务要求：

在工作簿"学生信息表"中，插入多个工作表，并按需求将其分别命名为"学生基本信息表""C 语言成绩表""各科成绩汇总表"等，删除多余的工作表。

操作步骤：

（1）单击 WPS 表格界面左下角的工作表标签右侧的新建工作表按钮"＋"，在现有工作表末尾插入一个新工作表，重复操作，再插入 3 个新工作表。

（2）可双击 Sheet1 工作表标签进入编辑状态，输入新的名称"学生基本信息表"，按 Enter 键即可。重复操作，将 Sheet2 重命名为"C 语言成绩表"，将 Sheet3 重命名为"各科成绩汇总表"。

（3）点击"C 语言成绩表"工作表标签将其拖到"各科成绩汇总表"右侧。

（4）选中"C 语言成绩表"工作表，按住 Ctrl 键，拖动复制新工作表并重新命名为"C 语言成绩表"等。

（5）删除工作簿中多余的工作表，最终结果如图 11-3 所示。

图 11-3　工作表操作结果

11.1.3　表格数据输入

在 WPS 表格中输入数据,我们可以在单元格中输入的常用数据类型有文本型、数值型、日期/时间型等。

1. 基本数据录入

文本型数据:是指由字母、汉字、数字和其他符号组成的字符串,如"姓名""2019 级学生信息""计本 091"等,这类数据不能进行数学运算。对于一些纯数字的文本,如身份证号、电话号码、人员编码等,为避免被系统当作数值数据,输入时在第一个数字前加一个单引号即可,如:"'09132133965"。

数值型数据:是指由数字、正负号、小数点、分数号、百分号、货币符号、千位符等组成的,用来表示某个数值、金额等的数据,这类数据可以进行数学运算。某些情况需要使用分数,输入时使用"整数部分＋空格＋分数"形式,如"0 1/2""76 1/4"。

日期/时间型数据:用来表示一个日期或时间,如出生日期"2002/5/27"。电子表格软件内置了一些常用的日期与时间的格式。当输入数据与这些格式匹配时,将它们识别为日期或时间。常用的格式有:"yyyy－m－dd""yyyy/m/dd""m－dd""m/dd""hh:mm〔AM/PM〕"等。另外,可以按"Ctrl＋;"组合键直接输入当前日期,或按"Ctrl＋Shift＋;"组合键直接输入当前时间。

任务要求:

在工作表"学生基本信息表"的数据输入学生基本数据。

操作步骤:

(1)单击选择 A1 单元格,然后输入"计算机学院 2019 级学生信息表",按 Enter 键确认。

(2)单击选择 A2 单元格,输入"学号",按 Tab 键右移光标,依次 B2 至 H2 单元格输入其余表格标题内容。

(3)在 A3 单元格输入数字 1,在 B3 单元格先输入英文半角的单引号"'"然后输入学号"191340001",依次输入第一个学生的全部数据,完成后如图 11－4 所示。

图 11－4　输入表格标题结果

2. 规律数据的快速填充

在输入数据的过程中,对于同一列中有一定规律的数据,可以使用填充柄进行快速录入。如"学生基本信息表"中的"序号"列,其内容是自然数序列 1,2,3,…,WPS 可以快速完成这类数据的填充。

除常见的等差、等比序列填充外,WPS 表格内部还定义了许多常用数据序列,如"星期一、星期二……""一月、二月",在使用时,只需在第一个单元格中输入其中的一个,就可快速使用填充柄完成其他后续数据的输入。序列的填充方法有：

- 先在第一个单元格输入起始数据，然后拖动该单元格的填充柄至最后一个单元格。
- 先在第一个单元格输入起始数据，然后单击"开始"选项卡中的"填充"菜单按钮中的"序列"命令打开"序列"对话框，设置好填充参数，最好单击"确定"按钮，填充的结果与前面的填充效果同。

除内置序列外，WPS表格还支持"自定义序列"。在日常工作中，对于经常使用的一些数据，学生的专业如"计算机科学与技术、软件工程、网络工程"，学生年级如"一年级、二年级、……、六年级"等，先定义为序列，后期使用中将会大大提高工作效率。

任务要求：

给"学生基本信息表"的序号列快速填充序号至 A26 单元格，并快速填充所有学生学号。

操作步骤：

（1）单击选中单元格 A3，将鼠标指针移到单元格区域右下角的填充柄上，等鼠标由空心的十字形变为实心的十字形时，按下鼠标左键并向下拖动，到单元格 A26 后释放鼠标，如图 11-5 所示。

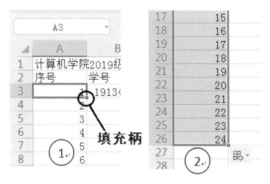

图 11-5　使用填充柄填充"序号"列

（2）单击选中单元格 B3，然后将鼠标指针移到单元格区域右下角的填充柄上，等鼠标由空心的十字形变为实心的十字形时，双击鼠标左键，完成学号的输入。

技能补充：在使用填充柄进行单元格快速填充时，WPS表格会自动判断选定单元格或单元格区域的数据类型及构成，并自动进行复制填充或序列填充。在使用填充柄进行填充时，可在拖动的同时按住 Ctrl 来改变填充效果。

3. 相同数据的批量输入

在表格中经常会有大量相同的数据，如所在学院、专业，对于相邻的数据区域可采用填充柄来实现快速填充。对于不相邻的数据区域，可以先选中要输入数据的单元格区域，其方法有：

- 选择单个单元格，只需直接单击要选择的单元格。
- 如果要选择多个相邻单元格，可以用鼠标拖动来选择，或者单击要选择区域的第一个单元格然后按住 Shift 键同时单击要选择区域的最后一个单元格。
- 如果要选择多个不相邻的单元格或区域，可利用鼠标单击或拖动方法，选定第一个单元格或单元格区域，然后按住 Ctrl 键再选择其他单元格或单元格区域。

选好单元格区域后,输入数据(此时只有活动单元格中有数据输入),然后按住 Ctrl 键再按 Enter 键,则所选区域中同时输入了相同数据内容。

任务要求:

快速输入所有"软件工程"专业学生的专业数据。

操作步骤:

(1)鼠标左键拖动选择"D8:D9"单元格区域,然后按住 Ctrl 键,依次单击 D12、D14、D19 单元格,如图 11-6 中①所示。

(2)输入数据"软件工程",如图 11-6 中②所示。

(3)按住 Ctrl 键,单击 Enter 键确认,结果如图 11-6 中③所示。

图 11-6　批量输入"专业"数据

4. 使用数据有效性规则规范输入数据

工作中像学生专业、班级这样的数据,其输入内容应该是范围确定的一组数据,但不同的用户输入时可能会输入"计本""软工"简称,从而导致数据不统一,给后期的查询、统计、分析等带来麻烦。因此,为了保证数据的准确性,有必要对此类数据使用"数据校验"功能,实现限制性输入。具体方法为先选中要使用有效性规则的单元格区域;然后单击"数据"选项卡"有效性"按钮打开"数据有效性"对话框;接着在"设置"选项卡的"允许"下拉列表中选择"序列"项,在"来源"编辑框中输入允许的数据列表;最后单击"确定"按钮完成。

设置有效性限制后的单元格区域,可单击其右侧的下拉按钮,从弹出的专业名称列表中选择所属专业。也可以直接输入学生的专业名称,但输出内容必须在有效性列表限定范围之内。

任务要求:

为学生基本信息表中的"专业"列设置有效性规则,限制只能使用列表给定的专业名称。

操作步骤:

(1)先选中单元格区域 D3:D26。

（2）单击"数据"选项卡中的"有效性"按钮，打开"数据有效性"对话框。

（3）在"设置"选项卡的"允许"下拉列表中选择"序列"项，然后在"来源"编辑框中依次输入"计算机科学与技术，软件工程，网络工程，数字媒体技术，信息安全"，注意各值之间使用的"逗号"分隔符必须是英文半角符号，如图11-7所示。

图 11-7　数据有效性设置

（4）单击"确定"按钮，完成数据的有效性规则设置。

最后，按照常用方法输入其他数据内容，完成整个表格的数据录入。

11.1.4　表格的编辑

1. 单元格的合并与拆分

合并单元格是指将多个单元格合并为一个单元格，拆分单元格是指将合并后的单元格进行恢复。在"表格工具"选项卡中，通过单击"合并单元格"和"拆分单元格"按钮，可对单元格进行合并或拆分操作。

2. 单元格/行/列的插入删除

表格初步设计完成后，如果需要调整，可在原有表格中插入或删除行/列/单元格，插入单元格/行/列的方法如下。

- 用鼠标右键单击要插入行/列所在行号/列标，在弹出的快捷菜单中选择"插入"命令即可。
- 在要插入行或列的相邻单元格中单击鼠标右键，在弹出的快捷菜单中选择"插入"子菜单中的相应命令即可在表中插入单元格/行/列，如图11-8所示。
- 将光标定位到需要增加行/列/单元格的相邻单元格中，打开"开始"选项卡，单击"行和列"按钮，在命令列表中选择"插入单元格"子菜单中的"插入单元格"，"插入行"或"插入列"命令，即可插入单元格/行/列。

删除单元格行/列的方法与插入方法类似。

图 11-8　插入单元格/行/列对话模型

3. 单元格的复制/移动

在表格制作管理中,会经常有一些相同的数据,可利用复制功能快速实现这类表格的制作。在复制单元格时,WPS 表格会复制包括公式及其结果值、单元格格式和批注在内的单元格中的所有信息。在复制含有公式的单元格时,公式内的单元格引用会相应变化。

任务要求:

将"学生基本信息表"的标题行合并为一个单元格并使标题居中显示。在表标题行上方插入制表信息行。在工作表的"出生日期"列后插入"年龄"列。将"学生基本信息表"中的学生的"学号""姓名"列复制到其他各工作表中。

操作步骤:

(1)拖动选择"学生基本信息表"工作表中的 A1:H1 单元格区域

(2)单击"开始"选项卡中的"合并居中"按钮,则表格标题效果如图 11-9 所示。

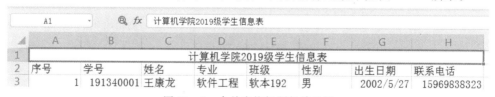

图 11-9　合并表格标题行单元格

(3)在 H 列列标上单击鼠标右键,在弹出的快捷菜单选中"插入"命令,并在 H3 单元格中输入"年龄"。

(4)在行号"2"上单击鼠标右键,在弹出的快捷菜单选中"插入"命令,在表格标题上方插入一行,在新插入的行中适当位置填入学院信息和制表人信息,"学生基本信息表"最终结果如图 11-10 所示。

(5)在"学生基本信息表"中,选择包含学生的学号和姓名信息的单元格区域 B3:C27,然

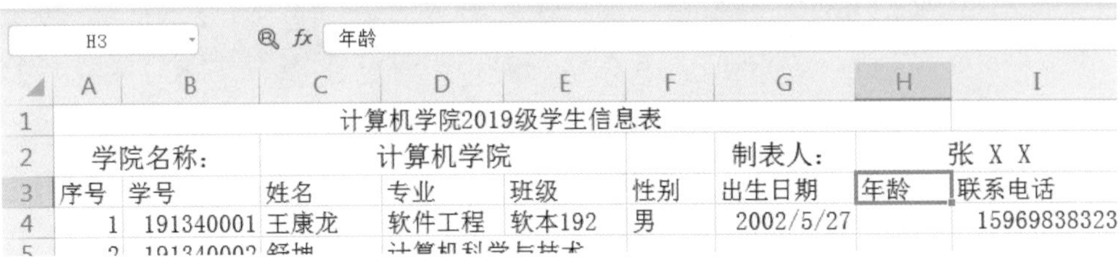

H3　fx 年龄

	A	B	C	D	E	F	G	H	I
1	计算机学院2019级学生信息表								
2	学院名称:		计算机学院				制表人:	张 X X	
3	序号	学号	姓名	专业	班级	性别	出生日期	年龄	联系电话
4	1	191340001	王康龙	软件工程	软本192	男	2002/5/27		15969838323

图 11－10　插入行/列后的学生信息表

后按下“Ctrl＋C”组合键，此时单元格区域 B3:C27 外边框变为滚动效果的虚线边框，接着单击“各科成绩汇总表”工作表标签，选择单元格 A1，最后按下“Ctrl＋V”组合键完成信息粘贴。用同样的方法将学号和姓名信息粘贴到“C 语言成绩表”中。按照学院开课情况和课程成绩组成完成“各科成绩汇总表”和“C 语言成绩表”标题行的其他内容，并为“C 语言成绩表”录入基本数据。完成后的“各科成绩汇总表”和“C 语言成绩表”如图 11－11 和图 11－12 所示。

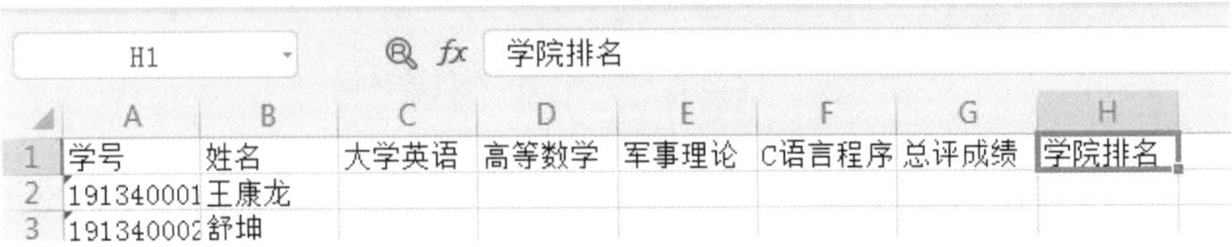

H1　fx 学院排名

	A	B	C	D	E	F	G	H
1	学号	姓名	大学英语	高等数学	军事理论	C语言程序	总评成绩	学院排名
2	191340001	王康龙						
3	191340002	舒坤						

图 11－11　各科成绩汇总表

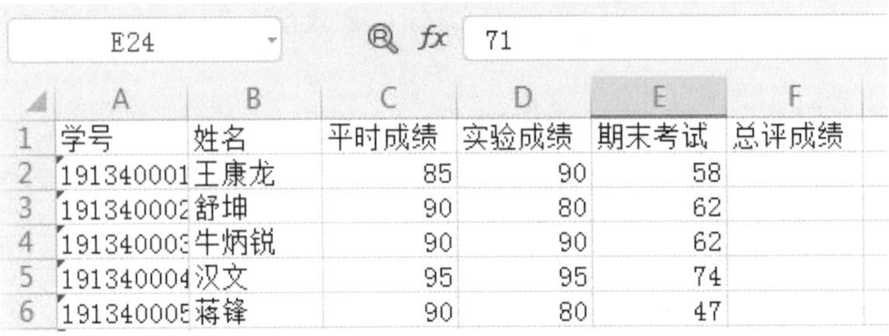

E24　fx 71

	A	B	C	D	E	F
1	学号	姓名	平时成绩	实验成绩	期末考试	总评成绩
2	191340001	王康龙	85	90	58	
3	191340002	舒坤	90	80	62	
4	19134000З	牛炳锐	90	90	62	
5	191340004	汉文	95	95	74	
6	191340005	蒋锋	90	80	47	

图 11－12　C 语言成绩表

知识补充：单元格的删除与清除，WPS 表格中单元格删除与清除是两个不同的概念，删除单元格是指将所选择的单元格删除，根据操作用对应的单元格行、列替补；清除单元格默认是将指定单元格中的内容清除，单元格存在，单元格位置保持不变。在单元格的编辑中，通常选择单元格或单元格区域后，按 Delete 键只是清除了选定单元格区域中的内容，单元格仍然保留原有的其他设置。要想清除内容及格式，正确的操作方法是选择单元格区域，然后单击“开始”选项卡“格式”菜单中的“清除”子菜单中的相应命令，以清除单元格中的内容、格式、批注或全部（包括前 3 项）。

11.1.5　表格的格式设置

单元格是表格的基本元素，单元格内容的格式设置包括字体、字号、边框底纹等，还有电子表格特有的条件格式。另外使表格分布合理，还可以设置行列的行高和列宽，以及快速套用样式美化表格等。

1. 设置单元格格式

WPS 表格中的字体、字号、边框设置与 WPS 文字处理中基本一致，可参照文字处理章节内容进行表格中的内容的字体字号设置。

2. 设置行高/列宽

默认情况下，工作表中每列的宽度和每行的高度都相同。实际应用中，如果单元格所在的行/列的高/宽度不够，则部分数据就不能正常显示，如内容显示不全或显示为"♯♯♯♯♯♯"，此时就需要设置单元格的行高或列宽。设置方法有：

- 拖动行/列分割线设置，将鼠标移至两个行号/列标之间，待鼠标变成上下/左右双向箭头时，拖动鼠标就可进行行高/列宽调整。
- 自动适应行高/列宽，将鼠标移至两个行号/列标之间，待鼠标变成上下/左右双向箭头时双击，则系统会根据单元格中的内容多少自动调整行高/列宽（与单元格中的内容的多少匹配）。
- 准确设置行高/列宽，在要设置的行/列的行号/列标上单击鼠标右键，在弹出的快捷菜单中选择"行高"/"列宽"命令，打开"行高"/"列宽"对话框，输入相应的参数后单击"确定"按钮即可。
- 使用功能区命令设置，选中行/列所在的某个单元格，然后单击"开始"选项卡中的"行和列"按钮，并选择相应的设置功能。

3. 套用表格样式

WPS 表格中内置了许多表格样式，用户可以直接使用，从而对表格进行快速美化，使用内置样式美化表格的方法为：选中要设置样式的单元格区域；在"开始"选项卡中单击"表格样式"下拉按钮，在弹出的下拉列表中单击需要的样式；在"套用表格样式"对话框中简单设置后确认即可。

任务要求：

为"学生基本信息表"设置字体、字号、表格边框，表标题行高度设为 30，各列设置为适合内容宽度。表格数据区域设置套用 WPS 内置样式"表样式中等深浅 7"。将"各科成绩汇总表"和"C 语言程序表"各数据列宽度设置为 10，将所有表格中的其余所有行调整为适合高度。

操作步骤：

(1) 选中 A1 单元格，设置表标题为字体为"隶书"、22 磅大小，表格其余内容字体为"宋体"、12 磅大小。

(2) 选中"学生基本信息表"A3:I27 单元格区域，单击"边框"按钮，为单元格添加"所有框线"和"粗匣框线"。

(3) 在行号"1"上单击鼠标右键，选择"行高"命令，输入 30 后确定。鼠标左键单击列标"A"并拖动至列"I"，然后双击选定区域中任一列标分割线，其余内容依要求设置。

(4) 选中单元格区域 A3:I27，单击"开始"选项卡中的"表格样式"按钮，即弹出 WPS 预设表格样式列表，选择"表样式中等深浅 7"。

(5) 在图 11-13 所示的"套用表格样式"对话框，选中"仅套用表格样式"，单击"确定"按钮完成样式套用,完成后的"学生基本信息表"如图 11-1 所示。

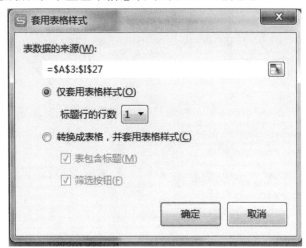

图 11-13 套用表格样式对话框

4. 设置条件格式

条件格式是指当单元格中的数据满足某一个设定的条件时,系统会自动将其以设定的格式显示出来。通过设置条件格式,使得单元格字体或填充的颜色会根据数据自动变化,可以突出显示满足条件的数据。

任务要求:

为"C 语言成绩表"中的期末考试成绩列设置条件格式,突出显示成绩最高的 3 位同学以及考试不及格的同学。

操作步骤:

(1)选择"C 语言成绩表"为当前工作表,选中单元格区域 E2:E25。

(2)单击"开始"选项卡中的"条件格式"按钮,即弹出条件格式规则列表,选择"突出显示单元格的规则"子菜单中的"小于…",弹出对话框如图 11-14 所示,设置及格分数"60",并为其选择格式"浅红填充色深红色文本",然后单击"确定"按钮,则所有低于 60 分的成绩单元格格式变为浅红色背景深红色文本。

图 11-14 设置条件格式规则

(3)单击"开始"选项卡中的"条件格式"按钮,选择"项目选取规则"子菜单中的"值最大的 10 项",设置数量为"3",格式为"浅绿填充色深绿色文本",最终结果如图 11-15 所示。

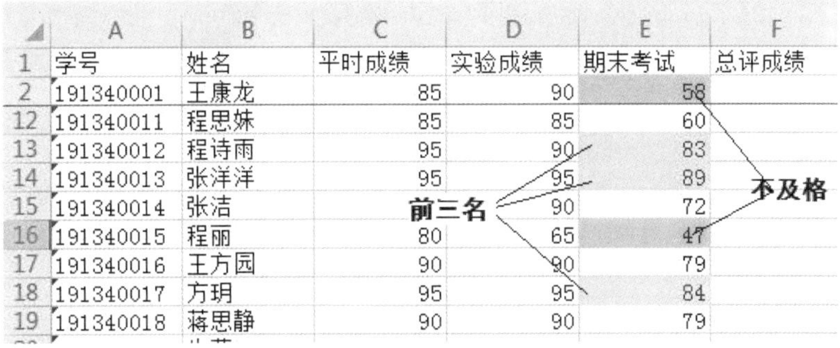

	A	B	C	D	E	F
1	学号	姓名	平时成绩	实验成绩	期末考试	总评成绩
2	191340001	王康龙	85	90	58	
12	191340011	程思姝	85	85	60	
13	191340012	程诗雨	95	90	83	
14	191340013	张洋洋	95	95	89	
15	191340014	张洁		90	72	
16	191340015	程丽	80	65	47	
17	191340016	王方园	90	90	79	
18	191340017	方玥	95	95	84	
19	191340018	蒋思静	90	90	79	

图 11－15　设置条件格式后的效果

5. 设置单元格批注

批注是文档审阅者、读者与作者之间的沟通渠道，在表格中某些内容需要说明而又不需要显示和打印时，可使用批注。使用批注可以给单元格数据说明，让读者能看懂数据。设置有批注的单元格右上角会显示有红色的小用角形。插入批注的方法为：

· 将光标定位到需要插入批注的单元格；单击“审阅”选项卡中的“新建批注”命令按钮；在批注框中输入批注内容。

· 将光标定位到需要插入批注的单元格；单击鼠标右键，在弹出的快捷菜单中选择“插入批注”命令，输入批注内容。

任务要求：

为“C 语言成绩表”中的“总评成绩”插入批注，说明总评成绩的构成及计算方法。

操作步骤：

(1)切换“C 语言成绩表”为当前工作表，在单元格 F2 中单击鼠标右键，然后在弹出的快捷菜单中选择“插入批注”命令。

(2)在批注框中写入批注内容。用户浏览数据时，当鼠标移至单元格 F2 时则可见批注内容，如图 11－16 所示。

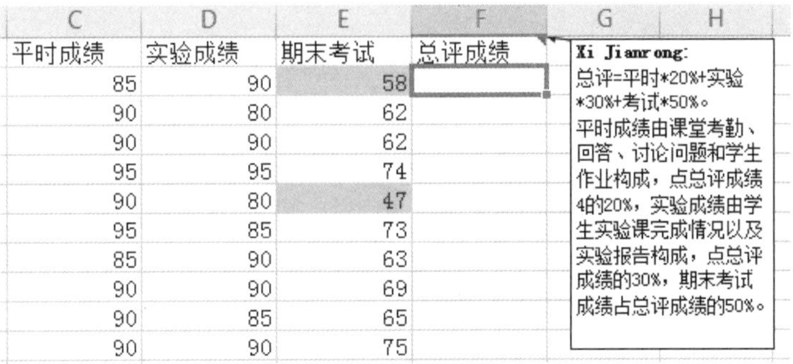

C	D	E	F
平时成绩	实验成绩	期末考试	总评成绩
85	90	58	
90	80	62	
90	90	62	
95	95	74	
90	80	47	
95	85	73	
85	90	63	
90	90	69	
90	85	65	
90	90	75	

图 11－16　单元格批注

11.1.6　表格的浏览

在 WPS 表格中查看规模比较大的工作表时，行列数较多时，一旦向下/右滚屏，则上/左边的标题行也会跟着滚动，在查看分析数据时，往往无法同时看到标题和数据。为了方便浏览，需要使用冻结窗口这项功能。方法是将光标定位在要冻结的标题行/标题列(可以是一行或多行)的下一行/列,然后选择"视图"选项卡中"窗口"功能组的"冻结窗格"按钮,接着选择冻结的方式即可。冻结后的工作表行标题和列标题固定不动,大大方便了数据的查看。

任务要求:

冻结"C语言成绩表"的标题行,以便在浏览数据时保持标题行不动。冻结"各科成绩汇总表"的标题行和"学号""姓名"两列,以便在浏览数据时保持标题行和学生信息不动。

操作步骤:

(1)切换"C语言成绩表"为当前工作表,单击工作表第2行中任一单元格,单击"视图"选项卡中的"冻结窗格"按钮,在弹出的列表中选择"冻结首行"命令。

(2)切换"各科成绩汇总表"为当前工作表,单击C3单元格,然后单击"视图"选项卡中的"冻结窗格"按钮,在弹出的列表中选择"冻结至第1行B列"命令。

最后,参照以上操作完成工作表"各科成绩汇总表""C语言成绩表"的格式设置。复制工作表"C语言成绩表"并编辑得到工作表"大学英语""高等数学""军事理论",为各工作表录入基本数据。

11.1.7 要点小结

(1)工作簿是指WPS表格文件,一个工作簿由多个不同类型的工作表组成,每个工作表由若干个单元格组成,每个单元格都有唯一的编号。单元格是工作表最基本的数据单元,也是工作簿的最小组成单位。

(2)WPS表格中所有的对象的编辑、操作,遵循"先选择后操作"原则,即先选择要操作的对象,再进行相应的编辑、操作。

(3)特殊数据的输入,输入纯数字型的文本时以一个单引号开始,如电话号码:"'09132133965",学号"'091340001"等。分数的输入使用"整数部分+空格+分数"形式,如"0 1/2""76 1/4"等。

(4)对于一些相同的或有规律的数据,可以使用"填充柄"快速完成,在拖动"填充柄"的同时按住Ctrl键会改变填充方式。

(5)为了保证数据列取值的一致性,方便后期数据的统计、分析,可以采用数据有效性规则规范输入数据。

(6)对于表格中经常关注的一些数据,可以设置条件格式来突出显示满足规则的数据。

(7)使用套用表格样式,可以快速设置表格格式,并方便后期的统计分析。

(8)在复制和移动单元格时,WPS表格会复制和移动包括公式及其结果值、单元格格式和批注在内的单元格中的所有信息,但在粘贴时移动与复制会有很大不同。

(9)对于常用功能的操作,使用右键快捷菜单可提高效率。

(10)为了方便浏览数据,可以将表格的标题行或侧方列冻结。

11.2 使用公式函数计算数据

任务描述:学校用表格来管理学生信息,现已经创建好教学相关数据表格,且已录入数据,要求根据已有基本数据,使用公式、函数计算完成表格中的成绩总计、成绩排名和简单的数据统计。完成后的"C 语言成绩表""各科成绩汇总表"如图 11-17、图 11-18 所示。

	A	B	C	D	E	F
F2			=C2*20%+D2*30%+E2*50%			
1	学号	姓名	平时成绩	实验成绩	期末考试	总评成绩
23	091340022	冯朝阳	80	80	68	74
24	091340023	张瑞瑞	85	85	71	78
25	091340024	张科鑫	80	80	75	77.5
26						
27	最高分		89	最低分	47 平均分	69.5
28						
29			成绩分数段	人数	百分比	
30			>90	0	0%	
31			80-89	4	17%	
32			70-79	9	38%	
33			60-69	7	29%	
34			<60	4	17%	
35			全部	24	100%	

图 11-17　完成计算的 C 语言成绩表

	A	B	C	D	E	F	G	H
H14					=RANK(G14,$G$2:$G$25)			
1	学号	姓名	大学英语	高等数学	军事理论	C语言程序设计	总评成绩	学院排名
14	091340013	张洋洋	78	72	76	92	79.5	12
15	091340014	张洁	94	92	100	81	91.8	1
16	091340015	程丽	62	65	99	59	71.3	23
17	091340016	王方园	67	64	92	84.5	76.9	17

图 11-18　完成计算的各科成绩汇总表

任务目标:
- 理解单元格、单元格区域的表示以及单元格的引用。
- 理解 WPS 表格中公式的构成与使用方法。
- 掌握 WPS 表格中使用公式计算工作表数据的方法。
- 掌握 WPS 表格中常用函数的使用方法。

技能目标:
- 学会使用电子表格公式。
- 能够在公式中正确地引用单元格。
- 能够正确使用公式计算数据表中的数据。
- 能够正确使用 WPS 表格中常用函数。

任务实施: 任务具体的实施过程如下所述。

11.2.1　认识公式与函数

WPS 表格工作表中的数据很多需要根据基础数据计算得出,在单元格中输入一个计算公式并按 Enter 键后,系统会自动计算出结果并显示在单元格中。当选中单元格时,在编辑栏中会显示单元格所使用的公式。

公式是由数字、单元格引用、函数以及运算符等元素组成的计算式,是对数据进行计算和分析的等式。公式以"="开头,公式由运算符和参与运算的操作数组成。运算符可以是算术运算符、比较运算符、文本运算符和引用运算符;操作数可以是常量、单元格引用和函数等。图 11-19 所示是"C 语言成绩表"和"各科成绩汇总表"中使用的两个公式。

图 11-19　公式的组成

　　函数是指 WPS 表格中的内置函数,是 WPS 表格预先定义好的运算表达式,它必须包含在公式中使用。每个函数教由函数名和参数组成,其中函数名表示要执行的操作,参数表示函数运算时将使用的值对象,是常量、数组、单元格引用,还可以是其他的公式或函数等。在公式中合理地使用函数,可以方便快速地完成数据计算。如求各门课程的平均值可以使用公式"=(C25+D25+E25+F25)/4"完成,也可以直接用函数完成如"=AVERAGE(C2:F2)"。

　　WPS 表格公式中的运算符包括算术运算符、比较运算符、文本运算符、引用运算符、运算优先级由高到低依次为引用运算符、算术运算符、文本运算符、比较运算符。

- 算术运算符,包括加(+)、减(-)、乘(*)、除(/)、乘方(^)、百分号(%)。
- 比较运算符,包括等于(=)、大于(>)、小于(<)、大于等于(>=)、小于等于(<=)、不等于(<>)。
- 文本运算符 &,可以使用运算符将一个或多个文本连接为一个文本值。例如,在单元格中输入"="陕西省"&"渭南市""",将显示结果"陕西省渭南市"。注意:文本常量必须使用英文半角的双引号界定。
- 引用运算符,用以将单元格区域引用合并计算的运算符号。引用运算符号有冒号(:)、逗号(,)和空格三个,其用法如表 11-1 所示。

表 11-1　引用运算符及其含义

引用运算符	含　义	实　例	注　释
:(冒号)	区域运算符,用于引用以两个单元格为顶角的区域	(B5:C15)	是以 B5 为左上角,C15 为右下角的一个矩形区域,共 22 个单元格
,(逗号)	联合运算符,用于将多个引用合并为一个引用	(B5:B15,D5:D15)	是区域 B5:B15 和区域 D5:D15 的合并区域,共 22 个单元格
(空格)	交叉运算符,用于引用两个引用共有的交叉部分。	(B6:D10 C8:E12)	是区域 B6:D10 和区域 C8:E12 的交叉部分,即为 C7:C10,共 6 个单元格

11.2.2　单元格引用

　　单元格引用是指对工作表的一个或一组单元格进行标识,用来指明公式中所使用的数据的位置。通过单元格引用,可以在一个公式中使用工作表不同部分的数据,或者在几个公式中使用同一单元格中的数值,还可以使用同一个工作簿中不同工作表的单元格数据,甚至使用其他工作簿中的数据。当公式中引用的单元格数据发生变化时,公式的计算结果会自动更新。

1. 单元格的引用类型

单元格的引用可分为相对引用、绝对引用和混合引用三种：

(1)相对引用，相对引用是电子表格默认的单元格引用方式，它直接使用单元格的列标和行号表示单元格，形式上如 B3，D5 等。在复制含有公式的单元格时，系统会根据公式单元格的位置自动调整公式中引用的单元格地址。公式的值将会根据变化后的引用单元格地址的值重新计算得到。

(2)绝对引用，绝对引用是指在单元格的列标和行号前面都加上"＄"符号，形式上如 ＄B＄3，＄D＄5 等。在复制含有公式的单元格时，单元格的绝对引用将不做调整，即公式中的单元格引用将不随着公式位置的改变而发生改变。

(3)混合引用，混合引用是指单元格引用表示中既有相对部分，又有绝对部分，即具有绝对列和相对行，或是绝对行和相对列，只在绝对部分前加"＄"符号，形式上如 ＄B3，D＄5 等。在复制含有公式的单元格时，则相对引用部分改变，而绝对引用部分不变。

公式中不同引用方式在复制时的变化情况示例，如表 11－2 所示。

表 11－2　单元格复制时公式中不同引用的变化

引用方式	公式所在单元格	公式	复制到单元格	新公式
相对引用	D5	＝A2＋B4	F7	＝C4＋D6
绝对引用	D5	＝＄A＄2＋＄B＄4	F7	＝＄A＄2＋＄B＄4
混合引用	D5	＝＄A2＋B＄4	F7	＝＄A4＋D＄4

2. 单元格引用形式的切换

在表格中输入公式时，只要正确使用 F4 键，就能简单地在单元格的相对引用、绝对引用和混合引用之间进行切换。例如，单元格 G2 中有公式"＝AVERAGE(C2:F2)"。双击单元格 G2 进入编辑模式，或选中单元格然后将光标移到编辑栏，选中要切换的单元格引用如 C2:F2，依次按下 F4 键，则所选单元格引用会在不同形式之间进行切换。

第一次按下 F4 键，公式内容变为"＝AVERAGE(＄C＄2:＄F＄2)"，表示对单元格行、列均进行绝对引用。

第二次按下 F4 键，公式内容变为"＝AVERAGE(C＄2:F＄2)"，表示对单元格行绝对引用，列相对引用。

第三次按下 F4 键，公式内容变为"＝AVERAGE(＄C2:＄F2)"，表示对单元格行相对引用，列绝对引用。

第四次按下 F4 键时，公式变回到初始状态"＝AVERAGE(C2:F2)"，即对单元格行、列均进行相对引用。

3. 三维引用

在单元格公式中，不仅能引用当前工作表中的数据，也可引用当前工作簿中的其他工作表中的数据，甚至可以引用其他工作簿中的单元格数据。在引用时其他工作表或工作簿中的数据时，除了单元格地址，还需要指明工作表、工作簿信息。在当前工作表中要引用同一

工作簿中的其他工作表中的单元格数据,其格式为:

工作表名称!单元格或单元格区域地址

在当前工作表中要引用另外一个工作簿中某一个工作表中的单元格数据,其格式为:

［工作簿名称.xlsx］工作表名称!单元格或单元格区域地址。

如在"各科成绩汇总表"中的"C 语言程序设计"成绩,要查询引用"C 语言成绩表"中的总评成绩,选中单元格 F2,在编辑栏中输入"＝VLOOKUP(A2,C 语言成绩表! A2:F25,6)",则当"C 语言成绩表"中基础数据发生变化时,F2 中的数值也会同步更新。

11.2.3 使用公式进行计算

在数据表中,如需要对基础数据进行计算,即可在单元格中输入公式,输入公式时必须以"＝"开始。输入公式的方法有:

- 直接输入,首先选中要输入公式的单元格,然后在单元格或编辑栏中输入"＝"以及数据项和运算符,完成后按 Enter 键确认,计算结果就会显示在单元格内。
- 鼠标辅助输入,选中要输入公式的单元格,在单元格或编辑栏中输入"＝"开始的公式,在要使用单元格引用时,通过鼠标单击单元格或选择单元格区域来完成单元格的引用,运算符依然键盘输入,完成后按 Enter 键确认,计算结果就会显示在单元格内。

任务要求:

计算机各单科成绩表中的总评成绩,课程总评成绩由平时成绩、实验成绩、期末考试成绩构成,各自占比分别为 20％、30％、50％。即"总评成绩＝平时成绩×20％＋实验成绩×30％＋期末考试×50％"。

操作步骤:

(1)此处以"C 语言成绩表"为例,切换"C 语言成绩表"为当前工作表,单击 F2 单元格。

(2)键盘输入公式"＝C2＊20％＋D2＊30％＋E2＊50％",或者输入"＝",鼠标单击 C2,键盘输入"＊20％＋",然后鼠标单击 D2,键盘输入"＊30％＋",继续鼠标单击 E2,键盘输入"×50％",如图 11-20 所示。

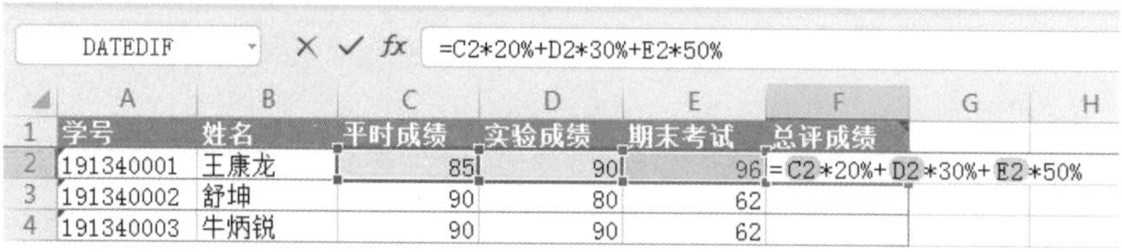

图 11-20 输入总评成绩计算公式

(3)按 Enter 键确认,计算出第一个学生的总评成绩,如图 11-21 所示。

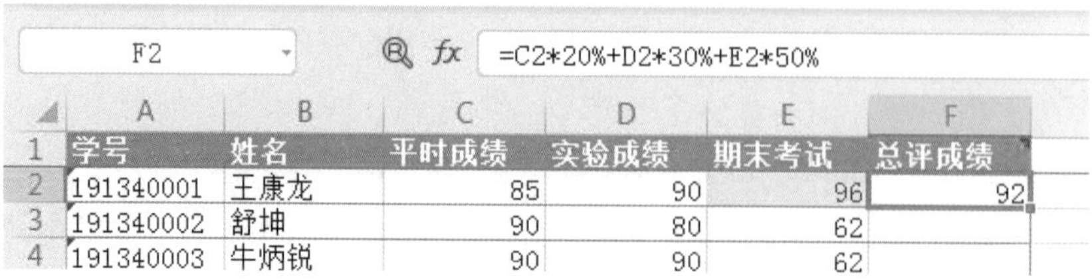

图 11-21 确认计算公式得出结果

（4）选中 F2 单元格，拖动填充柄到 F25 单元格，或者双击 F2 单元格右下角的填充柄，完成所有学生的总评成绩计算。

11.2.4　使用函数进行计算

在 WPS 表格中，利用公式可以计算一些简单的数据，而利用函数则可以很容易地完成各种复杂数据的处理工作，并简化公式的使用方法。一个完整的函数式主要由函数名称和函数参数组成。函数名称代表要执行的功能，通常是其对应功能的英文单词缩写；函数参数是函数名称后面的一对半角圆括号内的内容，通常是计算要使用的数据列表。

1. 函数的分类

WPS 表格的函数库中提供了多种函数，在"公式"选项卡，或打开的"插入函数"对话框中都可以查找到。按函数的功能，可以将其分为以下几类。

（1）文本函数：用来处理公式中的文本字符串。如 LOWER 函数可将文本字符串的所有字母转换成小写形式等。

（2）逻辑函数：用来测试是否满足某个条件，并进行真假值判断。其中，IF 函数的使用范围非常广泛。

（3）日期和时间函数：用来分析或操作公式中与日期和时间有关的值。如 DAY 函数可返回以序列号表示的某日期在一个月中的天数等。

（4）数学和三角函数：用来进行数学和三角方面的计算。其中三角函数采用弧度作为角的单位，如 RADIANS 函数可以把角度转换为弧度等。

（5）财务函数：用来进行有关财务方面的计算。如 DB 函数可返回固定资产的折旧值，IPMT 函数可返回投资回报的利息部分等。

（6）统计函数：用来对一定范围内的数据进行统计分析。如 MAX 函数可返回一组数值中的最大值，COVAR 函数可返回协方差等。

（7）查找与引用函数：用来查找列表或表格中的指定值。如 VLOOKUP 函数可在表格数组的首列查找指定的值，并由此返回表格数组当前行中其他列的值等。

（8）数据库函数：主要用来对存储在数据清单中的数值进行分析，判断其是否符合特定的条件。如 DSTDEVP 函数可计算数据的标准偏差。

（9）信息函数：用来帮助用户鉴定单元格中的数据所属的类型或单元格是否为空等。

（10）工程函数：常用于工程分析。包括对复数进行处理、在不同的数字系统（如十进制、十六进制、八进制和二进制系统）间进行数值转换以及在不同的度量系统中进行数值转换等。

2. 函数的使用

在表格中输入函数的方法有多种，用户可以根据自己情况选择使用。

（1）插入常用函数：选中需要插入函数的单元格，单击"开始"选项卡中的"求和"下拉按钮，在弹出的下拉列表中选择"求和""平均值""计数"等常用函数，根据提示完成参数设定，按下 Enter 键即可。

（2）使用"公式"选项卡函数列表插入函数，选中需要插入函数的单元格，切换到"公式"选项卡，单击"常用函数""全部""财务""逻辑""文本"多个下拉按钮之一，选择需要使用的函数,在函数参数对话框中完成参数设定,最后按 Enter 键即可。

(3)通过"插入函数"对话框输入函数,选中要插入函数的单元格,单击编辑栏左边的"插入函数"按钮 f_x,或单击"公式"选项卡中的"插入函数"按钮,打开"插入函数"对话框。在对话框函数列表中选择或通过关键词搜索需要的函数,在打开的"函数参数"对话框完成参数设定,最后按 Enter 键即可。在该对话框中可以查看每个函数的功能说明,有助于函数的查找和输入,适合对函数不熟悉的用户使用。

任务要求:

统计完成"C 语言成绩表"底部的成绩统计表。完成后的结果如图 11-22 所示。

27	最高分		96	最低分		47	平均分		71.08
28									
29				成绩分数段	人数		百分比		
30				>=90	1		4%		
31				80-89	4		17%		
32				70-79	9		38%		
33				60-69	7		29%		
34				<60	3		13%		
35				全部	24				

图 11-22 统计学生成绩中的最高分

操作步骤:

(1)切换"C 语言成绩表"为当前工作表,单击选中 B27 单元格。

(2)单击"开始"选项卡中的"求和"按钮,在弹出的菜单中选择"最大值(M)",则 B27 单元格中插入了空函数"=MAX()"。

(3)使用鼠标拖动选择学生成绩所在单元格区域 E2:E25,最后按 Enter 键确认。参照最大值计算操作,完成最低分和平均分的统计。

(4)选中 D35 单元格,单击"开始"选项卡中的"求和"按钮,在弹出的功能列表中选择"计数(C)",完成学生总人数的统计。

(5)选中 D30 单元格,单击编辑栏左侧的"插入函数"按钮,弹出如图 11-23 所示的"插入函数"对话框。在"函数类别"列表中选择"统计",在"选择函数"列表中浏览找到函数"COUNTIF",单击"确定"按钮,打开如图 11-24 所示的"函数参数"对话框,单击"区域"编辑框,拖动选择学生成绩区域 E2:E25 或直接在编辑框中输入"E2:E25",单击"条件"编辑框,输入"">=90"",此时会在对话框下部给出计算机结果预览,单击"确定"按钮,完成 90 分以上人数统计。

(6)参照第 5 步完成其他各分数段人数统计,中间三个分数段统计使用函数"COUNTIFS",如 80~89 分统计函数为"=COUNTIFS(E2:E25,">=80",E2:E25,"<90")"。

(7)单击 E30 单元格,输入"=",选中 D30 单元格,输入"/",选中 D35 单元格,按 F4 键使除数为绝对引用"$D$35",按 Enter 键确认。然后再选择 E30 单元格,双击填充柄或拖动填充柄将 E30 单元格的公式填充到 E35,完成数据统计。

任务要求:

完成"各科成绩汇总表"中的各科成绩数据,其中各科成绩均来自已经完成的各科成绩表中的总评成绩。

操作步骤:

(1)以"C 语言程序设计"成绩查阅为例。首先,切换"各科成绩汇总表"为当前工作表,

图 11 - 23　选择要使用的函数

图 11 - 24　为 COUNTIF 函数选择参数

单击 F2 单元格,单击编辑栏左侧的"插入函数"按钮 f_x。

(2)在的"插入函数"对话框中浏览找到函数"VLOOKUP",或者在"搜索函数"框中输入"VLOOKUP"后单击"转到"按钮,单击"确定"按钮,打开如图 11 - 25 所示的"函数参数"对话框。

(3)单击"查找值"编辑框,选中 A2 单元格;单击"数据表"编辑框,然后单击"C 语言成绩表"工作表标签,切换"C 语言成绩表"为当前工作表,拖动选择学生成绩区域 A2:F25,按 F4 键转换为绝对引用;单击"列序数"编辑框,输入"6",这时在对话框下部就会显示出计算结果,检查无误后单击"确定"按钮,完成第一个人的 C 语言成绩查询引用,结果如图 11 - 26 所示。

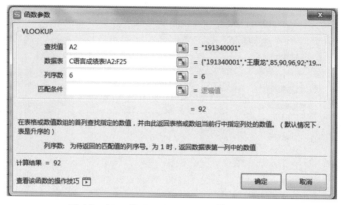

图 11-25　为 VLOOKUP 函数选择参数

	A	B	C	D	E	F	G	H
1	学号	姓名	大学英语	高等数学	军事理论	C语言程序设	总评成绩	学院排名
2	191340001	王康龙				92		
3	191340002	舒坤						
4	191340003	牛炳锐						

fx = VLOOKUP(A2,C语言成绩表!A2:F25,6)

图 11-26　引用 C 语言成绩

（4）选择 F2 单元格，双击填充柄或拖动填充柄到 F25，完成所有学生的 C 语言成绩查询引用。按照同样的操作方法，完成"各科成绩汇总"表中其他各课程的成绩引用。

任务要求：

在"各科成绩汇总表"中，使用"RANK.EQ()"函数计算学生总评成绩排名。

操作步骤：

（1）切换"各科成绩汇总表"为当前工作表，使用函数 AVERAGE 求得学生总评成绩。

（2）单击 H2 单元格，打开"公式"选项卡标签，切换到"公式"选项卡，使用时可点击最左边"插入函数"按钮添加函数；也可点击各函数类别下的小三角按钮▽，从打开的函数列表中选择要使用的函数。此处，单击"其他函数"按钮，在打开的菜单列表中选择"统计"，然后在统计函数列表中浏览并点击函数"RANK.EQ"，打开如图 11-27 所示的"函数参数"对话框。

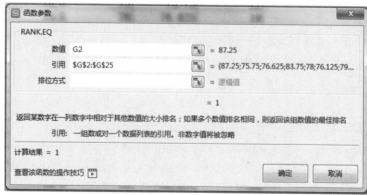

图 11-27　为 RANK.EQ 函数选择参数

（3）单击"数值"编辑框，选中 G2 单元格；单击"引用"编辑框，拖动选择学生成绩区域 G2:G25，按 F4 键转换为绝对引用，这时在对话框下部应看到计算结果，单击"确定"按钮，完成第一个人的名次计算。

（4）选择 H2 单元格，双击填充柄或拖动填充柄到 H25，完成所有学生的名次的计算，结果如图 11-28 所示。

H2		f_x =RANK.EQ(G2,$G$2:$G$25)					
▲	A	B	C	D	E	F	G	H
1	学号	姓名	大学英语	高等数学	军事理论	C语言程序设	总评成绩	学院排名
2	191340001	王康龙	88	81.5	87.5	92	87.25	1
3	191340002	舒坤	79	72.5	78.5	73	75.75	22
4	191340003	牛炳锐	68.5	77.5	84.5	76	76.625	19
5	191340004	汉文	87	77.5	86	84.5	83.75	5
6	191340005	蒋锋	85	77	84.5	65.5	78	13
7	191340006	史维维	85	71.5	67	81	76.125	20
8	191340007	黛翎	79.5	81.5	81.5	75.5	79.5	11
9	191340008	汤启	86	71	87.5	79.5	81	7

图 11-28　学生总评成绩排名

计算学生年龄，在前面的操作中，我们给工作表"学生基本信息表"中增加了"年龄"列，此处我们由学生出生日期计算得出此列的数值。首先，选中单元格 H2，输入公式"=DATEDIF(G4,NOW(),"Y")"，按 Enter 键确认，计算出第一名学生的年龄。然后，再次选中单元格 H2，双击填充柄完成所有学生的年龄计算。

3. 使用嵌套函数

在 WPS 表格工作表中，提供了大量的函数，在进行数据计算时，可以使用不同的函数实现。为了实现较复杂功能，函数还可以嵌套使用，即使用一个函数或者多个函数表达式的返回结果作为另外一个函数的参数，如前面计算学生年龄的公式"=DATEDIF(G4,NOW(),"Y")"就是一个嵌套函数，其中 NOW() 函数的结果作为 DATEDIF() 函数的参数。

在"C 语言成绩表"中计算学生成绩对应的等级，可使用公式"=IF(G2≥90,"优秀",IF(G2≥80,"良好",IF(G2≥70,"中等",IF(G2≥60,"及格","不及格"))))"，公式中 IF 函数嵌套了 4 层。嵌套函数中的第一层函数通常可以使用前面介绍的任意一种方法输入，而作为参数使用的函数则只能通过手动输入。

11.2.5　WPS 表格公式、函数中常见的错误

在电子表格中使用公式、函数时，经常会遇到♯REF!、♯N/A、♯NUM! 等错误，这是由于使用公式时出现了错误而返回的信息。表格中常见的错误代码及其产生的原因如表 11-3 所示。

表 11-3　公式函数的错误代码及其产生原因

返回的错误值	产生原因	解决办法
♯♯♯♯♯♯	单元格内容的宽度大于单元格的宽度	调整单元格宽度
♯DIV/0!	除数为零或者空白	检查除数，或使用 IFERROR 避免错误
♯N/A	无法找到指定的值	更正数据
♯NAME?	函数名称输入错误或使用的函数没有定义	查看修正函数名称

返回的错误值	产生原因	解决办法
＃NUM!	参数无效或不匹配	修正参数
＃REF!	引用超出范围	调整引用的数据区域范围
＃VALUE!	参数类型不符	修改参数类型

11.2.6　要点小结

（1）公式通常由运算符、函数、单元格的引用和常量等成，公式必须以"＝"开头。

（2）进行数据计算时，可以在单元格中直接输入整个公式，也可采用鼠标点击选择实现单元格引用，建议初学者采用鼠标点选的方式。

（3）单元格的引用可分为相对引用、绝对引用和混合引用三种，使用合理的单元格引用方式，才可以在公式复制时达到理想的效果。输入公式时，使用 F4 键，就能简单地在单元格的相对引用、绝对引用和混合引用之间进行切换。

（4）在电子表格的工作表中，不但能引用当前工作表中的数据，还能引用同一工作簿中的其他工作表中的数据，甚至还可以引用其他工作簿中的单元格数据。

（5）为了实现较复杂功能，函数可以嵌套使用，建议函数的嵌套不超过 3 层。

11.3　数据的筛选与汇总

任务描述：学校用表格来管理学生信息，已经完成了教学过程数据及考试成绩录入，并利用公式函数完成计算与数据统计。现要求利用电子表格自身具有的数据排序、筛选、汇总功能实现数据的统计分析，提高工作效率。图 11-29、图 11-30、图 11-31 所示分别为完成"按多字段排序"后的学生基本信息表、"实现复杂条件数据记录筛选"的成绩汇总表和实现分类汇总的成绩汇总表。

任务目标：
- 理解数据清单的概念
- 掌握工作表数据的多关键字排序方法
- 掌握工作表数据进行自动筛选和高级筛选方法
- 掌握工作表数据的分类汇总方法

技能目标：
- 能够正确建立数据清单
- 能够按要求对数据进行排序
- 能够对数据进行自动筛选和高级筛选
- 能够实现数据的分类汇总

任务实施：任务具体的实施过程如下所述。

计算机学院2019级学生信息表								
学院名称：		计算机学院			制表人：		张 X X	
序号	学号	姓名	专业	班级	性别	出生日期	年龄	联系电话
14	191340014	张洁	计算机科学与技术	计本191	女	2002/8/20	18	13199857020
13	191340013	张洋洋	计算机科学与技术	计本191	女	2002/6/13	18	13779199764
17	191340017	方玥	计算机科学与技术	计本192	女	2002/5/23	18	13520628515
15	191340015	程丽	计算机科学与技术	计本192	女	2002/3/5	18	15291307785
2	191340002	舒坤	计算机科学与技术	计本192	男	2001/6/15	19	13474250081
8	191340008	汤启	计算机科学与技术	计本191	男	2000/12/15	20	13861777437
11	191340011	程思姝	软件工程	软本191	女	2003/9/11	17	13999205975
16	191340016	王方园	软件工程	软本192	女	2003/4/11	17	13311191021
6	191340006	史维维	软件工程	软本191	女	2002/3/2	18	13901608399
9	191340009	郑琬丽	软件工程	软本191	女	2001/9/15	19	13691855200
5	191340005	蒋锋	软件工程	软本192	男	2004/8/14	16	13635715625
1	191340001	王康龙	软件工程	软本192	男	2002/5/27	18	15969838323
12	191340012	程诗雨	网络工程	网本192	女	2003/7/16	17	13899471687
18	191340018	蒋思静	网络工程	网本192	女	2001/6/21	19	13641364832
7	191340007	黛翎	网络工程	网本191	女	2000/12/30	20	13891190890
10	191340010	李霞	网络工程	网本191	女	2000/10/27	20	13095008185
4	191340004	汉文	网络工程	网本191	男	2003/12/21	17	13834059302
3	191340003	牛炳锐	网络工程	网本192	男	2002/5/29	18	15852993990
23	191340023	张瑞瑞	信息安全	信安191	女	2001/9/6	19	13701396104
24	191340024	张科鑫	信息安全	信安192	女	2001/6/7	19	13701039911
20	191340020	罗启航	信息安全	信安192	男	2002/4/9	18	13426286547
19	191340019	牛蒙	信息安全	信安192	男	2001/7/10	19	13730183602
22	191340022	冯朝阳	信息安全	信安191	男	2001/5/22	19	13910538915
21	191340021	马文清	信息安全	信安191	男	2000/7/16	20	13911397706

图 11－29　多字段排序的学生信息表

32	学号	姓名	大学英语	高等数学	军事理论	C语言程序设	总评成绩	学院排名	性别
33	191340001	王康龙	88	81.5	87.5	92	87.25	1	男
34	191340006	史维维	85	71.5	67	92	78.875	11	女
35	191340012	程诗雨	84	95.5	76	65.5	80.25	8	女
36	191340013	张洋洋	95.5	84	74.5	65.5	79.875	9	女
37	191340016	王方园	82	73.5	68.5	59	70.75	22	女
38	191340018	蒋思静	81.5	79.5	71	59	72.75	19	女
39	191340024	张科鑫	81.5	88	77	59	76.375	14	女

图 11－30　使用高级筛选实现数据筛选

11.3.1　创建数据清单

数据清单，是指在电子表格中按记录和字段的结构特点组成的数据区域，是一种包含一行列标题和多行数据，且每行同列数据的类型和格式完全相同的电子表格工作表，类似于数据库中的表对象。数据清单中的列称为字段，数据列的名称称为字段名，该字段名通常为数据库中第一行各单元格的内容，数据清单中的每一行对应数据库中的一条记录。对于数据清单，电子表格可以更方便进行各种数据管理和分析功能，包括查询、排序、筛选以及分类汇总等数据库基本操作。

为了使 WPS 表格在操作中能自动识别数据清单，构建数据清单时应满足以下要求：

(1)列标题应位于数据清单的第一行，用以查找和组织数据、创建报告。

(2)同一列中各行数据项的类型和格式应当完全相同。

(3)避免在数据清单中间放置空白的行或列。可以使用空白的行或列将数据清单与同

1 2 3		A	B	C	D	E	F	G	H	I	J
	1	学号	姓名	大学英语	高等数学	军事理论	C语言程序设	总评成绩	学院排名	性别	
	2	191340001	王康龙	88	81.5	87.5	92	87.25	1	男	
	3	191340002	舒坤	79	72.5	78.5	92	80.5	7	男	
	4	191340003	牛炳锐	68.5	77.5	84.5	92	80.625	6	男	
	5	191340004	汉文	87	77.5	86	92	85.625	2	男	
	6	191340005	蒋锋	85	77	84.5	92	84.625	3	男	
	7	191340008	汤启	86	71	87.5	79.5	81	5	男	
	8	191340019	牛蒙	71.5	85	76	59	72.875	18	男	
	9	191340020	罗启航	77	85	95.5	59	79.125	10	男	
	10	191340021	马文清	77.5	87	82.5	59	76.5	13	男	
	11	191340022	冯朝阳	77.5	68.5	71	59	69	24	男	
	12			79.7	78.25	83.35	77.55			男 平均值	
	13	191340006	史维维	85	71.5	67	92	78.875	11	女	
	14	191340007	黛翎	79.5	81.5	81.5	92	83.625	4	女	
	15	191340009	郑琬丽	73.5	82	89	65.5	77.5	12	女	
	16	191340010	李霞	79	68	75	65.5	71.875	21	女	
	17	191340011	程思妹	78	76	80.5	65.5	75	15	女	
	18	191340012	程诗雨	84	95.5	76	65.5	80.25	8	女	
	19	191340013	张洋洋	95.5	84	74.5	65.5	79.875	9	女	
	20	191340014	张洁	76	78	74	65.5	73.375	17	女	
	21	191340015	程丽	68	79	76.5	59	70.625	23	女	
	22	191340016	王方园	82	73.5	68.5	59	70.75	22	女	
	23	191340017	方玥	71	86	79.5	59	73.875	16	女	
	24	191340018	蒋思静	81.5	79.5	71	59	72.75	19	女	
	25	191340023	张瑞瑞	72.5	79	79	59	72.375	20	女	
	26	191340024	张科鑫	81.5	88	77	59	76.375	14	女	
	27			79.071429	80.107143	76.35714	66.5			女 平均值	
	28			79.333333	79.333333	79.27083	71.1041667			总平均值	

图 11-31 数据记录分类汇总果

一工作表中的其他数据分隔开。

(4)尽量在一张工作表上仅建立一个数据清单。

11.3.2 数据记录排序

在电子表格中,为了能快速查看数据或为后期的数据汇总、分析做准备,可以对整个数据表或选定区域的数据排序。数据排序是指将数据列表按照一定的顺序进行排列,数据排序分为升序和降序两种方式,排序规则包含数值大小、字母顺序、拼音顺序和笔画顺序等,还可以自定义排序方式。

1. 简单排序

简单排序是指按照系统设置的默认排序规则进行按列排序,对于数值型数据,则自动按照数值大小进行排序;对于文本类数据,则按照首字母顺序进行排序。简单排序只能按单列数据进行排序。

2. 自定义排序

在对类数据列进行排序时,默认会按照数字大小或文本首字符的拼音字母顺序进行排序,如果希望按照某种指定的方式进行排序,例如按多列或多行排序或依据文本笔划排序等,则可以通过自定义排序的方式实现。

实现排序方法有:

- 单击排序列中任一单元格,然后单击"开始"选项卡中的"排序"下拉按钮,在弹出的下拉列表中选择"升序"或"降序"实现简单排序;选择"自定义排序",弹出"排序"对话框,设置排序方式和依据实现自定义排序。

· 单击排序列中任一单元格,然后单击"数据"选项卡中的"升序"按钮 或"降序"按钮 实现简单排序;单击"排序"按钮,弹出"排序"对话框,设置排序方式和依据实现自定义排序。

任务要求:

在"C 语言成绩表"工作表中,实现学生信息按"总评成绩"列降序排序。对"学生基本信息表"工作表数据按照专业、性别和出生日期进行排序。在"植树活动"工作表中,按照各班级所栽植松树、黄杨数量对班级按行降序排序。

操作步骤:

(1)切换"C 语言成绩表"为当前工作表,单击"总评成绩"列中的任一单元格,此处单击 F3 单元格,然后单击"数据"选项卡中的"降序"按钮 ,即可实现成绩信息按"总评成绩"的降序排序,排序后的"C 语言成绩表"如图 11-32 所示。

	A	B	C	D	E	F	G
1	学号	姓名	平时成绩	实验成绩	期末考试	总评成绩	考试成绩等级
2	191340001	王康龙	85	90	96	92	优秀
3	191340013	张洋洋	95	95	89	92	良好
4	191340017	方玥	95	95	84	89.5	良好
5	191340012	程诗雨	95	90	83	87.5	良好
6	191340004	汉文	95	95	74	84.5	中等
7	191340016	王方园	90	90	79	84.5	中等
8	191340018	蒋思静	90	90	79	84.5	中等
9	191340020	罗启航	85	85	82	83.5	良好
10	191340010	李霞	90	90	75	82.5	中等
11	191340006	史维维	95	85	73	81	中等
12	191340014	张洁	90	90	72	81	中等
13	191340008	汤启	90	90	69	79.5	及格

图 11-32　按总评成绩降序排序 C 语言成绩表

(2)切换工作表"学生基本信息表"为当前工作表,单击数据区域中任一单元格,单击"数据"选项卡中的"排序"按钮,弹出"排序"对话框。

(3)在"主要关键字"列表中选择"专业","排序依据"列表中选择"数值","次序"列表中选择"升序";接着,单击"添加条件"按钮,在条件列表中会出现"次要关键字"行,在"次要关键字"列表中选择"性别","排序依据"列表中选择"数值","次序"列表中选择"降序"。继续添加排序关键字"出生日期",结果如图 11-33 所示。

图 11-33　设置排序主关键字"专业"和"出生日期"

(4)单击"确定"按钮,实现学生信息的多字段排序,返回查看学生信息,可见学生记录已经按照设定条件重新排序,如图 11-29 所示。

(5)如图 11-34 所示,为学校在植树节组织大家到某新建路段进行植树活动中各班级的数据。首先,单击数据区域中的任一单元格,然后单击"数据"选项卡中的"排序"按钮,弹出"排序"对话框。

▲	A	B	C	D	E	F	G	H	I
1	学生义务植树活动								
2									
3	班级	计本191	计本192	软本191	软本192	网本191	网本192	信安191	信安192
4	松树	19	12	16	13	17	11	17	16
5	黄杨	9	19	13	17	11	16	12	14

图 11-34 植树节各班植树数量统计

(6)单击对话框右上部的"选项"按钮 [选项(O)...],在"排序选项"对话框中选择排序方向为"按行排列",接着设置"主要关键字"为"行4""降序","次要关键字"为"行5""降序",如图11-35所示。

图 11-35 设置按行排序条件

(7)单击"确定"按钮,完成数据排序,返回查看植树数据如图11-36所示,可见班级顺序已经按照设定条件重新排列。

▲	A	B	C	D	E	F	G	H	I
1	学生义务植树活动								
2									
3	班级	计本191	信安191	网本191	信安192	软本191	软本192	计本192	网本192
4	松树	19	17	17	16	16	13	12	11
5	黄杨	9	12	11	14	13	17	19	16

图 11-36 按行排序后的植树数量统计表

技能补充:在日常生活中经常举行的各类选举投票中,要实现候选人按姓名笔画排序方法与按行排序的操作类似,只要在"排序选项"对话框中选择排序方法为"笔划排序"即可。

11.3.3 数据记录筛选

当数据表格数据行数较多时,使用排序方法也难以快速定位到要查看的数据,这时需要使用表格的数据记录筛选功能。数据筛选是指在数据列表中只显示符合用户设置条件的数据信息,同时隐藏不符合条件的数据信息。

用户可以根据需要进行数据筛选,从而快速找到要查看的数据。在进行数据记录筛选时,如果要求的条件相对简单,可使用自动筛选功能实现,如果要实现条件较复杂的筛选功能,可使用高级筛选功能实现。筛选方法有:

(1)自动筛选,是最基本的筛选方式,用户可以筛选出包含某些单元格内容的数据记录,或筛选出单元格内容满足一定数值范围的数据行,而隐藏其他数据行。具体方法是先定位在数据区域,单击"开始"选项卡中的"筛选"按钮或者在"数据"选项卡中单击"自动筛选"按钮,启动筛选功能;然后通过单击表格标题旁的下接按钮,在弹出的筛选界面中勾选要显示的单元格内容或设置文本/数值筛选条件。

(2)高级筛选,根据设定的条件区域中的条件,筛选出满足多个逻辑关系的数据行。具体方法是先在数据区域之外设定好筛选用的条件区域,然后单击"开始"选项卡中的"高级筛选"按钮或者在"数据"选项卡中单击"筛选"功能组右下角的按钮,打开"高级筛选"对话框,指定数据区域、条件区域以及筛选结果的输出方式后确定。

任务要求:

使用"自动筛选"功能,在"学生基本信息表"中筛选出软件工程专业的男生。在"各科成绩汇总表"中筛选出总评成绩 80 分以上且大学英语和高等数学也在 80 分以上的学生。

操作步骤:

(1)切换"学生基本信息表"为当前工作表,将光标定位到数据区域中,在"开始"选项卡中单击"筛选"按钮;单击"专业"单元格中的下拉按钮 ▼,在打开的筛选界面中取消勾选"全选"复选框,接着勾选"软件工程"复选框后确定;可见列表中只有软件工程的学生数据,这时"专业"单元格中的下拉按钮变为 ▼。

(2)切换工作表"各科成绩汇总表"为当前工作表,单击数据区域中任一单元格,单击"数据"选项卡中的"自动筛选"按钮,此时,所有字段名的右侧都会出现一个倒三角形下拉按钮 ▼。

(3)单击"总评成绩"旁边的下接按钮,在弹出的对话框中选择"数字筛选"→"大于或等于…",如图 11 - 37(a)所示,弹出如图 11 - 37(b)所示对话框。

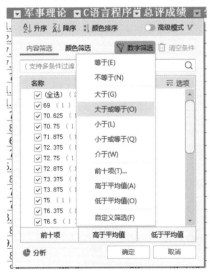
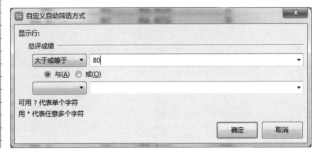

（a）选择筛选方式　　　　　　　　（b）设置筛选方式

图 11 - 37　设置筛选方式与条件

(4)在对话框中设置好参数"80"后单击"确定"按钮,先筛选出总评成绩高于 80 分的学生记录。接着,再对"大学英语"和"高等数学"列进行以上操作,从而筛选出总评成绩 80 分以上且大学英语和高等数学也在80分以上的学生。最终结果如图11-38所示。

	A	B	C	D	E	F	G	H
1	学号	姓名	大学英语	高等数学	军事理论	C语言程序	总评成绩	学院排名
2	191340001	王康龙	88	81.5	87.5	92	87.25	1
13	191340012	程诗雨	84	95.5	76	65.5	80.25	8

图11-38 总评成绩及大学英语、高等数学80分以上的记录

（5）要退出自动筛选状态，可以单击"数据"选项卡中的"自动筛选"按钮实现或"全部显示"按钮。

任务要求：

在"各科成绩汇总表"中使用"高级筛选"功能筛选出C语言和高等数学成绩都高于80分的男生和大学英语学习成绩高于80分的女生。

操作步骤：

（1）切换"各科成绩汇总表"为当前工作表，在数据表右侧增加性别列（使用VLOOKUP函数）。

（2）在工作表的空白区域构建好筛选条件，如图11-39所示（与数据清单用空行空列隔开），此处条件放在单元格区域"C28:F30"。

大学英语	高等数学	C语言程序设	性别
>=80			女
	>=80	>=80	男

Xi Jianrong:
高级筛选条件区域

图11-39 高级筛选条件设置

（3）单击学生成绩区域中任一单元格，单击"数据"选项卡中"筛选"功能区右下角的扩展按钮，弹出"高级筛选"对话框。系统会自动选取数据清单区域并填入"列表区域"编辑框，单击"条件区域"编辑框，在工作表中选择C28:F30单元格区域，并选择将筛选结果复制到A32开始的区域，设置结果如图11-40所示。

图11-40 实现高级筛选

（4）单击"确定"按钮，则筛选出 C 语言和高等数学学习成绩都高于 80 分的男生和大学英语学习成绩高于 80 分的女生记录，并显示于 A33 开始的区域，效果如图 11-30 所示。

知识补充：高级筛选条件可以是同一字段的多个条件，也可以是不同字段的多个条件，每个条件都由字段名和条件组成，这些条件可以是"与"的关系，也可以是"或"的关系。其筛选的结果可显示在原数据表格中，不符合条件的记录被隐藏起来；也可以在新的位置显示筛选结果，不符合的条件的记录同时保留在数据表中而不会被隐藏起来，这样就更加便于进行数据的比对了。而自动筛选一般仅是将不满足条件的数据暂时隐藏起来，只显示符合条件的数据。

技能补充：高级筛选的条件在书写时应遵循如下原则。

（1）条件区和原数据区域至少隔开一行或一列，将条件涉及的字段名复制到条件区的第 1 行，且字段名要连续。在字段名的下方输入条件值，即同一条件的字段名和对应的条件值都应写在同一列的不同单元格中；

（2）多个条件之间的逻辑关系是"与"关系时，条件值应写在同一行中，当是"或"关系时，条件值写在不同行中。

（3）条件区域不能有空行或空列。

11.3.4　数据分类汇总

分类汇总是指将数据列表中的数据按某字段进行分类，将字段值相同的连续记录作为一类，并分别计算各类数据的汇总值。利用分类汇总功能，用户可以将表格中的数据进行求和、平均和计数等汇总运算，使其结构更清晰，便于获取有用的数据信息。实现分类汇总时，首先要将数据清单按分类字段进行排序。

例如，期末考试结束后，要了解班级中男女学生的整体学习对比，或者想了解学生某门课成绩不同分数段的人数分布情况，就需要使用表格中的分类汇总功能。

任务要求：

在"各科成绩汇总表"中，使用分类汇总功能对男女学生的学习成绩分析，以对比整体学习情况。

操作步骤：

（1）切换"各科成绩汇总表"为当前工作表，将学生成绩数据按"性别"排列（升序和降序都可以）。

（2）单击"数据"选项卡中的"分类汇总"按钮，打开如图 11-41 所示"分类汇总"对话框。

（3）在"分类字段"下拉列表中选择"性别"；在"汇总方式"下拉列表中选择"平均值"；在"选定汇总项"下拉列表中选择"大学英语""高等数学""军事理论"和"C语言程序设计"；选中"替换当前分类汇总"和"汇总结果显示在数据下方"，单击"确定"按钮，则"各科成绩汇总表"汇总结果如图 11-31 所示。

（4）单击图中左上角的分级显示按钮，可根据汇总级别显示详细数据或仅显示汇总数据，图 11-42

图 11-41　分类汇总选项设置

所示为仅显示分类汇总信息。

	A	B	C	D	E	F	G	H	I	J
1	学号	姓名	大学英语	高等数学	军事理论	C语言程序设	总评成绩	学院排名	性别	
12			79.7	78.25	83.35	77.55			男 平均值	
27			79.071429	80.107143	76.35714	66.5			女 平均值	
28			79.333333	79.333333	79.27083	71.1041667			总平均值	
29										

图 11-42　分类汇总数据查看

11.3.5　要点小结

(1)在创建工作表时,应该满足数据清单要求,即数据区域应包含一个列标题行和若干数据行且同列数据的类型和格式完全相同。在一张工作表上只建立一个数据清单,在数据清单中间不能放置空白的行或列。

(2)在 WPS 表格中,对数据表或选定区域的数据可以按列进行排序,也可以按行进行排序。可以按字典顺序排序,也可以按汉字笔画排序。

(3)在进行数据记录筛选时,如果要求的条件相对简单,使用自动筛选功能实现,如果要求的条件较复杂,使用高级筛选功能实现。

(4)高级筛选的条件区域如果与数据放在同一工作表中,应与数据区域用空行或空列隔开。

(5)在进行分类汇总前,首先必须要对分类依据的字段进行排序,才能分类汇总的目的。

11.4　创建数据图表

任务描述:学校用电子表格来管理学生信息,已经建立了教学相关的数据表格。现为了让数据表现得更直观,更容易看明白,现要求使用图表来显示数据,实现数据图表的创建与美化。完成后的"C 语言各分数段人数占比图""义务植树数量对比图"分别如图 11-43、图 11-44 所示。

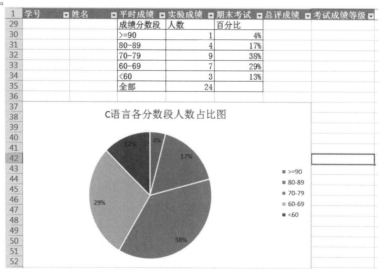

图 11-43　C 语言各分数段人数占比图

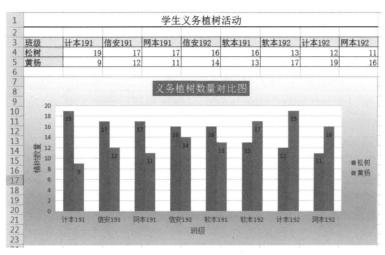

班级	计本191	信安191	网本191	信安192	软本191	软本192	计本192	网本192
松树	19	17	17	16	16	13	12	11
黄杨	9	12	11	14	13	17	19	16

图 11-44　义务植树数量对比图

任务目标:

- 了解图表的构成
- 掌握为工作表中的数据创建图表的方法
- 掌握图表编辑、美化

技能目标:

- 能够为指定数据创建适合的图表
- 能够为图表添加各种图表元素
- 能够为图表设置格式、美化图表

任务实施:任务具体的实施过程如下所述。

11.4.1　认识图表

图表是一种形象化的数据展现方式,WPS 表格向用户提供了强大的图表功能,利用图表可以更直观地显示工作表数据,有利于对数据进行理解和分析。

WPS 表格支持创建各种类型的图表,如柱形图、折线图、饼图、条形图、面积图、散点图、股价图和雷达图等,可以用多种方式表示工作表中的数据,能够更直观地揭示数据之间的关系,反映数据的变化规律和发展趋势。其中,柱形图主要用于显示一段时间内的数据变化或各数据项之间的比较情况。折线图可以显示随时间变化的连续数据,适用于显示在相同时间间隔下的数据趋势。饼图可以显示整体数据的构成比例,适用于显示一个数据系列中各项的大小与总和的比例。

11.4.2　创建图表

快速创建基本图表,主要包括确定图表数据和图表类型,通常先选中用来创建图表的数据区域,然后单击"插入"选项卡中"插入图表"按钮,打开"插入图表"对话框,在其中选择需要的图表类型和样式创建,或者直接单击"插入"选项卡中图表类型选项组中的图表类型创建。

任务要求:

在"C 语言成绩表"中创建图表,显示课程成绩中各分数段人数分布情况。

操作步骤：

(1)切换工作表"C 语言成绩表"为当前工作表,选取工作表中建立图表的数据来源区域"C29:D34"。

(2)单击"插入"选项卡中图表类型选项组中的"饼图或圆环图"按钮 ⊙,选择"饼图",直接生成的饼形图,此时 WPS 会在功能选项卡右侧增加图表设置相关的"绘图工具""文本工具""图表工具"选项卡,如图 11-45 所示。

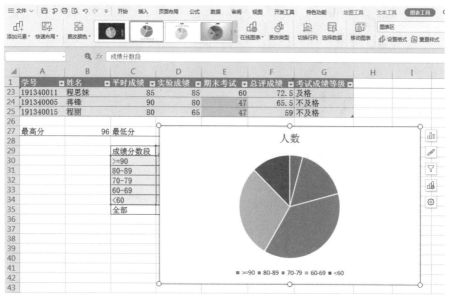

图 11-45　插入饼图

(3)单击图表标题,更改为"C 语言各分数段人数占比图",点击图表边框拖动至指定单元格 A37,并调整大小,结果如图 11-43 所示。

11.4.3　编辑、美化图表

图表由各种图表元素构成,默认显示的图表元素有图表区、绘图区、数据系列、图表标题、坐标轴、网络线和图例等,其中图表区、绘图区和数据系列为固定元素。为了使图表更容易被读懂,我们需要给图表设置相应的细节元素或颜色美化。通常选中图表后 WPS 会显示"图表工具"选项卡,单击"添加元素"按钮,在弹出的下拉列表中可以设置需要显示的图表元素;也可以通过图表右侧的快捷按钮,完成图表的设置。

任务要求:

在"植树活动"工作表中,以各班级植树数据为依据,创建图表,并为图表添加标题、图例、坐标等图表元素,美化图表。

操作步骤:

(1)切换工作表"植树活动"为当前工作表,选取工作表中建立图表的数据来源区域 A3:I5。

(2)单击"插入"选项卡中图表类型选项组中的"插入柱形图"按钮,直接生成的图表,生成的图表如图 11-46 所示。

(3)单击选中图表,切换到"图表工具"选项卡,单击"快速布局"按钮并选择"布局 9",则

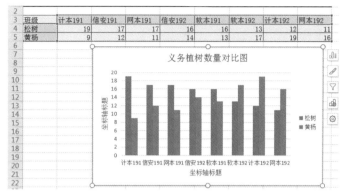

班级	计本191	信安191	网本191	信安192	软本191	软本192	计本192	网本192
松树	19	17	17	16	16	13	12	11
黄杨	9	12	11	14	13	17	19	16

图 11-46　快速建立簇状柱形图

图表中同时显示标题标签、坐标轴标签。

（4）单击图表中标题标签，输入"义务植树数量对比图"，同样操作更改横坐标轴标签为"班级"，更改纵坐标轴标签为"植树数量"，完成后结果如图 11-47 所示。

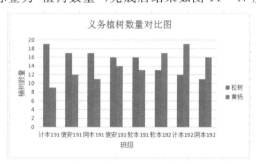

图 11-47　添加图表标题和坐标标签

（5）单击图表中要设置的相应对象区域，或者在"图表工具"选项卡最右侧下拉列表中选择要编辑的对象，此处选择"图表区"，单击下拉列表下的"设置格式"按钮，在 WPS 工作区右侧出现"属性"窗格中。

（6）在"属性"窗格中，设置填充模式为"渐变填充"，文本填充模式"纯色"→"暗橄榄绿"，设置完成后的图表如图 11-48 所示。

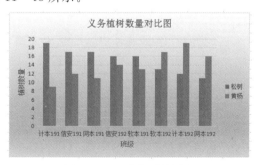

图 11-48　美化后的图表

（7）点击图表边框，拖动至指定单元格 A7，并按要求调整大小，结果如图 11-44 所示。

11.4.4 要点小结

（1）WPS表格图表能够更直观地揭示数据之间的关系，反映数据的变化规律和发展趋势。

（2）构成图表的元素有图表区、绘图区、数据系列、图表标题、坐标轴、网络线和图例等，其中图表区、绘图区和数据系列为固定元素。

（3）创建图表时，可以先插入图表对象，后选择数据来源；也可先选择数据区域，后插入图表对象。通常先选择数据，后插入图表，系统会自动分析数据区域数据结构并快速完成图表。

（4）图表的总体布局、要素增减可通过"图表工具"选项卡中的功能实现，也可以通过图表右侧的快捷按钮来实现。

11.5 页面设置与打印

任务描述：工作中要将制作好的表格存档、公示或者是分享给同事，需要将工作表打印出来。本节以"学生基本信息表"为例，完成工作表的页面设置、打印。

任务目标：

• 掌握 WPS 表格的打印区域、页面设置及打印方法

技能目标：

• 能够合理设置与打印工作表数据

任务实施：任务具体的实施过程如下所述。

11.5.1 页面设置

WPS 可以打印工作表或工作簿的全部内容或者仅打印部分所需信息。在制作表格时，为了增加可读性，或者方便统计，我们在表中增加了某些列，而这些内容在打印时又不希望打印出来，这时我们就需要指定打印区域。另外，为了使得打印出的表格数据美观整齐，还需要设置页面对齐、打印缩放、页眉页脚、表头等。

任务要求：

以"各科成绩汇总表"为例，我们打印时只希望打印学生成绩，而不打印右侧的"性别""专业"两列。要求打印时表格水平居中，每页都打印表格标题行，根据要求实现打印相关设置。

操作步骤：

（1）设置打印区域，首先，在表格顶部添加表标题"学生成绩汇总表"，然后选中需要打印的单元格区域 A1：H26，单击"页面布局"选项卡中的"打印区域"按钮，选择"设置打印区域"，完成设置。

（2）设置居中打印，单击"页面布局"选项卡"页面设置"功能组右下角按钮，弹出"页面设置"对话框，选择"页边距"页面，在居中方式处选择"水平"，如图 11-49 所示，单击"确定"按钮完成设置。

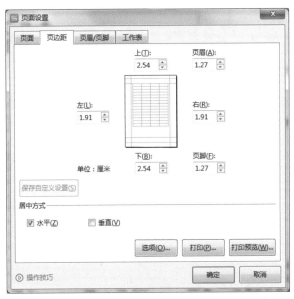

图 11-49　设置表格打印居中

（3）每页都打印表头，单击"页面布局"选项卡中的"打印标题或表头"按钮，WPS 直接打开"页面设置"对话框的"工作表"选项卡，在顶端标题行文本框中输入表头单元格区域，或者鼠标点击选择 1～2 行，如图 11-50 所示，单击"确定"按钮。

图 11-50　设置表标题行

11.5.2　工作表打印

制作表格时由于数据的行列多少不定，表格打印时如果在第二页上的数据不多时，可以使用 WPS 缩页打印功能，将多出来的少量数据压缩打印在一张纸上，一方面保持数据完整，另一方面有利于节约纸张。

任务要求：

以"学生基本信息表"为例，设置缩页打印，使得尾页上的少量数据压缩到一页打印。

操作步骤：

（1）切换"学生基本信息表"为当前工作表，设置好打印区域。

（2）单击"页面布局"选项卡中的"打印预览"按钮▣或者单击"快速访问工具栏"中的"打印预览"按钮▣，显示表格打印预览效果如图 11－51 所示，由图可见"联系电话"一列被单独打印在一页。

图 11－51　打印预览 未缩放时的效果

（3）点击打印预览界面中"打印缩放"功能组中的"无打印缩放"列表框，选择"将所有列打印在一页"，则整个表格包含联系电话字段就可以打印在一张纸上，如图 11－52 所示。

图 11－52　打印预览 缩放后的效果

（4）如果出现第二页只有一两行数据，选择"将所有行打印在一页"实现整页打印，或"将整个表格打印在一页"选项即可。

第 12 章　演示文稿

操作视频

　　WPS 演示是金山公司 WPS 系列办公软件中的一个组件,用于制作和播放多媒体演示文稿,也叫 PPT。演示文稿可以应用到演示、演讲的场合,用户可以在投影仪或计算机上进行演示,也可以将演示文稿打印出来。该软件可以帮助用户快速制作出图文并茂、富有感染力的演示文稿,还可以通过图示、视频和动画等多媒体形式表现复杂的内容,也可以通过命令按钮、触发器等实现交互。制作出优秀的演示文稿能给观众带来一次难忘的视觉享受。

　　学习目标:
- 掌握演示文稿的基本操作
- 掌握演示文稿设计的基本方法
- 掌握演示文稿动画的制作方法
- 了解演示文稿设计原则

12.1　课程演示文稿制作

　　任务描述:很多教师在课堂上会使用演示文稿来帮助学生理清学习思路、加深对学习知识的理解。现以本书 6.1.2 节"大数据思维"为例,制作课程演示文稿。

　　任务目标:
- 掌握演示文稿的新建与保存
- 掌握幻灯片的基本操作
- 掌握幻灯片文字与图片的基本操作

　　技能目标:
- 能基于系统设计方案制作简单的演示文稿
- 能完成演示文稿中幻灯片的新建、移动、复制、删除等基本操作
- 能完成幻灯片文字与图片的编辑

　　图 12-1 为制作完成的课程演示文稿。本任务要建立如图所示的演示文稿并完成排版。

　　任务实施:任务具体的实施过程如下所述。

图 12-1　完成后的课程演示文稿

12.1.1　认识演示文稿与幻灯片

演示文稿的界面可以大致分为五个部分:标题栏、菜单栏、幻灯片/大纲窗格、编辑区、状态栏/视图工具(见图 12-2)。

图 12-2　演示文稿界面

12.1.2　演示文稿的基本操作

创建演示文稿。

任务要求:

(1)新建一个空白演示文稿,保存为"课程演示文稿.pptx"。

(2)将该演示文稿的设计方案设置为"文艺清新工作总结"方案。

操作步骤：

(1)启动 WPS,在标题栏上点击加号,新建一个文档,选择"演示"→"新建空白文档",就建立了一个演示文稿,将其命名为"课程演示文稿"。

(2)在菜单栏选择"设计"菜单,在下方的"设计方案"中选择"文艺清新工作总结"方案。在设计方案列出的不同幻灯片中选择所需要的封面幻灯片、目录幻灯片等,然后单击右下角的"插入并应用"按钮,即可得到所需的幻灯片方案。后继的工作是在这些已经设计好的幻灯片上加入相关的文字、图片。

12.1.3　幻灯片的基本操作

1. 选择幻灯片

对幻灯片进行相关操作前必须先将其选中,选中要操作的幻灯片时,主要分选择单张幻灯片、选择多张幻灯片和选择全部幻灯片等几种情况。

(1)选择单张幻灯片

- 在左侧的幻灯片/大纲窗格中单击某张幻灯片的缩略图,即可选中该幻灯片,同时会在幻灯片编辑区中显示该幻灯片。
- 将鼠标指向幻灯片编辑区,滚动鼠标滚轮,即可在幻灯片之间切换。

(2)选择多张幻灯片:可选择多张连续或不连续的幻灯片,操作方法如下。

- 选择多张连续的幻灯片:在幻灯片/大纲窗格中,选中第一张幻灯片后按住 Shift 键不放,同时单击要选择的最后一张幻灯片,即可选中两张幻灯片之间的所有页面。
- 选择多张不连续的幻灯片:在幻灯片/大纲窗格中,选中第一张幻灯片后按住 Ctrl 键不放,然后依次单击其他需要选择的幻灯片即可。
- 选择全部幻灯片:在幻灯片/大纲窗格中按下"Ctrl+A"组合键,即可选中当前演示文稿中的全部幻灯片。

2. 新建与删除幻灯片

默认情况下,在新建的空白演示文稿中只有一张幻灯片,而一篇演示文稿通常需要使用多张幻灯片来表达需要演示的内容,这时就需要在演示文稿中添加新的幻灯片。

(1)新建幻灯片。在演示文稿中插入幻灯片的方法主要有以下几种。

- 通过快捷菜单:在幻灯片/大纲窗格中使用鼠标右键单击某张幻灯片,在弹出的快捷菜单中选择"新建幻灯片"命令,即可在当前幻灯片下方添加一张同样版式的空白幻灯片。
- 通过快捷按钮:在幻灯片/大纲窗格中使用鼠标指向某张幻灯片,该幻灯片下方会出现"新建幻灯片"按钮,单击该按钮,即可在当前幻灯片下方添加一张同样版式的空白幻灯片。
- 通过快捷键:在幻灯片/大纲窗格的中选择某张幻灯片后按下 Enter 键,可快速在该幻灯片的后面添加一张同样版式的空白幻灯片。

(2)删除幻灯片。在编辑演示文稿的过程中,如果要删除多余的幻灯片,可通过以下两种方法实现。

- 通过快捷菜单：选中需要删除的幻灯片，单击鼠标右键，在弹出的快捷菜单中选择"删除幻灯片"命令即可。
- 通过快捷键：选中需要删除的幻灯片，按下 Delete 键即可。

3. 移动与复制幻灯片

移动幻灯片即调整幻灯片的位置，而复制幻灯片即创建一张相同的幻灯片，移动和复制幻灯片均可跨文档操作。

（1）移动幻灯片

- 通过命令操作：在幻灯片/大纲窗格中用鼠标右键单击要移动的幻灯片，在弹出的快捷菜单中选择"剪切"命令；或在选中幻灯片后按下"Ctrl＋X"组合键进行剪切，然后用鼠标右键单击目标位置的前一张幻灯片，在弹出的快捷菜单中选择"粘贴"命令；或在选中目标位置的前一张幻灯片后按下"Ctrl＋V"组合键进行粘贴即可。
- 通过鼠标拖动：在幻灯片/大纲窗格选中要移动的幻灯片，按住鼠标左键不放并拖动鼠标，当拖动到需要的位置后释放鼠标左键即可。

（2）复制幻灯片

- 复制到任意位置：在幻灯片/大纲窗格中用鼠标右键单击要复制的幻灯片，在弹出的快捷菜单中选择"复制"命令；或在选中幻灯片后按下"Ctrl＋C"组合键进行复制，然后用鼠标右键单击目标位置的前一张幻灯片，在弹出的快捷菜单中选择"粘贴"命令；或在选中目标位置的前一张幻灯片后按下"Ctrl＋V"组合键粘贴即可。
- 快速复制：在幻灯片/大纲窗格选中要移动的幻灯片，按住鼠标左键不放、按下 Ctrl 键并拖动鼠标，当拖动到需要的位置后释放鼠标左键即可。

4. 幻灯片文字编辑

文本是演示文稿内容中最基本的元素，每张幻灯片或多或少都会有一些文字信息。

（1）使用占位符。新建幻灯片后，在幻灯片中看到的虚线框就是占位文本框。虚线框内的"单击此处添加标题"或"单击此处添加文本"等提示文字为文本占位符。用鼠标单击文本占位符，提示文字将会自动消失，此时便可在虚线框内输入相应的内容了。

占位文本框可以移动和改变大小，选中占位文本框，将鼠标指向文本框边框处，当鼠标指针变为十字形状时按住鼠标左键拖动，即可移动占位文本框。将光标指向四周出现的控制点，当指针呈双向箭头形状时，按住鼠标左键拖动，即可调整其大小。

提示：部分占位文本框中心会有一些图标，单击这些图标可以插入相应的对象，例如单击"插入表格"图标，可以插入表格，单击"图片"图标可以插入图片。

（2）使用文本框。在幻灯片中，占位文本框其实是一个特殊的文本框，它出现在幻灯片中的固定位置，包含预设的文本格式。在编辑幻灯片时，用户除了可以通过鼠标调整占位文本框的位置和大小之外，还可以在幻灯片中绘制新的文本框，然后在其中输入与编辑文字，以满足不同的幻灯片设计需求。

在幻灯片中插入文本框的方法为：选中要插入文本框的幻灯片，切换到"插入"选项卡，在"文本"组中单击"文本框"按钮下方的下拉按钮，在弹出的下拉列表中根据需要选择"横向文本框"命令或"竖排文本框"命令，此时光标呈"十"字形状，在幻灯片中按住鼠标左键拖动，到适当位置释放鼠标左键，即可绘制文本框。插入文本框后，将光标定位其中，即可输入文字内容。

（3）更改幻灯片版式。幻灯片版式是指占位文本框在幻灯片中的默认布局方式，WPS 演示中内置了 10 种幻灯片版式。新建的演示文稿其第一张幻灯片默认为"标题幻灯片"版式，新建的第二张及其后的幻灯片默认使用"标题与内容"版式。在"开始"选项卡中单击"版式"下拉按钮，在弹出的下拉列表中即可查看或更改幻灯片版式。

5. 幻灯片图片编辑

WPS 演示中提供了丰富的图片处理功能，可以轻松插入计算机中的图片文件，并可以根据需要对图片进行裁剪、设置亮度或对比度，以及设置特殊效果等编辑操作。

（1）插入计算机中的图片。切换到"插入"选项卡，单击"图片"按钮，在弹出的"插入图片"对话框中选择要插入的图片，然后单击"打开"按钮即可。此外，有以下两种插入图片的方法：

- 单击占位符图标插入：单击占位文本框中的"图片"图标，在弹出的对话框中选择图片并插入即可。（使用占位符图标插入的图片将会被插入到占位文本框中，图片大小也会受到文本框大小的限制）
- 直接复制粘贴：打开图片存放的文件夹，选择需要插入的图片后执行"复制"操作，然后切换到演示文稿中执行"粘贴"操作即可。

插入图片后，可以直接拖动图片调整图片位置，拖动图片四周的控制点可以调整图片大小，拖动图片上方的旋转按钮可以旋转图片。

（2）裁剪图片。对插入的图片进行调整，以剪除不需要的部分。

- 选中图片，切换到"绘图工具"选项卡，单击"裁剪"按钮，此时图片四边将出现黑色控制点，将鼠标指针指向控制点并按住鼠标左键进行拖动，裁剪图片到需要的位置后按下"Enter"键即可。裁剪图片后，图片并不是真的被剪掉了，而是被隐藏了，若需要还原图片，只需反方向裁剪图片即可恢复。
- 将图片裁剪为各种形状：选中图片，切换到"图片工具"选项卡，单击"裁剪"下拉按钮，在弹出的形状列表中选择要裁剪的形状，此时图片已经变成相应的形状，拖动图片四周的控制点可以改变形状的比例和大小，完成后按下 Enter 键即可。
- 美化图片：插入图片后，可以对图片进行美化操作，包括设置图片边框、设置阴影效果、倒影效果以及柔化边缘效果等，使图片更加美观。如在"图片轮廓"下拉列表中的"线型"和"虚线线型"子列表中可以选择边框形状。

任务要求：

（1）新建各页幻灯片。

（2）完成每一页幻灯片的文字输入及图片的插入。

步骤：

（1）在幻灯片/大纲窗格中使用鼠标右键单击一页幻灯片，在弹出的快捷菜单中选择"新建幻灯片"命令，插入缺少的幻灯片，并输入每页幻灯片的文字。

（2）打开图片存放的文件夹，复制所需图片，并在幻灯片里粘贴这些图片。

（3）在幻灯片中选中图片，并切换到"绘图工具"选项卡，单击"裁剪"按钮裁剪。

12.2 学校部门演示文稿制作

任务描述:完成幻灯片文字与图片的编辑。很多学校会制作精美的演示文稿介绍学校情况,向公众宣传自己的学校。现以渭南师范学院为例,制作本节的演示文稿。本节所有的文字及图片制作素材均来自渭南师范学院官网。

任务目标:

· 掌握幻灯片各种对象的基本操作

· 掌握演示文稿放映的基本操作

技能目标:

· 能给幻灯片插入音频、视频并对其进行所需设置

· 能通过幻灯片母版对所有或部分幻灯片进行统一设置

· 能对幻灯片上的各个对象设置所需动画

· 能按要求输出及放映演示文稿

图 12-3 所示为制作完成的演示文稿。本任务要建立如图 12-3 所示的演示文稿,完成幻灯片对象、动画等设计。本幻灯片是在"不忘初心主题宣传教育"设计模板的基础上完成的。

图 12-3 完成后的学校演示文稿

任务实施:任务具体实施过程如下所述。

12.2.1 幻灯片对象设计

1. 幻灯片音频编辑

为了突出整个演示文稿的气氛,可以为演示文稿添加背景音乐。WPS 演示支持多种格式的声音文件,例如 MP3、WAV、WMA、AIF 和 MID 等。

(1)插入音频。打开演示文稿,切换到"插入"选项卡,单击"音频"按钮。

(2)播放音频

· 添加音频后,可以播放音频,试听音频效果。

- 选中声音图标,即可出现音频控制面板,单击"播放"按钮即可播放音频。
- 选中声音图标,切换到"音频工具"选项卡,单击"播放"按钮即可。

(3)设置播放选项。对音频的播放进行设置,例如让音频自动播放、循环播放或调整声音大小等。选中声音图标,切换到"音频工具"选项卡,在其中即可对播放选项进行设置。

- 音量:单击"音量"下拉按钮,在弹出的下拉列表中可以设置音量大小。
- 裁剪音频:单击"裁剪音频"按钮,在弹出的对话框中可以对音频文件进行裁剪。
- 淡入和淡出:设置声音由小变大、开始播放以及由大变小、结束播放。
- 设置开始方式:单击"开始"按钮,可以选择音频开始方式,"自动"会在进入该幻灯片时自动播放;"单击"选项需要单击音频图标才能播放。
- 跨幻灯片播放:选中"跨幻灯片灯片播放"单选框,在切换到下一张幻灯片时音频不会停止,而是播放到音频结束。
- 循环播放:选中"循环播放,直到停止"复选框,音频会一直循环播放,直到幻灯片播放完毕。
- 放映时隐藏:选中"放映时隐藏"复选框,幻灯片在放映时不显示声音控制面板。
- 设为背景音乐:单击该按钮,可以使音频文件在所有幻灯片中播放。

2. 幻灯片视频编辑

演示文稿视频编辑与音频编辑类似,插入视频后可以设置播放选项。

任务要求:

(1)新建各页幻灯片并完成文字输入及图片的插入。

(2)将背景音乐设置为学校演示文稿的背景音乐,设置为淡入淡出各 1 秒、跨幻灯片播放、放映时隐藏、循环播放等。

(3)在封面幻灯片后增加一个新幻灯片,播放学校宣传动画,设置未播放放映时隐藏、循环播放、自动播放等。

操作步骤:

(1)选中第一页幻灯片,切换到"插入"选项卡,单击"音频"按钮,找到文件插入。

(2)选中声音图标,切换到"音频工具"选项卡,在其中进行设置入淡出各 1 秒、跨幻灯片播放、放映时隐藏、循环播放等设置。

(3)在封面幻灯片后插入一个新幻灯片,移去多余的文字,切换到"插入"选项卡,单击"视频"按钮,找到视频文件插入,并做相应设置。

12.2.2 幻灯片母版设计

1. 使用幻灯片母版

幻灯片母版是一种视图方式,类似于演示文稿的"后台",通过它可以对幻灯片中的各个版式进行编辑。在编辑幻灯片时,输入的内容或插入的对象只会在某一张幻灯片中显示,而对母版的编辑则会应用到所有使用该版式的幻灯片中。在"视图"选项卡中单击"幻灯片母版"按钮,即可进入母版视图。

2. 编辑幻灯片母版

在"视图"选项卡中单击"幻灯片母版"按钮,进入母版视图。母版制作完成后,可以将其保存为模板以便日后使用。选择"文件"→"另存为"→"WPS演示模板文件(∗.dpt)"。

任务要求：

(1)观察幻灯片母版。

(2)在所有幻灯片的右上角增加学校校标。

(3)隐蔽主题子幻灯片母版中的校标。

(4)在标题与内容幻灯片母版中增加渐变背景色。

操作步骤：

(1)在"视图"选项卡中单击"幻灯片母版"按钮。

(2)进入母版视图后,在导航窗格中可以看到1张主幻灯片及10张子幻灯片,其中10张子幻灯片分别对应幻灯片的10个版式。

(3)在主幻灯母版中插入图处"渭南师范校标",对主幻灯片进行的所有编辑,会应用到所有子幻灯片中。

(4)选中标题子幻灯片母版,在右侧属性设置栏中选中隐藏背景图片选项。

(5)选中标题与内容幻灯片母版,在右侧属性设置栏中设置渐变填充。

12.2.3 幻灯片动画效果

一个好的演示文稿除了要有丰富的文本内容外,还要有合理的排版设计、鲜明的色彩搭配以及得体的动画效果。在 WPS 演示中提供了丰富的动画效果,为演示文稿的文本、图片、图形和表格等对象创造出更精彩的视觉效果。

对象的动画效果分为进入动画、强调动画、退出动画和路径动画几类;进入动画是对象出现时的动画,强调动画是对象在显示过程中的动画;退出动画是对象消失时的动画;路径动画是对象按照指定轨迹运动的动画。用户可以为对象添加任意一种类型的动画效果。

任务要求1：

对封面幻灯片上的"渭南师范学院"六个艺术字设置动画效果。首先,"渭师学"三个字以左侧擦除的方式进入;然后"南范院"三个从底飞入;最后这六个字依次变淡,每个字的变淡时间持续1秒。

操作步骤：

(1)在封面幻灯片上选中"渭师学"三个字,打开右侧动画设置栏,在进入动画中选中"擦除"、方向"自左侧"、速度"非常慢"。

(2)在封面幻灯片上选中"南范院"三个字,在右侧动画设置栏,在进入动画中选中"擦除"、方向"自底部"、速度"非常慢"。

(3)再次选中"渭师学"三个字,在右侧动画设置栏,在强调动画中选中"透明",数量设置为"50%",期间设置为"1.0秒"。

(4)对"南范院"三个字进行同样的强调动画设置。

任务要求2：

请在第五张幻灯片"图片新闻"中插入五张新闻图片,然后设置这五张新闻图片在该页幻灯片依次从左向右滚动。

操作步骤：

(1)分别插入五张图片,在图片菜单下通过锁定纵横比后调整高度数据,令五张图片保持一样的高度。

（2）对五张图片分别设置路径动画

- 先将一张画片放置至画片动画开始的位置，选中该图片。
- 单击右侧"自定义动画"窗格内的"添加动画"按钮，在下拉框内选择动作路径中的向左。
- 单击左侧红色箭头，并拖动该控点直至动画结束的位置。
- 在右侧"自定义动画"窗格内的"开始"框选择之前（与前一动画同时播放），在"路径"框选择锁定（图片与路径绑定，可一起移动），在"速度"框选择非常慢（动画持续 5 秒）。

（3）将其余四张图片移至相同位置，做同样的设置。

（4）对五张图片设置动画间的关系。

- 单击右侧"自定义动画"窗格内的任一动画，在下拉菜单中选择"显示高级日程表"。
- 在显示出的动画时间条中，将第二个图片的动画时间拖动至 1.0 秒开始；将第三个图片的动画时间拖动至 2.0 秒开始；将第四个图片的动画时间拖动至 3.0 秒开始；将第五个图片的动画时间拖动至 4.0 秒开始。

任务要求 3：

在第六张幻灯片"文字新闻"中插入新闻图片并输入新闻内容，采用左字右图的布局。播放时，图片先以"百叶窗"形式出现，然后每单击一次鼠标出现一段文字内容。

操作步骤：

（1）选中第 6 张幻灯片，分别插入文字和图片。

（2）选中图片，设置它的进入动画为"百叶窗"，开始为"之前"、方向为"水平"、速度为"中速"。

（3）选文本框，设置它的进入动画为单击后水平中速飞入。

（4）在右侧的动画属性设置框中，选中文本框动画，单击下拉框打开效果选项，打开正文文本选项卡，在组合文本中选中"按第一级段落"。

任务要求 4：

对第 8 张幻灯片中间的图片"不忘初心、牢记使命"采用中速扇形打开；单击鼠标后"党政机构"自底飞入；再次单击鼠标后，三个党政机构一起非常快自底飞入；再次单击鼠标后"教学机构"自底飞入，再次单击鼠标后，三个教学机构一起自底飞入。

操作步骤：

（1）选中第 8 张幻灯片中间的图片"不忘初心、牢记使命"，在右侧动画设置栏中设置进入动画为中速扇形打开。

（2）设置"党政机构"文本框的进入动画为单击后非常快自底飞入。

（3）选中"党政机构"下的三个机构，设置它们的进入动画单击后非常快自底飞入。

（4）对"教学机构"及"教学机构"下的三个教学机构分别重复（2）、（3）步操作。

任务要求 5：

在第 9 张幻灯片中，单击鼠标后，圆"一"忽明忽暗，然后"学位评定委员会"中速自右向左擦除显示；再次单击鼠标后，圆"二"忽明忽暗，然后"学术委员会"自右向左擦除显示；再次单击鼠标后，圆"三"忽明忽暗，然后"教学委员会"自右向左擦除显示。

操作步骤:

(1)选中图片圆"一",在右侧动画设置栏中设置强调动画为单击后中速忽明忽暗。

(2)选中"学位评定委员会"文本框,设置进入动画为之前中速自右向左擦除。

(3)对圆"二"及"学术委员会"分别重复(1)、(2)步操作。

(4)对圆"三"及"教学委员会"分别重复(1)、(2)步操作。

12.2.4 幻灯片切换

幻灯片的切换效果是指在放映幻灯片时,一张幻灯片从屏幕上消失,另一张幻灯片显示在屏幕上的一种切换动画效果。用户可以在"动画"选项卡中设置幻灯片的切换效果。

1.添加切换效果

幻灯片的切换效果可以使演示文稿的放映更加生动,WPS演示中提供了多种切换效果。

(1)通过功能区添加。选中要设置切换效果的幻灯片,切换到"动画"选项卡,在切换效果列表框中单击按钮,在打开的列表框中选中要添加的动画(见图 12-4)。

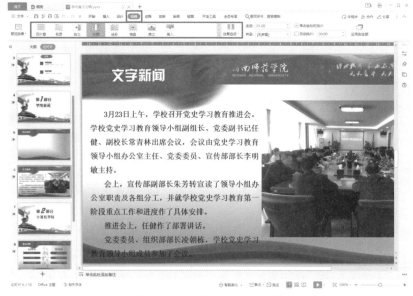

图 12-4 功能区幻灯片切换

(2)在"动画"选项卡中单击"切换动画"按钮,打开"切换效果"窗格,在"应用于所选幻灯片"列表框中选择要应用的切换效果即可(见图 12-5)。

2.设置切换效果

幻灯片添加切换效果后,还可以在"切换效果"窗格中进行详细设置(见图 12-5)。

(1)速度。该选项用于设置切换动画的播放速度,其单位为"毫秒",数值越大,动画运行时间越长,运行速度越慢。

(2)声音。该选项用于设置幻灯片的切换声音。

(3)单击鼠标时。勾选该复选框,则可以通过单击鼠标的方式切换到下一张幻灯片,取

图 12-5　动画窗格幻灯片切换

消勾选该复选框,则无法通过单击的方式进行切换。

(4)每隔。勾选该复选框,幻灯片将在播放一定时间后进行自动切换,其播放时间可以在后面的文本框中进行设置,其单位为"秒"。

(5)排练当前页。单击该按钮,可以对当前幻灯片进行排练计时,从而预估该幻灯片需要放映的时间。

(6)应用于所有幻灯片。可以将当前幻灯片所选切换效果及相关设置应用到该演示文稿的所有幻灯片中。

任务要求:

为学校部门演示文稿的所有幻灯片设置单击分割换片效果。

操作步骤:

在右侧幻灯片切换窗格设置"效果选项"为"分割","速度"为 01.00、无声音、单击换算方式、应用于所有幻灯片。

12.2.5　幻灯片放映

放映幻灯片是演示文稿制作的最后环节,一次成功的幻灯片演讲与对幻灯片放映的精确控制密不可分。

1.设置放映方式

在放映幻灯片前,通常还需要对放映选项进行相关设置。切换到"幻灯片放映"选项卡,单击"设置放映方式"按钮,即可打开"设置放映方式"对话框,在其中可以对放映方式进行相关设置。

(1)设置放映类型。按幻灯片放映时操作对象的不同,可以将放映类型分为"演讲者放映"和"在展台浏览"两种,其区别如下:

- 演讲者放映,该方式为常规放映方式,用于演讲者亲自播放演示文稿。对于这种方式,演讲者具有完全的控制权,可以自行切换幻灯片或暂停放映。
- 在展台浏览,该方式是一种自动运行的全屏放映方式,放映结束后将自动重新放映。观众不能自行切换幻灯片,但可以单击超链接或动作按钮。

(2)设置可放映幻灯片。在"设置放映方式"对话框的"放映幻灯片"选项组中选择可放映的幻灯片。默认选择"全部",即放映所有幻灯片;如果选择"从…到…"则设置只播放某几张连续的幻灯片(见图 12-6)。

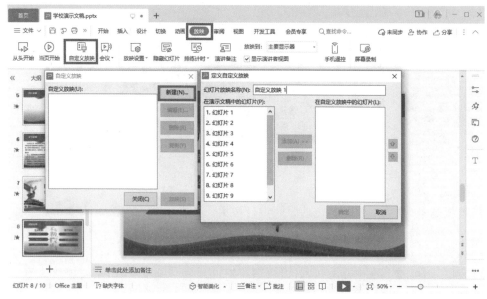

图 12-6　自定义放映设置

如果需要自定义可放映的幻灯片,还可以进一步对幻灯片进行以下设置,打开"放映设置"下的"手动设置",如图 12-7 所示。

图 12-7　手动放映设置

(3)使用排练计时放映。排练计时是在正式放映前用手动控制的方式进行换片,并模拟演讲过程,让程序将手动换片的时间记录下来。此后,就可以按照这个换片时间自动进行放映,无须人为控制。

录制与保存排练计时的方法为:打开演示文稿,切换到"幻灯片放映"选项卡,单击"排练计时"按钮,此时将开始播放幻灯片,同时出现"预演"工具栏,自动记录每张幻灯片的放映时间。用户可以模拟现场演讲放映幻灯片,当放映结束时,会出现信息提示框,单击"是"按钮,即可保留排练时间,如图 12-8 所示。

图 12-8 排练计时

(4)使用演讲者备注。用户在放映幻灯片并进行演讲时,常常希望对幻灯片进行一些备注,同时又不希望观众看到这些备注信息,此时可以使用演讲者备注功能。

选择要添加备注的幻灯片,在"放映幻灯片"选项卡中单击"演讲者备注"按钮;在弹出的文本框中输入备注信息。在幻灯片放映过程中,如果用户要查看该幻灯片的备注信息,就在屏幕中单击鼠标右键,在弹出的快捷菜单中选择"演讲者备注"命令。

注意,用户可以为每张幻灯片单独设置备注信息,当使用双屏放映时,在放映过程中打开的"演讲者备注"对话框不会出现在放映屏幕中。

2. 放映演示文稿

演示文稿的放映可分为两种情况,一种是单屏放映,即在操作者自己的计算机屏幕上放映;另一种是双屏放映,可以将演讲者视图和播放视图分别显示在不同的屏幕上,观众将只能看到幻灯片的播放过程及绘制的屏幕标记。要使用双屏放映,需在"设置放映方式"对话框中单击"双屏扩展模式向导"按钮进行设置。

(1)放映演示文稿。切换到"幻灯片放映"选项卡,单击"从头开始"或"从当前开始"按钮即可开始放映。此外,按下 F5 键,即可从头开始放映幻灯片;按下"Shift+F5"组合键,即可从当前幻灯片开始放映。

在放映幻灯片的过程中,用户可以通过以下几种方式对幻灯片进行控制。

- 使用鼠标单击:在屏幕中单击鼠标左键,可以切换到下一张幻灯片。
- 使用键盘控制:按下空格键、Enter 键、向右或向下方向键、N 键、"Page Down"键,可以切换到下一张幻灯片;按下向左或向上方向键、P 键、"Page Up"键,可以切换到上一张幻灯片。
- 使用快捷菜单控制:在放映的幻灯片中单击鼠标右键,在弹出的快捷菜单中选择"上一张""下一张""第一页"或"最后一页"命令进行切换。
- 使用快捷菜单快速定位:在放映的幻灯片中单击鼠标右键,在弹出的快捷菜单中选择"定位"→"按标题"命令,可以选择要播放的幻灯片。
- 结束放映:在放映时按下 Esc 键,或在屏幕中单击鼠标右键,在弹出的快捷菜单中选择"结束放映"命令,可结束幻灯片放映。

（2）在放映时绘制标记。若要在放映幻灯片时为重点内容添加标记,可以利用绘图工具来实现。绘图工具包括"圆珠笔""水彩笔"和"荧光笔"3种样式:"圆珠笔"绘制细线条;"水彩笔"绘制粗线条;"荧光笔"绘制半透明带状线条。幻灯片放映时,单击屏幕左下角的按钮,在弹出的菜单中选择工具类型,即可在屏幕中进行绘制,单击颜色选项可以选择笔头颜色。

12.2.6 演示文稿的输出与打包

演示文稿制作完成后可以以其他形式保存,以便在不同的设备上查看。此外,如果需要在其他计算机上运行包含特殊字体或链接文件的演示文稿,还可以将演示文稿打包。

1. 将演示文稿输出为 PDF 文档

将演示文稿保存成 PDF 文档后,就无须再用 WPS 演示程序来打开和查看了,而可以使用专门的 PDF 阅读软件,从而便于幻灯片的阅读和传播。

单击"文件"按钮打开"文件"菜单,选择"输出为 PDF"命令;弹出"输出 PDF 文件"对话框,设置保存路径、输出范围等信息(见图 12-9)。

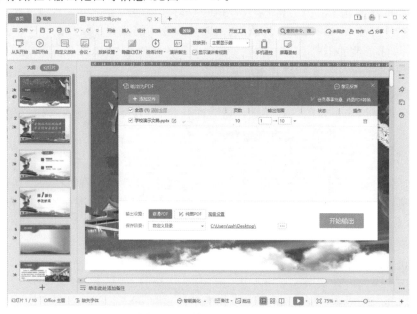

图 12-9　输出为 PDF 格式

2. 将演示文稿输出为图片

除了将演示文稿输出为 PDF 文档外,还可以将每张幻灯片输出为独立的图片,这样不但可以在任意设备上浏览,还可以防止重要文字及数据被复制。方法为:单击"文件"按钮,打开"文件"菜单,选择"输出为图片"命令;弹出"输出为图片"页面,设置图片质量、输出方式、图片格式和保存路径等信息。

3. 打包演示文稿

若演示文稿中包含链接数据、特殊字体、视频或音频文件,为保证在其他计算机中也能正常播放这些内容,就需要将演示文稿"打包"。方法为:单击"文件"按钮,在打开的菜单中选择"文件打包"→"将演示文稿打包成文件夹"命令；在弹出"演示文件打包"对话框，设置"文件夹名称"及"位置"，如图 12-10 所示。

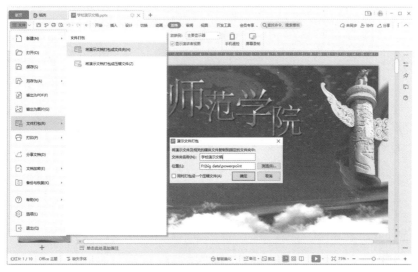

图 12-10　文件打包

12.3　游戏竞赛演示文稿制作

任务描述：演示文稿中的交互效果可以使展示过程更加有活力，吸引观众的注意力。本例将通过"试一试"游戏演示文稿从设计到制作的过程，讲解如何通过演示文稿讲好一个"故事"，传达制作者意图。

任务目标：

- 了解演示文稿的设计原则
- 掌握演示文稿的制作流程

技能目标：

- 能进行演示文稿设计、讲好"故事"
- 能完整完成演示文稿从设计到制作的全过程

12.3.1　演示文稿设计原则

用演示文稿讲好一个"故事"的前提是明确制作者要通过这个演示传达的内容，再根据内容，逻辑清晰地完成整个演示文稿的设计与制作。

1. 制作流程

一个演示文稿的制作先要明确要讲的是一个什么样的故事，然后才是进一步思考如何讲这个故事，最后才是动手制作演示文稿。图 12-11 中制作流程的前四步非常重要，需要制作者的缜密思考。这样，即使在最后两步的制作技巧上有所欠缺，但依然可以制作一个叙事完整、逻辑清晰的"故事"，传达出制作者的真实意图。但是，如果略过前四个步骤，没有形成一个清晰的叙事流程的情况下直接进行幻灯片制作,即使制作者技巧高超,也会制作成一个形式大于内容的演示文稿,这样的演示文稿很容易让制作的意思淹没在华而不实的演示中。

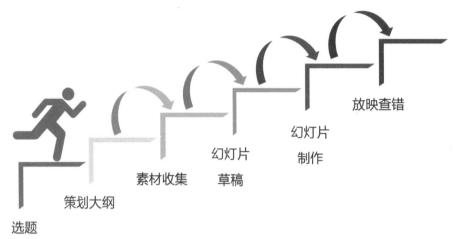

图 12-11　演示文稿制作流程

2.设计原则

演示文稿是一种交流沟通、多媒体化的载体,它的设计要遵循两大原则。

(1)文字清晰。演示文稿必须让观众能够一眼就看清文稿页面上的文字,知道演讲者所要表达的内容。

- 字号:字号的设计需要综合考虑多重因素,如演讲场地的大小、听众人数、演讲当天场地光线的明暗等。
- 个性化:通过文字的字体、与背景的结合等传达给观众不一样的信息和感受。

图 12-12 中的左图通过较大的字体及文字与背景的融合更清晰地表达出制作者的主题。

图 12-12　文字表达

(2)可视化。演示文稿和 Word 都能传递信息,但是演示文稿传递的是可视化信息。因此在制作演示文稿的时候要多用图片、图形表达而不要用大篇幅的文字表达。恰当的图片能够激活观众的形象思维,从而提高信息表达的力度。

图 12-13 中的右图通过图片表达了父母对孩子的爱意,这种方式较左图更简洁有力。

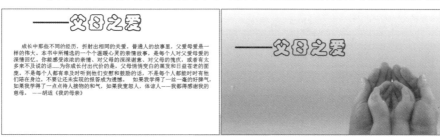

图 12-13　可视化表达

12.3.2　幻灯片设计原则

演示文稿由多页的幻灯片构成的,其设计遵循"一页一事"原则,即一页幻灯片尽量只讲一个事情,以保证观众可以清晰地把握制作者的逻辑。此外,每一张幻灯片还要做到布局得当、色彩和谐。

1. 布局设计

合理的演示文稿布局传达给观众的是一种美感和轻松感,让观众很快定位到文稿的重点。布局的基本要求是文字和图片的编排合理。

(1)布局平衡性:指文字和图像的平衡。一张幻灯片中文字和图像的占用比例要得当、突出主体、不能使整个页面失重,要保证页面的上下平衡和左右平衡。

图 12-14 和图 12-15 展示了图片和文字的布局关系,通过调整文字与图片的位置和比例,让文字位于页面较空旷的地方,既利于辨认文字,也使整个页面看起来布局得当、视觉和谐。

图 12-14　上下平衡对比图

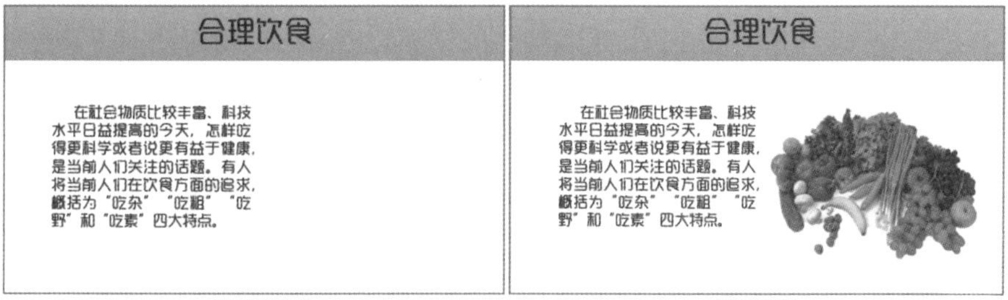

图 12-15　左右平衡对比图

（2）对比性：不同颜色、不同元素、不同文字等的对比。对比可以突出主体，形成的鲜明视觉效果，增加幻灯片的吸引力。

如图12-16所示，幻灯片布局采用上图下字、三纵列对比的结构。通过"字""形""图"及其后不同的形状，增加三纵列的对比效果，使读者可以在看到该页幻灯片的时候就把握住该页幻灯片所要表达的重点。

12-16　对比示意图

（3）紧密性：指整个页面不能太空，也不能太挤，应当留出一定页边距。一页幻灯片上的内容过满容易使观众抓不住重点而产生疲劳心理。图12-17的左图布局过满、没有留白；而右图的对比布局的和适当留白可以一目了然地传达制作者的意图。

图12-17　紧密性对比图

2. 色彩搭配

色彩运用得当可以使演示文稿变得赏心悦目，利于观众接受。色彩搭配必须考虑演示文稿的内容、观众的层次、放映地点的环境等一系列的因素。

（1）渐变色：可以是明度的渐变、色彩的渐变、饱和度的渐变等，可以产生层次感和朦胧迷离的美感。

图12-18通过渐变色突出层次感，将观众的视觉导向左边的标题。

（2）强调色：为了使PPT显得丰富，往往会使用一种以上的颜色。但是颜色过多容易造成页面色彩混乱。强调色可以在单调的配色中突出主体，让页面看起来紧凑而层次感分明，如图12-19所示。

（3）对比色：如果要制作出一份个性鲜明、张扬大胆的演示文稿，对比色是必不可少的。对比的两种颜色一定要有明显区别，可以是明度的对比、饱和度的对比、冷暖色调的对比等。使用对比色时需要注意两种颜色的比例，一般会选一种颜色为主色，另一种为次色，这样主次分明可以让次色起到画龙点睛的效果。

图 12 - 18　渐变色实例

图 12 - 19　强调色实例

　　紫色、黄色、绿色是常使用的强调色(见图 12 - 20)。紫色用来表达和突出时尚的意味与元素;黄色给人一种愉悦和轻快的感觉,明度最高的黄色、黑色和白色可以一起组成对比色;绿色是最能让人眼睛适应的颜色,常用来表示和平、青春,浅绿和深绿以及白色可以一起组成对比色。

图 12 - 20　对比色实例

12.3.3　游戏竞赛演示文稿设计与制作

1. 选题

在制作一个演示文稿之初首先要确定选题,本例的选题主要目标是实现以下两点:

(1)掌握演示文稿中基本的交互技术;

(2)完成一次完整的演示文稿制作流程。

本例的主题是游戏竞赛演示文稿设计,以实现交互技术为主。

2. 策划大纲

一个演示文稿的策划大纲主要包括演示主题、演示观众、演示地点和文稿风格与设计。

(1)演示主题:本例文稿的主题是通过使用交互技术实现选择型答题游戏。

(2)演示观众:演示观众为本课程的选课学生。

(3)演示地点:媒体教室或机房

(4)文稿风格与设计

· 文稿内容:鉴于本例的演示观众是选课的大学生,演示内容基本以学生的文化背景和知识水平进行设计,并考察自然常识、美术赏析、快速记忆和快速计算能力。

- 文稿风格:根据演示观众的年龄和文稿的答题内容,本例选择科幻风格,整体文稿色彩基调为渐变银灰色。

3. 素材收集

(1)主体内容收集:根据演示文稿的内容,收集所需的主体材料。如,文稿的内容要介绍梵高,就需要收集梵高的生平信息、他的不同时期的画作、对其画作的分析等。

本例是一个交互式答题演示文稿,根据文稿内容确定了四道题目,分别是①世界上最大的动物是什么? ②画中人是谁? ③未出现过的数字是几? ④以下计算的结果是多少?

(2)其他配套素材收集:根据文稿的风格基调,收集相应的图片作为背景图片、选取合适的配乐以增强演示文稿的感染力。

本例的风格偏科幻,因此收集与银灰色调协调的科幻风格图片作为背景图片。

4. 幻灯片草稿

本例共设计五页幻灯片,第一页是目录页,其余四页第页对应一道选择题。所有页面背景统一,底色为一张科幻风格图片,其上覆盖一层两边浅灰中间白色的半透明图层。所有页面右上角设置一个退出按钮,单击后退出幻灯片放映;四张题目页面上在退出按钮的左侧还有一个首页按钮,单击后返第一页。所有按钮均采用立体效果。

(1)第一页

- 标题:"试一试",设置为大号黑体居中、多层渐变填充、无边线。
- 题号:在标题下方分别设置四道题的题号,单击题号后,题号变色,轻移鼠标,切换至对应题号的幻灯片。

(2)第二页。左上是文本"第一题",其下是题目"世界上最大的动物是什么?";右侧为四个选项:"蓝鲸""驼鸟""大象""蟒蛇";"蓝鲸"为正确选项,选中后出现小红旗并伴有鼓掌声,选中其他选项则出现爆炸效果。

(3)第三页。与第二页类似,左上是文本"第二题",其下是题目"画中人是谁?";题目下方为梵高自画像,右侧为四个选项:"莫奈""毕加索""塞尚""梵高";"梵高"为正确选项,选中后出现小红旗并伴有鼓掌声,选中其他选项则出现爆炸效果。

(4)第四页。与上一页类似,左上是文本"第三题",其下是题目"从未出现过的数字是几?";下方为多块显现又消失的数字,所有的数字块全部显示一遍后,在右侧的四个选项"5""8""7""1"中选择没有出现过的数字。

(5)第五页。与上一页类似,左上是文本"第四题",其下是题目"以下计算的结果是多少?"下方为一道算术题"3+8-9+2+11-5-6+7+4",该算式会在 3 秒后消失;在右侧的四个选项"11""8""7""5"中选择正确的答案。

5. 幻灯片制作

任务要求 1:制作所有页面的背景,要求地球背景图片、银灰色渐变、半透明。

操作步骤:

(1)新建一张幻灯片,打开幻灯片母版,选择主母版幻灯片。

(2)在右侧的对象属性栏中的"填充"选项中选择图案填充,插入背景图片。

(3)插入一个足以覆盖整张幻灯片的矩形,将其设置为置于底层。

（4）在右侧的对象属性栏里的形状填充加入渐变填充，再调整角度、色标颜色、透明度等，完成背景的设置。

任务要求 2：每一页制作一个退出按钮，要求立体按钮，单击后结束放映。

步骤：

（1）插入四张新幻灯片，版式为"仅标题"，作为四道选择题的幻灯片。

（2）打开幻灯片母版，选择主母版幻灯片，选择"插入"菜单下的"形状"中的"圆角矩形"选项，在幻灯片右上位置拉入一个圆角矩形。

（3）选中该圆角矩形，单击鼠标右键，在快捷菜单中选择"文本编辑"选项，输入"退出"。

（4）打开右侧对象属性窗格，在"填充与线条"选项卡中，修改该圆角矩形填充颜色为深蓝色。

（5）单击"效果"选项卡，在"三维旋转"的"预设"中选择"倾斜右上"，在"三维格式"的"深度"中选择"蓝色"15 磅，即可得到一个立体按钮。

（6）选中该按钮，单击右键，在快捷菜单中选择"动作设置"，在"鼠标单击"选项卡中，选中"超链接"中的"结束放映"。

（7）回到普通视图，可以发现每一张幻灯片的右上角都增加了一个退出按钮。

任务要求 3：除第一页外每一页制作一个首页按钮，要求立体按钮，单击后返回第一页。

操作步骤：

（1）打开幻灯片母版，选择"仅标题"母版幻灯片，复制退出按钮至该页。

（2）选中该按钮，修改按钮文本为"首页"，修改"动作设置"中"超链接"到"第一张幻灯片"。

（3）回到普通视图，可以发现后四张幻灯片的右上角都增加了一个首页按钮。

任务要求 4：制作第一页，标题为"试一试"，其下为"第一题""第二题""第三题""第四题"，单击后该题号被擦除并分别转至相应的题目页面。

操作步骤：

（1）在标题栏输入"试一试"，在工具栏设置字体、字号；在右侧对象属性栏中的文本选项卡中，设置文字的填充效果为黑蓝四层矩形渐变填充、无边线。

（2）插入横向文本框，输入"第一题"，设置为 60 号、黑体、加粗、蓝色字。

（3）将该文本框复制三份，分别修改为"第二题""第三题""第四题"。

（4）将四个文本框大致放置在它们应在的位置，然后框选住所有的四个文本框，通过"开始"菜单下的"排列"工具下的"对齐"选项中的"靠上对齐"和"横向分布"，将四个题号排列整齐。

（5）选中以上四个题号，整体复制，并设置新复制的题号的颜色为黑色；选中蓝色第一题文本框（注意：此处要选中文本框，框线呈实线，而不是选中文本）；单击右键，在快捷菜单中选择"动作设置"选项，在"鼠标移过"选项卡中，选中"超链接"，选择其中的"幻灯片"选项，选择第 2 张幻灯片。

（6）对其余三个蓝色题号文本框，也作类似操作，分别让它们链接到第 3 张幻灯片、第 4 张幻灯片、第 5 张幻灯片。

（7）选中黑色第一题文本框，打开右侧的自定义动画窗格，在"添加效果"的"退出"中选择"擦除"，并设置其为方向为"自左侧"、速度为"中速"。

(8)在动画窗格内选中该动画,打开下拉框,选中"计时";在打开的"计时"选项卡中,单击"触发器"按钮,在出现的两个选项中选中第二个选项"单击下列对象时启动效果",选中黑色第一题文本框。

(9)对其余三个黑色文本框也作类似设置,然后将其统一移动至蓝色题号文本框之上,直到完全覆盖。

任务要求 5:制作第二页,标题为"第一题",题目为"世界上最大的动物是什么?",右侧为四个选项"蓝鲸""鸵鸟""大象""蟒蛇"。单击正确答案后有鼓掌声并出现小红旗,单击错误答案后有爆炸声并出现爆炸图片。

操作步骤:

(1)在标题栏输入"第一题"。

(2)在标题下插入文本框,输入题目"世界上最大的动物是什么?",设置为 36 号黑体加粗黑色字。

(3)在幻灯片右部插入四个矩形,填充颜色为深蓝色,分别输入文本:"蓝鲸""鸵鸟""大象""蟒蛇",文本也设置为白色 32 号字。

(4)在"蓝鲸"的右侧插入"形状"中的"星与旗帜"中的"波形"。

(5)打开右侧的对角属性窗格的"填充与线条"中,设置填充色为红色,无线条,透明度25%。

(6)选中该图形,打开右侧自定义动画窗格,单击"添加动画",在"进入"中选择"随机线条",设置速度为"中速"。

(7)在自定义动画窗格内打开该动画的计时选项卡,单击"触发器",选中第二个选项"单击下列对象时启动效果",选中"蓝鲸"矩形框。

(8)打开效果选项卡,在"增强"的声音选项中选择"鼓掌"。最后,将这个图形移至"蓝鲸"矩形框之上。

(9)在鸵鸟的右侧插入"形状"中的"星与旗帜"中的"爆炸"。

(10)打开右侧的对角属性窗格的"填充与线条"中,设置渐变填充为路径渐变,设置两色分别为红色和黄色,无线条,透明度 25%(透明度设置上要分别设置红色和黄色)。

(11)选中该图形,在右侧自定义动画窗格中单击"添加动画",在"进入"中选择"出现"。

(12)在自定义动画窗格内打开该动画的计时选项卡,单击"触发器",选中第二个选项"单击下列对象时启动效果",选中"鸵鸟"矩形框。

(13)打开"效果"选项卡,在"增强"的声音选项中选择"爆炸",并将这个图形移至"鸵鸟"矩形框之上。

(14)再复制两份爆炸效果,分别对应于"大象"和"蟒蛇"矩形框的效果。

任务要求 6:制作第三页,标题为"第二题,"题目为"画中人是谁?",右侧为四个选项"梵高""毕加索""塞尚""莫奈"。单击正确答案后有鼓掌声并出现小红旗,单击错误答案后有爆炸声并出现爆炸图片。

操作步骤:

(1)复制第二页的内容,将标题改为"第二题",题目改为"画中人是谁?"

(2)插入画家的图片。

(3)将四个矩形框中的文字分别改为:"梵高""毕加索""塞尚""莫奈",并连同其上的红旗和爆炸效果一起,交换"梵高"和"莫奈"的位置,如图 12-21 所示。

图 12-21 第三页制作图

任务要求 7:制作第四页,标题为"第三题",题目为"未出现过的数字是几?",右侧为四个选项"5""8""7""1"。在题目下方有一个 4×4 的格子,每一个格子下有一个 0～9 之间的数目,格子会以不同的速度、在不同时间显示其下的数字,然后在盖上。单击正确答案后有鼓掌声并出现小红旗,单击错误答案后有爆炸声并出现爆炸图片。

操作步骤:

(1)复制第二页的内容,将标题改为"第三题",题目改为"未出现过的数字是几?",将四个矩形框中的文字分别改为:"5""8""7""1",红旗和爆炸效果不变。

(2)制作快速翻开又盖上的数字块。

- 插入一个淡蓝色正方形(按下 Shift 键插入矩形即为正方形),在其上输入 8,设置为白色、黑体、加粗、36 号字。
- 复制该正方形,删除其上的文字,在右侧的对象属性窗格中将填充色改为深蓝色。
- 选中该深蓝色正方形,打开右侧的自定义动画窗格,单击"添加效果",在退出中选择盒状,设置开始为"之前"、方向为"外"、速度为"中速",打开计时选项卡,设置延迟为 1 秒(即为该幻灯片播放 1 秒后该动画开始播放)。
- 再次选中该深蓝色正方形,单击"添加效果",在"进入"中选择盒状,设置开始为"之前"、方向为"内"、速度为"中速"(即为上一动画播放完成后延迟 0.5 秒该动画开始播放)。
- 将这淡蓝色数字块和深蓝色盖块各复制 15 组,按 4 行 4 列排列,修改淡蓝色数字块上数字,保证其必有"7""1""8",但不能包括"5"。
- 随机调整一些深蓝色盖块的退出动画效果里的延迟设置,要求延迟时间在 1～2 秒,允许多个盖块延迟时间一样。
- 在右侧的自定义动画窗格中的任一动画中单击右键,选择其快捷菜单中的"显示高级日程表",保证每一个盖块的进入动画的开始时间在其退出动画结束之后开始。

任务要求 8:制作第五页,标题为"第三题",将标题改为"第四题",题目改为"以下计算的结果是多少?"。右侧四个选项分别改为:"11""8""7""5"。在题目下方有一道计算题,3秒后会消失。单击正确答案后有鼓掌声并出现小红旗,单击错误答案后有爆炸声并出现爆炸图片。

操作步骤:

(1)复制第二页的内容,将标题改为"第四题",题目改为"以下计算的结果是多少?";将四个矩形框中的文字分别改为:"11""8""7""5",红旗和爆炸效果不变。

(2)制作算式及其动画效果。

- 插入一个文本框,输入算式"3+8-9+2+11-5-6+7+4",设置为黑色36号字。
- 选中该文本框,打开右侧的自定义动画窗格,单击"添加效果",在"退出"中选择"擦除",设置开始为"之前"、方向为"自左"、速度为"中速",打开计时选项卡,设置延迟为3秒。

6.放映查错

制作完成后的幻灯片完整放映一遍,并将所有的交互分支都执行一遍,以保证整个演示文稿能在所有情况下均正常播放并执行。也可以根据播放效果,增加或修改一些在前述制作过程认为有所欠缺的部分。

任务要求9:播放演示文稿,并根据效果做修改。

操作步骤:

(1)从本例的播放效果看,由于本例交互操作较多,应去掉幻灯片切换中的单击换片效果,并增加幻灯片切换动画。

(2)选中任一幻灯片,然后单击"切换"菜单,在其工具栏内单击去掉"单击鼠标时换片"前的对钩,在切换效果中选择"溶解",设置速度为"00.80";最后单击"应用到全部"。

(3)全部制作完成后,再观看最终效果,并做进一步修改。

第 13 章　网络应用

操作视频

随着信息技术和计算机网络技术的快速发展，计算机网络已经成为人们生活中不可或缺的一部分，无论是生活、娱乐、学习还是工作，都已经直接或间接地离不开网络的服务了。学习并掌握计算机网络的一些最基本的操作技能，是信息时代每个人必须具有的最基本技能。

本章主要介绍日常生活及工作中常用的网络连接、电子邮件、网络搜索、网络信息安全等基本操作技能。

学习目标：

- 掌握 Windows 网络连接方法及设置。
- 掌握电子邮件的常见处理方法。
- 掌握计算机网络中信息检索的基本方法。
- 掌握常用的网络信息安全防范措施。

13.1　Internet 连接

任务描述：Internet 是目前全球最大的、开放的、由众多网络互联而成的计算机网络，是一组全球信息资源的总汇。要想访问 Internet 上的资源，首先必须让当前设备接入网络并能进行通信。

要求在 Windows 操作系统中设置网络连接，确保安全接入 Internet。

任务目标：

- 掌握 Windows 中网络连接设置。
- 掌握路由器的基本配置方法。
- 掌握 Internet 选项常见功能设置。

技能目标：

- 能对路由器进行基本的配置。
- 能通过有线或无线方式设置计算机连接 Internet。
- 会设置基本的 Internet 选项功能。

13.1.1 Windows 网络连接

1. Windows 网络连接设置

首先确保网络适配器(网卡)驱动已安装且能正常工作,然后将网线的 RJ-45 接头插入网卡接口。

打开"网络连接"对话框:依次打开"Windows 设置"→"网络和 Internet"(或在"开始"菜单上单击右键→选择"网络连接"),如图 13-1 所示。选择要连接的网络方式,下面以以太网连接为例。

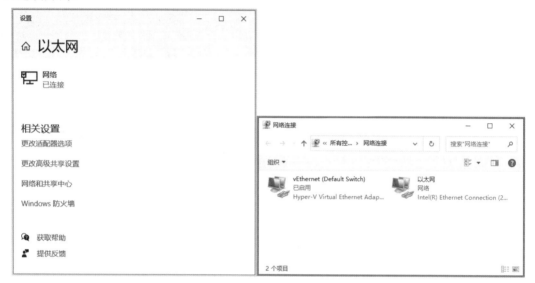

图 13-1　网络连接示意图

在网络连接对话框中依次选择:"以太网"→"更改适配器选项",如图 13-1 所示,在"以太网"图标上单击右键打开属性对话框,打开"以太网属性",如图 13-2(a)所示。

在以太网属性对话框中选择"网络"标签并在"此连接使用下列项目(O)"列表中勾选"Internet 协议版本 4(TCP/IPv4)",单击"属性"按钮,打开如图 13-2(b)所示的"Internet 协议版本 4(TCP/IPv4)属性"对话框,根据需要设置静态或动态 IP 地址及 DNS 地址(详细操作见第 4 章"IP 地址分配")。

2. Internet 协议版本 4(TCP/IPv4)高级选项

为了满足某些用户更高的使用要求,Windows 系统还提供了 TCP/IP 的高级设置,通过点击图 13-2(b)所示常规面板下的高级按钮,系统会自动弹出"高级 TCP/IP 设置"对话框,如图 13-2(c)所示,在这里可以进一步对 IP、DNS 以及 WINS 进行设置。

其中,"IP 设置"标签可以对一个适配器设置多个 IP 地址或多个默认网关,单击"添加"按钮进行添加。"DNS"标签可以设置多个 DNS 以避免电脑 DNS 解析失败的问题,单击"添加"按钮即可添加多个 DNS,同时也可以选中某一个 DNS,然后通过上下方向箭头来指定 DNS 的解析顺序。"WINS"标签可以完成用户计算机(WINS 工作站)、WINS 服务器的参数设置以及是否启用 NetBIOS 的设置,WINS 服务器可以登记 WINS 工作站的计算机名、

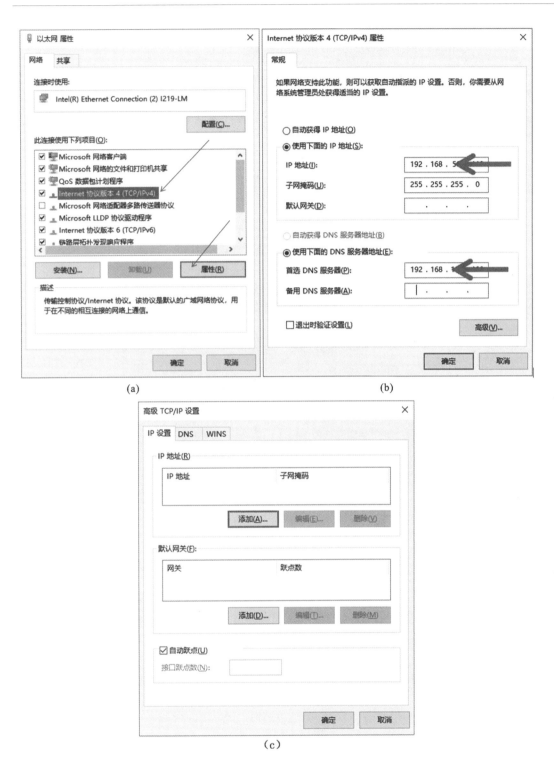

图 13 - 2　以太网属性设置

IP 地址、DNS 域名等信息，并将这些信息提供给工作站用于以后的查询。

13.1.2　Windows 操作系统 Internet 选项设置

建立了 Internet 连接之后,用户就可以在 Internet 中漫游了。但是,要想安全有效地使用浏览器查看 Internet 信息,还必须对 Internet 属性进行设置。Internet 属性的设置包括常规属性、安全属性、隐私属性、内容属性、连接属性、程序属性和高级属性等内容的设置,其中安全属性和内容属性的设置尤为重要。

1. 打开"Internet 属性"对话框

方法 1:如果是使用 Internet Explorer 浏览器,右击桌面 Internet Explorer 图标→属性,打开"Internet 属性"对话框,如图 13-3 所示。

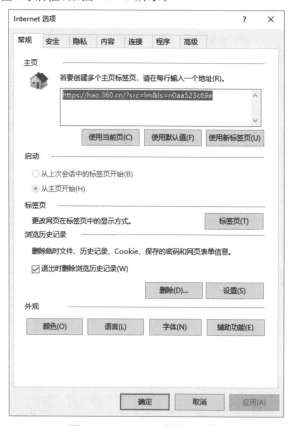

图 13-3　Internet 属性对话框

方法 2:如果是使用 edge 浏览器,打开开始菜单,单击"设置"按钮打开"Windows 设置"对话框,在查找栏输入"Internet 选项"并打开。如图 13-4 所示。

方法 3:在图 13-1 所示的"网络连接"对话框中,打开"网络和共享中心"对话框并单击"Internet 选项",也会打开"Internet 属性"对话框。如图 13-5 所示。

2. Internet 选项设置

在打开的"Internet 属性"对话框中可以对"Internet 属性"做以下内容的设置。

(1)常规属性设置。设置 Internet 常规属性,可使用户对 Web 页的查看和处理更加随心所欲。常规属性的内容比较多,包括主页的设置、临时文件的建立与删除、历史记录的处

图 13 - 4　从开始菜单打开 Internet 选项

图 13 - 5　从网络连接打开 Internet 属性

理以及语言文字等方面的内容。在图 13 - 3 所示的 Internet 属性对话框中打开"常规"选项卡,可以进行以下设置。

①主页设置。可以在主页地址编辑栏直接输入想要作为主页的网址;单击"使用默认值"按钮,将把默认 Web 页作为主页;单击"使用空白页"按钮,将以空白页作为主页;单击"使用当前页"按钮,则将当前浏览器窗口中打开的 Web 页作为主页。如图 13 - 6 所示。

②浏览历史记录设置。单击"浏览历史记录"选项栏中的"删除"按钮,打开"删除浏览的历史记录"对话框,可删除浏览的历史记录内容,如图 13 - 7 所示。单击浏览历史记录的"设置"按钮,打开"网站数据设置"对话框。

在"Internet 临时文件"选项区域中,可进行临时文件管理,可检查所存网页的较新版本,定义"Internet 临时文件"占用的磁盘空间。单击"查看文件"按钮,可打开 Internet 临时文件夹,该文件夹用于在浏览时保存 Web 页及其相关文件。

图 13 - 6　主页属性设置

图 13 - 7　浏览历史记录设置

在"历史纪录"选项区域中,可改变网页保存在历史记录中的天数。如您的磁盘空间比较小,或不想保存历史记录,可以减少该天数或将其设置为"0"。

③语言首选项设置。单击"语言"按钮,打开"语言首选项"对话框,可对语言首选项进行设置,单击"添加"按钮,打开对话框后选择自己查看 Web 页时经常使用的语言,系统会自动根据优先级对语言进行处理,以便用户查看 Web 页的内容。

④其他设置。单击"颜色""字体"和"辅助功能"功能按钮,打开对应的对话框,可分别对所访问的 Web 页进行颜色、字体和样式等方面的设置。

(2)安全属性设置。打开"Internet 属性"→选择"安全"选项卡。如图 13 - 8 所示。

在浏览器中,安全属性的设置是指对安全区域的设置。Microsoft edge 将 Internet 世界划分为四个区域,分别是 Internet、本地 Intranet、受信任的站点和受限制的站点。每个区域都有自己的安全级别,这样用户可以根据不同区域的安全级别来确定区域中的活动内容。

其中 Internet 区域中包含所有未放在其他区域中的 Web 站点,安全级别预定为中级;

图 13 - 8　安全属性设置

本地 Intranet 区域中包含用户网络上的所有站点,安全级别也为中低级;可信站点区域中包含有用户确认不会损坏计算机或数据的 Web 站点,安全级别为低级;受限站点区域中包含可能会损坏用户计算机和数据的 Web 站点,它的安全级别最高,但功能也最少。

　　虽然四个安全区域都有自己的安全级别,但是它们并不一定适合所有的用户。浏览器还允许用户对 Internet 区域的安全级别进行自定义设置,使其符合自己的安全要求。

　　(3)隐私属性设置。打开"Internet 属性"→选择"隐私"选项卡,可以进行下列设置,如图 13 - 9 所示。

　　单击"站点",打开"每个站点的隐私操作"对话框,可以添加需要管理的网站地址,这些站点将不会使用 Cookie。

　　单击"高级",打开"高级隐私设置"对话框,可以选择如何处理 Cookie,其中第一方 Cookie 指来自当前正在访问的网站使用的 Cookie,第三方 Cookie 指来自当前访问网站以外的站点使用的 Cookie,会话 Cookie 指访问者浏览网站时,该网站临时存储的一些信息。

　　单击"设置",打开"弹出窗口阻止程序设置"对话框,可以设置弹出窗口的阻止级别,也可以添加管理允许弹出窗口的网站地址。

　　(4)内容属性设置。打开"Internet 属性"→选择"内容"选项卡,可以进行使用加密连接和标识的证书等设置,如图 13 - 10 所示。

　　所谓证书就是保证个人身份或者 Web 站点安全性的声明。它是由证书颁发机构发行的,含有用来保护用户和建立安全网络连接的信息。其中个人证书是对个人身份的一种保证,可以指定自己的个人信息,如用户名,密码和地址等。当访问其他站点时,需要提供这些方面的个人信息。

　　(5)连接属性。打开"Internet 属性"→选择"连接"选项卡,如图 13 - 11 所示。单击"设

图 13 - 9　隐私属性设置

置"按钮可以建立到 Internet 的新连接,也可以在"拨号和虚拟专用网络设置"栏添加拨号网络连接列表及虚拟专用网络列表。如果要使用代理服务器,单击"局域网设置"按钮,选择"为 LAN 使用代理服务器",然后在下面的地址和端口栏输入相应代理服务器的 IP 地址和代理端口即可。

(6)程序属性设置。打开"Internet 属性"→选择"程序"选项卡,如图 13 - 12 所示。可以在管理加载项里清理不需要的加载项、打开"Internet Explore"、选择 HTML 编辑器以及 Internet 程序设置等操作。

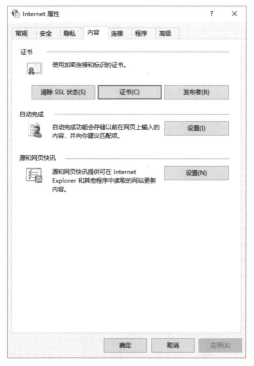

图 13-10　内容属性设置

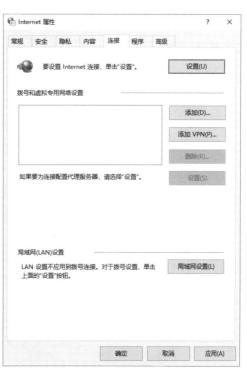

图 13-11　连接属性设置

图 13-12　程序属性设置

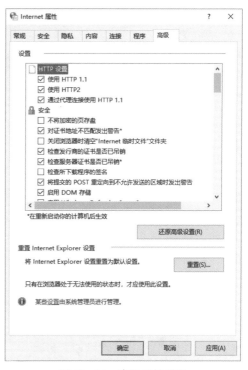

图 13-13　高级属性设置

（7）高级属性设置。打开"Internet 属性"→选择"高级"选项卡，如图 13-13 所示。其中,设置区域包括 HTTP、安全、多媒体、浏览等方面的内容,根据需要勾选复选框选择;也可以单击"还原高级设置"将设置还原为默认的设置,或单击"重置"删除个人设置或重置。

13.1.3 无线路由器配置

随着 5G 技术的应用逐渐普及,移动终端的流量消费越来越多,居家或办公环境安装无线路由器(WiFi)已经成了移动终端上网的常见模式。只要我们在家中或者公司安装了WiFi 无线路由器,就可以在其覆盖范围内通过无线免费上网。

1. 路由器连接

无线路由器可以实现宽带共享功能,为局域网内的电脑、手机、笔记本等终端提供有线、无线接入网络。根据入户宽带线路的不同,可以分为网线、电话线、光纤三种接入方式,一般常见的连接拓扑如图 13 - 14 所示。

图 13 - 14　路由器连接拓扑图

一般路由器都配有多个 LAN 接口,可以通过网线连接多个计算机、电视机等设备,也可以连接路由器构成二级级联,扩大 WiFi 覆盖范围。

2. 路由器设置

打开网络浏览器,在地址栏输入路由器管理 IP 地址(路由器的底部标签上一般都标注该路由器的管理地址、用户名和密码)。如果是新购买的路由器,一般是处于出厂状态,需要设置一个管理员密码,按照提示设置即可,如图 13 - 15 所示;如果只需要输入密码,表示以前已经设置过,输入设置的管理员密码,单击"确定"按钮即可;如忘记密码,单击"忘记密码"按钮,可显示提示。

图 13 - 15　路由器登录

成功登录路由器管理界面后,可以进行网络参数、无线设置、安全设置等路由器管理操作。单击"设置向导",可以根据向导提示设置相关上网参数,如图 13-16 所示。

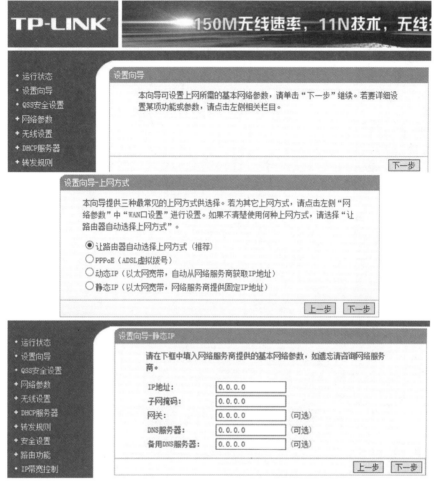

图 13-16　路由器管理界面

常见的上网方式有:PPPoE、静态 IP、动态 IP 地址三种。PPPoE 也叫宽带拨号上网,拨号宽带接入是当前最广泛的宽带接入方式,运营商分配宽带用户名和密码,通过用户名和密码进行用户身份认证。点击"WAN 口设置",根据运营商提供的信息设置相应内容,如图 13-17所示。静态 IP 地址和动态 IP 地址设置参考 13.1.1 节内容。

单击"无线设置"→"基本设置",可以设置路由器无线网络的基本参数,如图 13-18 所示。通过设置服务集标识 SSID(Service Set Identifier)号,可以将一个无线局域网分为几个需要不同身份验证的子网络,每一个子网络都需要独立的身份验证,只有通过身份验证的用户才可以进入相应的子网络,防止未被授权的用户进入本网络。

SSID 就是我们实际应用中无线网络 WiFi 的名称,用字母、数字设置即可,不建议使用中文,因为有的无线终端不支持中文。

单击"无线设置"→"无线安全设置"→选择"WPA-PSK/WPA2-PSK"→"加密算法",选择:AES→设置"PSK 密码",设置自己的 WiFi 密码后点击页面下方的"保存"按钮,如图

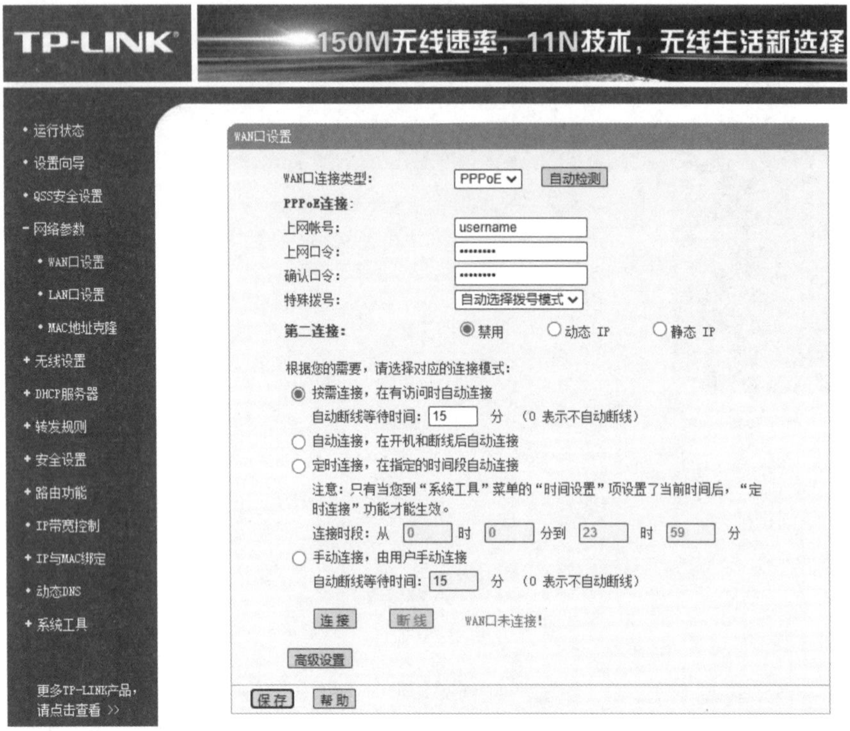

图 13-17 网络参数设置

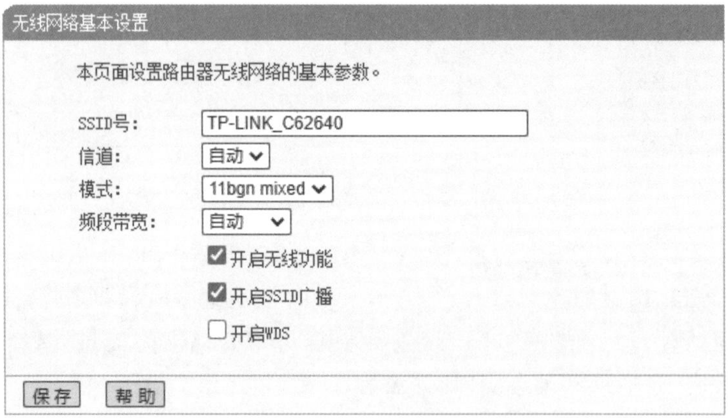

图 13-18 无线网络参数设置

13-19所示。这样只有经过身份和密码验证之后才能进入该无线子网,否则不能使用该无线 WiFi 连接网络。

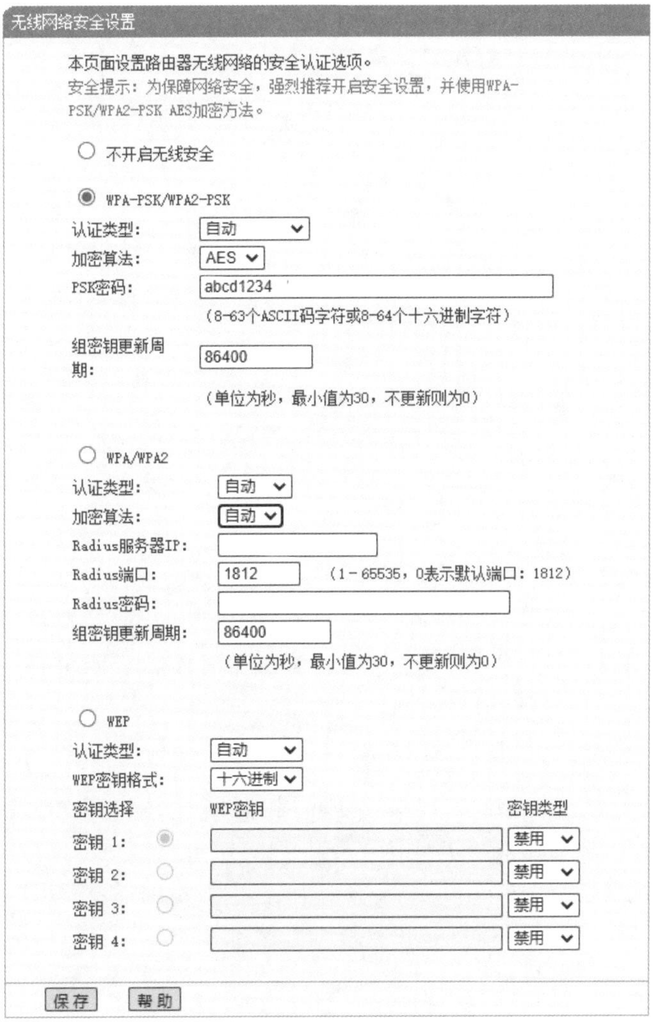

图 13 - 19 无线网络安全设置

13.2 电子邮件

电子邮件(Electronic mail,简称 E-mail)是一种用电子手段提供信息交换的通信方式,是 Internet 应用最广的服务。通过电子邮件系统,用户可以快速地与世界上任何一个角落的网络用户联系,这些电子邮件可以是文字、图像、声音等各种内容。电子邮件综合了计算机通信和邮政信件的特点,它传送信息的速度很快,又能像信件一样使收信者收到文字记录。

E-mail 地址的标准格式为:<收信人信箱名>@主机域名。常见电子邮件收发方式可以分为通过 Web 方式收发电子邮件、通过客户端软件收发电子邮件和通过手机收发电子邮件三种。

任务描述:运用电子邮箱发送和接收电子邮件。

任务目标:

·掌握注册申请电子邮箱的方法。

·掌握电子邮箱的基本功能及其应用。

·掌握运用电子邮箱发送和接收电子邮件的方法。

技能目标:

·会注册申请电子邮箱。

·会运用电子邮箱收发电子邮件。

·能运用电子邮箱的基本功能对电子邮件进行管理。

13.2.1 Web 方式收发电子邮件

所谓 Web 方式,是指用户使用浏览器访问电子邮件系统网页,在浏览器上输入用户名和密码,进入用户的电子邮箱然后进行电子邮件处理。下面以网易邮箱为例说明一般的操作过程。

1. 注册邮箱

打开网易主页:https://email.163.com/,单击"注册新账号",在打开的对话框中输入邮箱名、密码、手机号码等信息并单击"立即注册",注册成功后即可登录进入邮箱。如图 13-20 所示。

2. 邮件处理

电子邮箱既可以为用户发送电子邮件,也可以自动地为用户接收电子邮件,同时还具有对收发的邮件进行存储,对通信录进行管理等功能。

(1)发送电子邮件。登录电子邮箱后,在图 13-20 所示的界面单击"写信"按钮,打开图 13-21 所示的发送电子邮件对话框。在收件人栏填写邮件接收方的邮箱地址,如果要给通信录里的人发送电子邮件,也可以直接在右侧的通信录栏目里选择要接受信件的人。如果要将该邮件同时发送给除过收件人之外的其他人,可以添加抄送人和密送人邮件地址,两者的区别是收件人可以看到抄送人邮件地址而看不到密送人邮件地址。

当用户收到邮件时,第一眼看到的就是邮件主题,所以一封有效的邮件,必定有一个即吸引人又有效的主题。电子邮件主题一般要能体现出邮件内容的主旨或该邮件的目的意义等,虽然没有严格的标准来限制邮件主题的字数,但一般应保持在一定合理的范围之内,既能反映出比较重要的信息,又不至于在邮件主题栏默认的宽度内看不到有价值的信息。

正文编辑区可以直接编辑写给收件人的信件内容,根据需要可以设置字体、字号、背景,也可以插入图、表等内容。这部分内容相当于写给对方的一封信,书写格式及礼仪规范和我们平时的书信格式一样,由称呼、问候语、正文、祝福语、署名、日期等几部分组成。如果信件内容比较多、内容组成部分比较复杂或在正文区域无法编辑时,可以将其编辑成为文件,然后单击"添加附件"按钮,选择编辑好的文件作为附件发送,附件可以是文本数据文件、声音视频文件、图形图像文件、程序软件或压缩文件等。

最后根据信件内容的性质和需求,可以勾选正文编辑栏下的"紧急""已读回执""定时发送""邮件加密"等选项。然后单击"发送"按钮发送编辑好的电子邮件。如图 13-21 所示。

(2)接收电子邮件。登录电子邮箱后,在首页单击"收信"按钮,邮箱会打开收件箱,显示

图 13-20　注册新邮箱

收到的邮件列表,未读信件的发信人名称前后有一个未读标记。

　　电子邮件给我们工作带来方便的同时,也带来一些负担,如果每天要收发大量的电子邮件,处理堆积如山的邮件也会消耗很多精力和时间,有的时候甚至因为遗漏处理而丢失重要信息。学会对电子邮箱进行高效管理也是我们工作学习的必备技能。

　　当阅读收到的邮件后,可以对邮件进行分类管理,以便后期查阅。

　　可以通过对电子邮件设置邮件标签进行分类管理,单击选定邮件主题后的"选择邮件标签"按钮,为该邮件选择一个标签,如果没有标签,可以在弹出的快捷菜单中单击"新建标签并标记",为该类电子邮件新建一个标签,以后再收到该类邮件时就可以选择标记为该标签。以后想查看该类邮件,在收件箱菜单下单击选择"邮件标签"下的某一类标签,就会只显示标

图 13-21　发送电子邮件

记为该标签的邮件,然后就可以按日期方便地查阅,如图 13-22 所示。

(a)选择或设置标签　　　　　　　　　(b)按标签分类查看

图 13-22　电子邮件管理

　　也可以建立不同的文件夹,然后将收到的电子邮件分类移动到不同的文件夹,以后就可以按文件夹查阅。

　　如果用户有多个邮箱,可以将其他电子邮箱内的邮件迁移到当前邮箱进行查阅,这样只需要打开一个邮箱就可以查阅管理多个邮箱内的电子邮件。单击收件箱菜单下"邮件中心"后的"迁移其他邮箱",如图 13-23 所示,在打开的对话框中填写要想迁入的邮箱信息即可。

　　(3)电子邮箱管理。在打开的电子邮箱界面,单击"设置"按钮,在打开的界面中进行邮箱的基本设置、密码修改、邮箱安全设置、反垃圾规则设置、添加黑白名单等操作。

　　为了提高邮箱安全性,最好在邮箱安全设置菜单下设置"登录二次验证",这样在邮箱登录时,除过输入用户名和密码外,还需要手机短信动态验证码才能登录使用邮箱,同时可以给重要的资料添加安全锁、添加黑名单拒收邮件或设置反垃圾规则过滤垃圾邮件。如图 13-24所示。

图 13 - 23　电子邮件迁移

图 13 - 24　邮箱设置

13.2.2　客户端收发电子邮件

客户端邮件处理方式需要在计算机上下载安装使用 IMAP/APOP/POP3/SMTP/ES-

MTP/协议收发电子邮件的客户端软件,通过配置客户端软件,用户不需要登录邮箱即可对多个邮箱进行电子邮件管理。最常用的邮件客户端软件有 Microsoft 的 Outlook 和腾讯的 foxmail 等。

和 Web 方式相比较,客户端收发电子邮件虽然不需要登录进入邮箱就可以对多个电子邮箱进行邮件收发处理,但这种方式也存在以下弊端:

(1)邮件客户端需要下载装客户端软件,必须依赖于某个 Web 邮箱使用,而且只能固定在一台计算机上;而 Web 方式只要有网络就可以登录使用,不受地域、环境限制。

(2)邮件客户端可以将邮件收到计算机保存,不用上网就能随时查阅,邮件存储空间大、查阅历史邮件快捷高效,但不少病毒也会专门袭击邮件客户端,而且有些计算机本身的存储、保护措施也不到位。相对来说,Web 方式有专门的服务商及服务器管理,安全性要高一点。

(3)邮件客户端软件安装配置比较复杂,一般用户较难掌握。

其实,现在 Web 版邮箱也不断地新增了很多新功能,比如多个邮箱之间迁移邮件、网盘存储、日程管理、云笔记以及娱乐、网购等服务功能。

13.2.3 手机收发电子邮件

随着手机的应用市场逐渐增大和使用人群的普及,以前很多需要在电脑端才可以处理的邮件,现在都可以在手机端进行处理。而手机邮箱 App 的多账户管理更是方便快捷,下面以 163 邮箱为例,说明手机邮箱的使用。

(1)下载安装"网易邮箱大师"App;

(2)输入用户名和密码登录邮箱,如图 13-25 所示,根据需要可以对邮箱进行设置,单击邮箱界面顶部的"＋"按钮,就可以写邮件并发送。

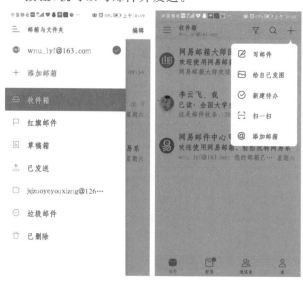

图 13-25　手机邮箱管理

13.3　信息检索

任务描述:信息检索(Information Retrieval)是用户进行信息查询和获取的主要方式,是查找信息的方法和手段。在网络信息时代,如何能快速、准确地在海量数据中搜索自己所需要的信息,是人们利用"互联网大脑"来学习的必备技能。

要求能运用常见的网络搜索引擎查找信息,能运用知网(CNKI)等数据库检索所需文献资料。

任务目标:
- 掌握搜索引擎的基本搜索方法。
- 掌握学术文献资料的检索方法。
- 了解常见搜索引擎及数据库。

技能目标:
- 能运用百度进行准确、快速的信息查找。
- 能熟练运用 CNKI 检索文献资料。

13.3.1　运用搜索引擎查找信息

搜索引擎依托于多种技术,如网络爬虫技术、检索排序技术、网页处理技术、大数据处理技术、自然语言处理技术等,为信息检索用户提供快速、高相关性的信息服务。在大数据时代,网络产生的信息浩如烟海,令人无所适从,难以得到自己需要的信息资源。在搜索引擎技术的帮助下,利用关键词、高级语法等检索方式就可以快速捕捉到相关度极高的匹配信息。常见的搜索引擎有百度、搜狗等。

例如:用百度搜索最近一个月内标题中包含"wps"和"格式替换"的演示文稿,要求仅搜索简体中文网页,搜索结果每页显示 20 条信息。

(1)打开百度首页(www. baidu. com),单击"设置"按钮,在"搜索设置"对话框内选择"搜索语言范围"为"仅简体中文",选择"搜索结果显示条数"为"每页 20 条",如图 13 - 26(a)所示。

(2)在"高级搜索"对话框中,设置"搜索结果"的"包含全部关键词"编辑栏输入"wps 格式替换",在"时间"后的下拉框中选择"最近一月","关键词位置"选择"仅网页标题中",如图 13 - 26(b)所示。

(3)设置好选项后单击"高级搜索",网页就会列出符合条件的信息列表,如图 13 - 26 (c)所示,根据需要点击打开具体网页查看搜索到的信息内容。

13.3.2　运用 CNKI 检索文献资料

中国知识基础设施工程(China National Knowledge Infrastructure,CNKI),简称中国知网,是以实现全社会知识资源传播共享与增值利用为目标的信息化建设项目,为全社会提供资源共享、数字化学习、知识创新信息化条件。CNKI 已经发展成为集期刊杂志、博士论文、硕士论文、会议论文、报纸、工具书、年鉴、专利、标准、国学、海外文献资源为一体的、具有国际领先水平的网络出版平台,中心网站的日更新文献量达 5 万篇以上。

(a)搜索设置   (b)高级搜索设置

(c)搜索结果

图 13 - 26 　运用百度搜索信息

在平时的学习或论文撰写过程中,我们经常需要查阅大量的文献资料,通过 CNKI 能很方便、快速地查阅相关文献。

例如:在《中国信息安全》期刊上查阅主题包括"信息安全"和"个人信息",并且摘要中包含"法律,法规"的相关文献资料。

(1)打开知网(www.cnki.net),单击文献检索编辑栏后面的"高级搜索"按钮,会切换到高级检索方式界面。点击检索项下列按钮选择检索项,在对应检索项后面的检索词输入框填写搜索时检索项要包含的内容,如果要搜索多个检索项同时符合条件的内容,可以单击最后一行检索词后的按钮"+"添加多行检索词,并且在除第一行之外的检索词左边的逻辑关系栏选择"AND",如果多个检索条件之间是或者关系则选择"OR"逻辑关系,如果搜索内容不包括符合某个条件的检索项,则在该检索行左边的逻辑关系栏选择"NOT"。

高级检索界面的左面为九个专辑的文献分类目录,可以根据要搜索文献的范围勾选对应目录类(不选时检索到的是全学科的,也可以在检索出的全学科结果里再选择)。

如图 13 - 27 所示,分别输入"信息安全"和"个人信息"主题检索词和"法律,法规"摘要检索词,文献来源检索词输入"中国信息安全",勾选"工程科技"文献类。

(2)设置好检索项规则后,单击"检索"按钮,就会列出符合条件的文献资料,如图 13 - 28 所示。在检索到的结果列表里,每一行会依次列出文献题名、作者、来源、发表时间、被引次数、下载次数及操作选项。

操作选择 ⬇ 📖 ☆ ⏻ ,依次为下载、在线阅读、收藏和引用。如果在自己的文章中参考并引用了该文献,就必须在文章中引用的地方标注引用说明,并在文章后列出该参考文献。单击引用操作按钮,在如图 13 - 29 所示的窗口中选择并复制所需要的参考文献格式即可。

图 13 - 27　CNKI 高级检索

图 13 - 28　检索结果

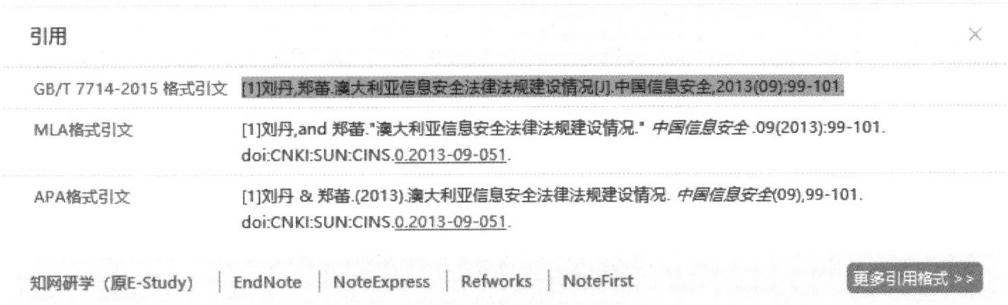

引用　　　　　　　　　　　　　　　　　　　　　　　　　　　　　　　　　　×

GB/T 7714-2015 格式引文　[1]刘丹,郑蕾.澳大利亚信息安全法律法规建设情况[J].中国信息安全,2013(09):99-101.

MLA格式引文　　　[1]刘丹,and 郑蕾."澳大利亚信息安全法律法规建设情况." *中国信息安全* .09(2013):99-101.
　　　　　　　　　doi:CNKI:SUN:CINS.0.2013-09-051.

APA格式引文　　　[1]刘丹 & 郑蕾.(2013).澳大利亚信息安全法律法规建设情况. *中国信息安全*(09),99-101.
　　　　　　　　　doi:CNKI:SUN:CINS.0.2013-09-051.

知网研学（原E-Study）　｜　EndNote　｜　NoteExpress　｜　Refworks　｜　NoteFirst　　　　　　　更多引用格式 ＞＞

图 13 - 29　文献引用格式

13.4   网络安全技术应用

任务描述:互联网随时都会面临来自各种恶意软件代码、不法分子的安全威胁,要阻止这些网络破坏行为、营造良好的网络应用环境,就需要建立一套功能完善、性能较好且易于操作维护的安全技术体系。在网络安全技术领域,防病毒、防火墙和入侵检测技术是最基本的安全防护措施。

要求会在 Windows 操作系统中设置基本的安全防护措施。

任务目标:

· 掌握防火墙的基本设置方法。

· 掌握常用防病毒软件的应用。

技能目标:

· 会设置 Windows 操作系统防火墙。

· 能熟练使用常见防病毒软件。

13.4.1   Windows 10 操作系统安全配置

1. 用户账号控制设置

我们在下载软件或者浏览网页时,经常会遇到自动下载绑定的流氓软件或者恶意程序篡改系统设置的情况,为了提升计算机系统安全性,我们可以设置 Windows 用户账户控制提醒,当有软件要安装或者更改系统设置时就会发出提醒,这样我们就会有选择地拒绝不需要的软件自动安装。

(1)在"开始"菜单中单击鼠标右键→"系统"→"关于"→"系统信息"→"安全和维护"→"更改用户账户控制设置",如图 13－30(a)—(d)所示;

(2)最后打开的如图 13－30(e)所示的用户账户控制设置对话框。如果你经常安装软件或者访问陌生网址,调整到最高"始终通知"模式,只要安装了软件或者更改了设置就会收到通知,这样我们就可以及时地去处理。

2. Windows 防火墙设置

Windows 防火墙会依照特定的规则,允许或者限制传输的数据通过。

依次打开"网络共享中心"→"Windows Defender 防火墙"→"启动或关闭 Windows Defender 防火墙",然后在打开的自定义设置对话框中根据需要修改使用的每种类型的网络的防火墙设置,如图 13－31(a)—(c)所示;也可以在图 13－31(c)所示的"Windows Defender 防火墙"对话框单击打开"允许应用或功能通过 Windows Defender 防火墙",打开如图 13－31(d)所示对话框,然后根据需要勾选允许的应用和功能及其所使用的网络类型。

实际的网络应用中,经常会发生计算机被恶意攻击、密码被暴力破解等问题,其实大多数情况都是由于自己给那些"入侵者"留的"后门"导致的。入侵者通过扫描主机开放的端口,一旦发现可以利用的端口,就会进行下一步的入侵和攻击。

如果要通过修改默认的远程端口以及限制远程的访问来关闭所谓的"后门",设置数据

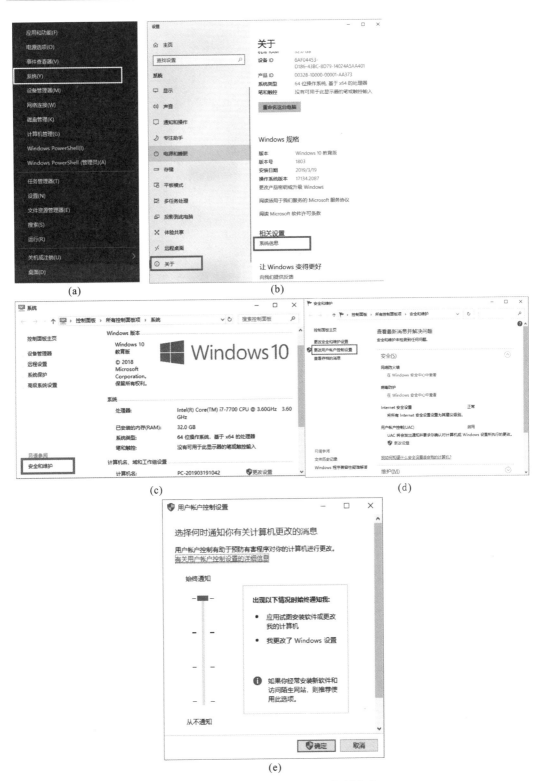

图 13 - 30　windows 用户账号控制设置

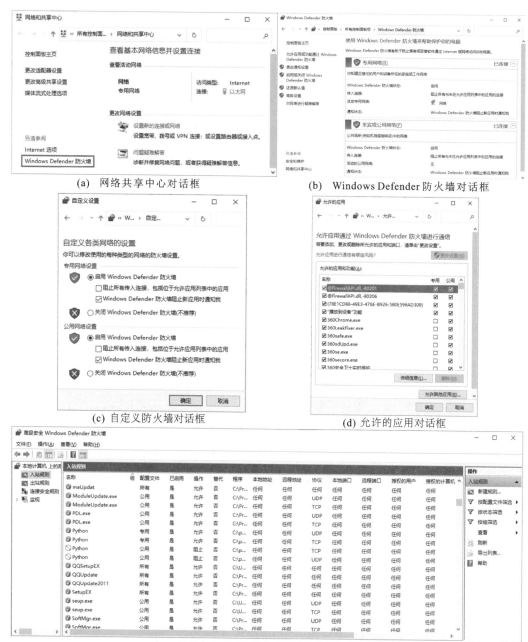

(a) 网络共享中心对话框　　　　　　(b) Windows Defender 防火墙对话框

(c) 自定义防火墙对话框　　　　　　(d) 允许的应用对话框

(e) 高级安全Windows Defender 防火墙对话框

图 13-31　防火墙设置

的入站、出站规则以及连接安全规则等,可以在图 13-31(b)所示的 Windows Defender 防火墙对话框中单击高级设置,然后在打开的图 13-31(e)所示的"高级安全 Windows Defender 防火墙"对话框中进行相应的设置操作。

13.4.2　网络病毒及防御

近年来计算机网络病毒攻击事件频发并且愈演愈烈,面对网络病毒泛滥的危害,构建一套病毒快速定位及全流程的防护体系将成为网络安全建设中的重要一环。

杀毒软件是一种可以对病毒、木马、恶意软件等一切已知的对计算机有危害的程序代码进行清除的程序工具,是最便捷、最有效的计算机安全保护措施。

安装并应用 360 杀毒软件。

(1)打开 360 杀毒官方首页,单击下载正式版并安装;

(2)单击 360 杀毒界面右上方的"设置"按钮,可以根据需要对升级方式、病毒扫描方式等内容进行设置;也可以根据需要单击选择"全盘扫描""快速扫描""宏病毒扫描"或"自定义扫描"等扫描方式对计算机进行病毒查杀,单击"检查更新"可以升级更新病毒库,如图 13-32 所示;

图 13-32　360 杀毒软件

(3)360 软件管家。360 软件管家是 360 提供的一款集下载、安装、升级、卸载、优化于一体的管理工具;软件库中收录了大量的软件,都是由软件厂商主动向 360 安全中心提交、经过 360 安全中心白名单检测审核后公布,这些软件更新时 360 用户能在第一时间内更新到最新版本。不仅提供用户高速下载、去插件安装、一键卸载恶意软件等特色功能,而且提供用户软件购买、资讯热点、视频直播等新型功能,为用户带来安全、快捷的安全防护和软件管理。

单击 360 杀毒界面右下角的"软件管家"即可打开 360 软件管家并应用,如图 13-33 所示。

图 13 - 33　360 软件管家

第 14 章　多媒体处理

操作视频

　　随着计算机技术的不断发展,多媒体计算机的应用也日益广泛,成为信息技术的重要发展方向之一。运用多媒体信息处理技术,计算机能综合处理视频、图像、文字、声音、数据等多种媒体信息,使它们集成为一个系统,并具有良好的交互性。通过多种信息媒体的获取、交换、传递和再现,使计算机能较好地再现人的自然世界。目前,多媒体信息处理技术的应用已涉及各个领域,并对人们的工作和生活方式产生了极大的影响。

　　学习目标
- 了解图像处理软件 Photoshop 的常见用途,掌握 Photoshop 中选区、图层、蒙版的使用方法。
- 了解视频编辑软件 Premiere 的常见用途,掌握一般视频剪辑的方法。

14.1　Photoshop 中选区的使用

　　任务描述:使用 Photoshop 不仅可以对单独的图像文件进行修饰,还可以同时对多幅图像进行处理。本任务借助路径工具和钢笔工具实现将不同图像整合到一起的效果,利用提供的图片完成蓝天中飞翔的老鹰图像的制作。

　　任务目标:
- 熟悉钢笔工具、路径工具和形状工具。
- 掌握路径与形状工具以及选区之间的关系。
- 掌握 Photoshop 选区的修改和编辑。

　　技能目标:
- 会对图像文件进行修饰。
- 能够完成多幅图像的处理。

原始图像及处理完效果如图 14 - 1 所示。

14.1.1　路径工具

　　在 Photoshop 中,常常会需要绘制一些曲线,那么,如何绘制出想要的曲线呢? 带着这样的疑问,我们来了解路径工具。

图 14-1 原始图像及处理效果图

1. 路径工具的功能

路径工具是 Photoshop 中非常重要的一种工具,在进行图像区域的选择、辅助通道工具抠图以及图标的设计过程中,都会用到路径工具。

路径是可以转换为选区或者使用颜色填充和描边的轮廓。熟练使用路径工具,在图像处理时将如虎添翼。

路径工具的主要功能为:绘制平滑线条、绘制矢量形状、勾选图像轮廓、选区互换。

2. 路径工具的分类——路径工具组

路径工具在 Photoshop 的工具箱中,鼠标右击"路径工具"按钮可以显示出路径工具组所包含的两个按钮,如图 14-2 所示,通过这两个按钮可以完成路径的编辑调整工作。

图 14-2 路径工具

3. 路径工具组中两个工具的用法

- "路径选择工具" ▶:选择一个闭合的路径或一个独立存在的路径。
- "直接选择工具" ▶:可以选择任何路径上的节点。点选其中一个或按 Shift 键连续点选可选多个;按 Ctrl 键调换使用黑箭头和白箭头。

4. 路径和选区的区别与转换

路径与选区有相似之处,也有明显区别。在需要时路径是可以转换为选区的。

(1)路径与选区的区别。使用"钢笔工具" ✍ 或"形状工具"绘制出的图形称为路径,路径是矢量的。矢量图形最大的优点是无论放大、缩小或旋转都不会出现失真现象。

而选区选中的图像是位图图像,位图在放大、缩小或旋转等变形后会失真,使图像变模糊,边缘产生锯齿。

(2)路径与选区的转换。路径是由锚点连接而成的,锚点分为起始锚点和结束锚点。路径转换为选区方法如下。

(1) 创建路径：选择"钢笔工具" ，注意还要选中工具选项栏的"路径"选项 ，选择"路径"选项的目的是能让钢笔选择路径的时候不带填充颜色。单击并拖拽即可绘制出曲线锚点，直至把结束锚点和起始锚点重合，封闭路径，如图 14 - 3 所示。

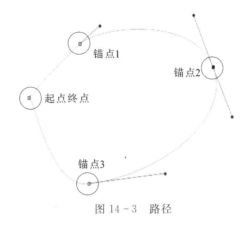

图 14 - 3　路径

(2) 转换为选区：选择"路径"工具栏上的工作路径 建立"选区"，或者按"Ctrl＋Enter"组合键。这样，路径就转换为选区了。

5. 填充路径与描边路径

填充路径：要给一个路径填充颜色，首先设置前景色为需要的颜色，然后绘制出需要的路径，这里需要注意的是，该路径必须是闭合的路径。绘制好路径后，单击鼠标右键调出如图 14 - 4(a) 的菜单，选择"填充路径"选项，然后在弹出的如图 14 - 4(b) 的对话框中设置填充的内容、混合及渲染等选项，完成路径填充。

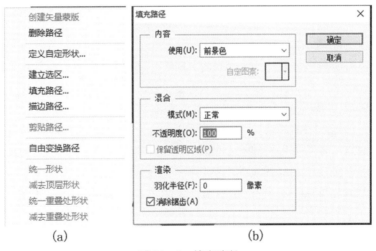

图 14 - 4　填充路径

描边路径：要给一个路径描边，首先设置前景色为需要的颜色，单击"钢笔工具"绘制需要的路径，描边路径可以是封闭路径，也可以是开放路径。绘制好路径后，单击鼠标右键调出如图 14 - 4(a) 的菜单，选择"填充路径"选项，完成相应设置即可。

14.1.2 钢笔工具

上面学习了路径的概念和路径工具的使用方法,下面介绍和路径密不可分的工具——"钢笔工具"。

1."钢笔工具"的作用

- "钢笔工具"属于矢量绘图工具,其优点是可以勾画平滑的曲线,在缩放或者变形之后仍能保持平滑效果。
- "钢笔工具"画出来的矢量图形称为路径,路径是矢量的。
- 路径允许是不封闭的开放状,如果把起点与终点重合绘制就可以得到封闭的路径。

2."钢笔工具"的分类——钢笔工具组

钢笔工具在 Photoshop 的"工具"调板中,鼠标右击"钢笔工具"按钮可以显示出钢笔工具组所包含的五个按钮,如图 14-5 所示,通过这五个按钮可以完成路径的前期绘制工作。

(1)"钢笔工具":可以创建直线和平滑流畅的曲线、可以精确地绘制复杂的图形。

单击画布可创建笔直的路径线段,单击并拖拽可创建贝兹曲线路径,如图 14-6 所示。

14-5　钢笔工具组

图 14-6　"钢笔工具"的效果

(2)"自由钢笔工具":用于随意绘图,就像用铅笔在纸上绘图一样。绘出的图会自动添加上锚点。单击画布拖拽可自由绘制路径,如图 14-7 所示。

(3)"添加锚点工具":在已有的路径线段上单击可添加新锚点。

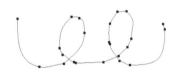

图 14-7　"自由钢笔工具"的效果

(4)"删除锚点工具":在已有的路径上,单击路径锚点可删除锚点。如图 14-8 所示。

(5)"转换锚点工具":可以将路径上的点,在角点和平滑点之间进行转换。通过使用"转换锚点工具",可以实现仅转换锚点的一侧,并可以在转换锚点时精确地改变曲线。单击普通锚点并拖动可创建贝兹手柄,单击已有锚点将删除手柄,如图 14-9 所示。

图 14-8　删除锚点

图 14-9　转换锚点工具

14.1.3　使用钢笔工具和路径工具制作合成图片

1. 素材准备

"素材 1.jpg"和"素材 2.jpg"分别如图 14-10 和图 14-11 所示。完成效果如图 14-12 所示。

图 14-10　素材 1

图 14-11　素材 2

图 14-12　最终效果

思路分析:合成图片,最重要的一个操作是抠图,就是将老鹰从原图中抠出来,放到背景图上。

通过前面的学习已经对抠图的操作有了一定的认识。常用的有"魔棒工具""套索工具",但是由于素材图中老鹰的边缘不规范,背景也比较复杂,所以难以抠出满意的图形。这里就用到了我们刚学的工具"钢笔工具"。用它的锚点调节功能和路径转换选区概念,就可以轻松实现如图 14-12 所示效果了。

2. 实现步骤

步骤 1:勾选老鹰图像轮廓

(1)在 Photoshop 中打开本案例素材图"素材 1.jpg"。

(2)选择"钢笔工具",在老鹰边缘单击,创建"锚点 1",如图 14-13 所示。

(3)单击老鹰边缘继续创建锚点,注意不要松开左键,拖拽鼠标,通过方向点调节方向线,使路径与老鹰边缘吻合,如图 14-14 所示。

图 14-13　创建"锚点1"

图 14-14　调整锚点

（4）用同样的方法不断增加锚点，最终完成老鹰轮廓的勾选，如图 14-15 所示。

图 14-15　老鹰轮廓的选取

（5）选择"路径"调板中的"工作路径"，将名称修改为"老鹰轮廓"，如图 14-16 所示。

（6）在"路径"工具栏中单击"选区"按钮（或按"Ctrl＋Enter"组合键），将所选路径转换为选区，如图 14-17 所示。

图 14-16　修改路径名

图 14-17　路径转换选区

（7）选择弹出对话框中，设定羽化半径为 3 像素，如图 14-18 所示，单击"确定"按钮。

（8）选择菜单"编辑"→"拷贝"（或按"Ctrl＋C"组合键），将选区内的老鹰形象进行复制。

步骤 2：将勾选好的老鹰轮廓放置在背景图片中进行合成。

（1）在 Photoshop 中打开本案例素材图"素材 2.jpg"。

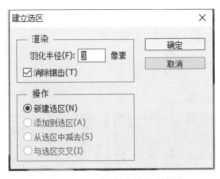

图 14 - 18　添加"羽化"效果

（2）选择菜单"编辑"→"粘贴"（或按"Ctrl＋V"组合键），将复制好的老鹰形象粘贴到图片中。

（3）选择菜单"编辑"→"自由变换"（或按"Ctrl＋T"组合键），鼠标拖拽工作区进行缩放，这里需要按住 Shift 键，按住 Shift 键时为等比缩放，如图 14 - 19 所示。

图 14 - 19　粘贴并调整

（4）调整好大小和位置后，按 Enter 键，应用变换。

步骤 3：保存图像

保存文件为 PSD 格式。

14.2　Photoshop 中的图层与蒙版

任务描述：图层是 Photoshop 的一项非常强大的功能，当看到一幅优秀的 Photoshop 作品时，很少会有人想到，这一切的幕后功臣就是图层。可以这样说，如果没有图层，将很难甚至不可能完成复杂图像的制作。本节将讲将采用图层的混合模式来完成模特的换装。

任务目标：

· 熟练掌握图层操作方式。

· 掌握图层之间的混合方式。

· 进一步掌握 Photoshop 选区的修改和编辑

技能目标：

会利用图层之间的混合方式处理图像。

原始图像及处理完效果如图 14 - 20 所示。

图 14 - 20 原始图像及处理完效果

14. 2. 1 图层

图层可以比作是透明的像素薄片，除了背景层外，其他图层可以按任意顺序堆叠，以便单独处理图层上的对象，而不影响到其他图层。

图层通常分为"背景图层""普通图层""文字图层""蒙版图层""矢量蒙版图层"形状图层""填充/调整图层"。

1. "背景"图层

新建文档后，会自动生成一个图层，该图层就是背景图层，如图 14 - 21 所示。

图 14 - 21 背景图层

一幅图像只能有一个背景图层，我们无法更改背景图层的堆叠顺序、混合模式和不透明度。

将背景图层转换为普通图层的方法很简单，双击"图层"调板中的"背景"图层，弹出"新建图层"对话框，如图 14 - 22 所示。默认名称为"图层 0"，单击"确定"按钮，"背景"图层就转换成了普通图层。

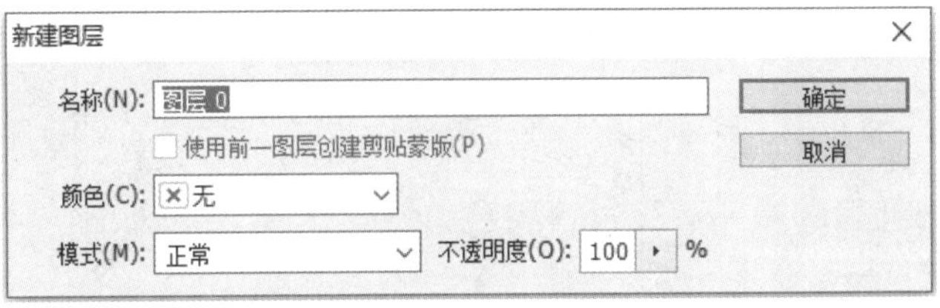

图 14 - 22　新建图层

2. "图层"调板

"图层"调板是查看与编辑图层的主要工具,使用它可以看到文件里的所有图层。只需在"图层"调板中单击相应按钮,就可以完成创建新图层、创建图层组或删除图层等操作。

3. 普通图层

一般新建的图层都属于"普通图层","普通图层"在未锁定的情况下可以随意修改。

单击"创建新图层"按钮 ,会在背景图层上生成新的图层,默认名称为"图层 1",再次单击"创建新图层"按钮,会在当前图层上生成新的图层,默认名称为"图层 2",以此类推,如图 14 - 23 所示。

如果想删除图层,可以选择要删除的图层,单击"删除图层"按钮 即可。

"图层"调板中并没有直接复制图层的按钮,那么如何复制图层呢?

图 14 - 23　普通图层

主要有以下两种常见的方法。

- 选择要复制的图层,在图层上按住鼠标左键,拖拽到"创建新图层"按钮上,松开鼠标左键,便可以复制该图层。
- 选择要复制的图层,按"Ctrl＋J"组合键,也可以复制图层。

更改图层名称的方法是,双击图层名称,输入更改的名称,按 Enter 键即可。

4. 图层组

图层组就像一个文件夹,可以把除"背景图层"外的所有图层移至图层组中,便于组织和管理。

- 创建图层组的方法和创建图层很相似,在"图层"调板的最下面,单击"创建新组"按钮 ,便创建了一个新的"图层组",如图 14 - 24 所示。
- 想将图层移动到图层组中,需要在该图层上按住鼠标左键,然后拖拽到图层组中即可,如图 14 - 25 所示。
- 更改图层组的名称和更改图层名称的方法完全一样。
- 单击图层组前面的小三角,可以打开或关闭图层组,如图 14 - 26 所示。

图 14-24　创建新组

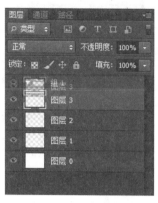
图 14-25　拖拽图层

图 14-26　展开图层组

5. 图层顺序

图层顺序是指各图层的堆叠顺序,正常模式下,上一层中的内容会遮住下一层中同一位置的内容。

选择需要调整的图层,按住鼠标左键上下拖动,便可以调整图层的顺序。也可以使用快捷键。按"Ctrl+["组合键下移一层,按"Ctrl+]"组合键上移一层,按"Ctrl+Shift+["组合键移到最底层,按"Ctrl+Shift+]"组合键移到最顶层。注意,背景层和被锁定的图层不能移动。

14.2.2　图层混合模式

Photoshop 中图层的混合模式用于确定当前图层中的像素与下一个图层中的像素进行混合的方式。

图层的混合模式设置在"图层"调板的上方,包含的混合模式如图 14-27 所示。

单击需要的混合模式,便可以执行图层混合模式的效果。

在一幅图上新建一层,绘制一个红色矩形并选择混合模式。

- "正常":这是图层的默认模式,应用这种模式,新的颜色和图案将完全覆盖原始图层,或混合颜色完全覆盖下面的图层,成为最终效果,如图 14-28 所示。
- "变亮":应用这种模式时,是以较亮的像素取代原图像中较暗的像素,但是较亮的像素不变。
- "正片叠底":应用这种模式时,将使背景色与混合颜色相乘,混合后的图像效果通常将比原图像色调要深,如图 14-29 所示。
- "叠加":应用这种混合模式,使混合颜色与底层叠加,并且保持基色的明暗度。

图 14-27　图层混合模式

图 14-28　正常混合模式　　　　　　　图 14-29　正片叠底混合模式

14.2.3　应用图层的混合模式给模特换装

思路分析:

· 用选区工具绘制衣服轮廓。

· 填充颜色。

· 设置图层混合模式。

操作步骤:

(1)打开"素材-美女换装.jpg",新建图层,更改图层名称为"颜色"。

(2)选择"多边形套索工具",沿着人物的上衣外轮廓绘制选区,如图 14-30 所示。

(3)设置前景色为♯FF3300,按"Alt+Delete"组合键填充前景色,如图 14-31 所示。

(4)把图层混合模式由"正常"改为"叠加",最终效果如图 14-32 所示。保存文件。

图 14-30　选取上衣轮廓　　　　图 14-31　为选区填充前景色　　　图 14-32　最终效果

14.3　Premiere 制作电子相册

任务描述:使用 Premiere 可以对视频进行剪辑,利用关键帧技术可以实现 Premiere 中许多视频的制作,还可以利用转场特效为多个素材之间的切换提供更丰富的效果。本任务借助 Premiere,利用提供的素材完成电子相册的制作。

任务目标:

· 熟悉 Premiere 剪辑的基本操作。

· 掌握关键帧动画的制作方法。

· 掌握视频转场的设置和编辑

技能目标:

· 能够掌握视频剪辑的基本方法。

· 了解视音频剪辑的规律。

14.3.1 新建项目

打开 Premiere Pro CC 2018,新建项目,编辑名称,选择存储位置。

任务要求:新建序列,编辑序列名称,时基改为 30 帧/秒,将视频帧大小改成 1280×720,像素长宽为方形像素,场为无场。

Premiere Pro CC 2018 的用户操作界面如图 14-33 所示,它由标题栏、菜单栏、"工作区"面板、"源""效果控件""音频剪辑混合器"面板组、"节目"面板、"项目""历史记录""效果"面板组、"时间轴"面板、"音频仪表"面板和"工具"面板等组成,如图 14-33 所示。

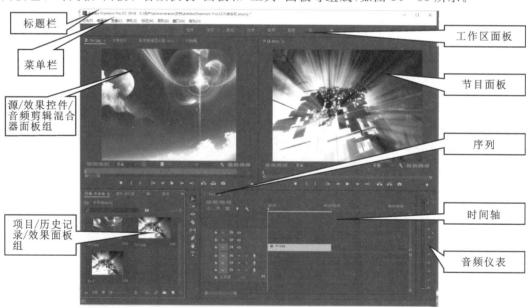

图 14-33 Premiere Pro CC 2018 界面

· "项目"面板主要用于输入、组织和存放供"时间轴"面板编辑合成的原始素材,在列表状态时,可以查看素材的基本属性,包括素材的名称、媒体格式、视音频信息和数据量等。

· "时间轴"面板是 Premiere Pro CC 2018 的核心部分,在编辑影片的过程中,大部分工作是在"时间轴"面板中完成的。通过"时间轴"面板,可以轻松地实现对素材的剪辑、插入、复制、粘贴和修整等操作。

· 监视器面板分为"源"面板和"节目"面板,所有编辑或未编辑的影片片段都在此显示效果。

- "效果"面板存放着 Premiere Pro CC 2018 自带的各种音频特效、视频特效和预设的特效,这些特效按照功能分为六大类,包括预设、Lumetri 预设、音频效果、音频过渡、视频效果及视频过渡特效。每一类按照效果又可细分为很多小类。用户安装的第三方特效插件也将出现在该面板的相应类别文件中。
- "效果控件"面板与"源"监视器面板、"音频剪辑混合器"面板合为一个面板组。"效果控件"面板主要用于控制对象的运动、不透明度、切换及特效等设置。
- "音轨混合器"面板可以更加有效地调节项目的音频,实时混合各轨道的音频对象。

操作步骤:

(1)选择"文件"菜单下的"新建"中的"项目"选项,命名项目名称,选择保存位置,然后单击"确认"按钮。

(2)选择"文件"菜单下的"新建"中的"序列"选项,在如图 14 – 34 所示的对话窗口中,利用预设中的 HDV 下的 HDV720p30 完成题目要求的参数设置(如需对预设中的部分内容进行调整,可切换至"设置"选项卡完成)。

图 14 – 34　新建序列窗口

14.3.2　导入素材

导入素材,软件左下角找到素材位置,直接拉入视屏轨道即可。导入的图片素材默认时长是 5s,我们可以找到"编辑"菜单→首选项→常规→时间轴,这里更改默认图片的时长。可以根据自己的制作需求来更改图片的时长,这里将其改为 4s 的持续时间。

Premiere 支持的静态图片格式主要包括 JPEG、PSD、BMP、GIF、TIFF、EPS、PCX 和 AI 等;支持的视频文件格式主要包括 AVI、MPEG、MOV、DV-AVI、WMA、WMV 和 ASF 等;支持的动画和序列图片格式主要包括 AI、PSD、GIF、FLI、FLC、TIP、TGA、FLM、BMP、PIC 等;支持的音频文件格式有 MP3、WAV、AIF、SDI 和 Quick Time。

Premiere 素材的导入可以利用文件菜单中的导入菜单项来实现,也可通过双击"项目"面板中的空白处打开"导入"对话框来实现,或者直接拖拽文件到项目面板上亦可。

在素材导入项目之后,我们可以将素材拖拽到时间线上,素材只有出现在时间线上才有可能出现在最终的成品中,拖拽到时间线上的素材注意需要首尾相接,如图 14 - 35 所示。

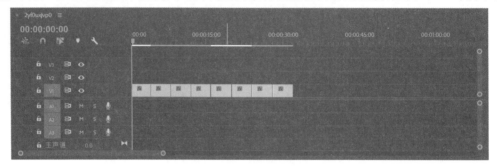

图 14 - 35 时间轴窗口

在素材导入之后,我们可以利用工具面板上的"向前选择轨道工具",选中轨道 1 上的全部素材,并将其复制到轨道 2 上。

"工具"面板中有 8 个工具,不同的工具功能有所变化。另外,如果工具图标下方有三角号,鼠标单击后不松开则可以选择该类型下更多工具,如图 14 - 36 所示。下面我们分别介绍。

图 14 - 36 "工具"面板

第一个是"选择"工具。顾名思义,就是用来选择素材文件的。

第二个是"向前选择轨道工具",鼠标单击后不松开则为"向后选择轨道工具"。它们均可用于选择一条轨道上的素材,区别在于向前选择轨道工具是从所点选的素材一直选到最后一个素材,而向后选择轨道工具是从所点选的素材一直选到第一个素材。

第三个是"波纹编辑"工具,可以编辑一个素材文件而不影响相邻的素材文件,而且后面的素材会自动移动填补空缺。鼠标单击后不松开则可选择"滚动编辑"或"比率拉伸",使用"滚动编辑"工具选择一个素材文件并拖动更改入点和出点时,也会同时改变相邻素材的入点或出点。使用"比率拉伸"选择素材并拖动边缘可以改变素材文件的长度和速率。

第四个是"剃刀"。直接用它单击"时间轴"中的素材就可以将该素材在单击的地方一分为二。如果按住 Shift 键,那么所有素材都会从鼠标悬停处对应的时刻一分为二。

第五个是"外滑"工具,可以改变在两个素材文件之间的素材文件的入点和出点并保持原来的持续时间不变。鼠标单击后不松开则可选择"内滑"工具,该工具用于两个素材之间的素材文件,在拖动时只改变相邻素材文件的持续时间。

第六个是"钢笔"工具,可以在时间线的素材文件上创建关键帧。鼠标单击后不松开则可选择"矩形"工具或"椭圆"工具,这两个工具可以分别在节目面板上绘制矩形(正方形)或者椭圆(圆)形。

第七是"手形"工具,用于水平拖动"时间轴"轨道。鼠标单击后不松开则可选择"缩放"工具,用于缩放【时间线】轨道中的素材。

第八个是"文字"工具,用于直接在节目面板上录入文字,鼠标单击后不松开则可选择"垂直文字"工具用来录入垂直文字。

14.3.3　相册动画

在效果面板中找到"基本 3D"效果,添加给轨道 2 上的图片 1,在旋转、倾斜上打上关键帧,制作简单的旋转动画,参数自己可以适当设置,利用贝塞尔曲线,可以让旋转更加平滑,如图 14 - 37 所示。

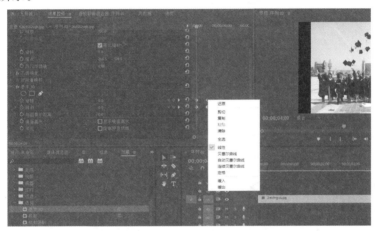

图 14 - 37　Premiere 特效的添加

视频特效有人称其为滤镜,是非线性编辑的重点内容之一。它的工作原理是使视频素材通过一系列有形(图片)或无形(算法)的系统改造,使其某些属性在时间和空间上产生变化,创造虚拟现实,达到改善视觉效果、提高艺术感染力的目的。

Premiere Pro CC 2018 提供(内置)了 18 大类视频特效,这些特效放置在"效果"面板中的"视频特效"选项中。要施加特效作用的视频一定要事先将其放在时间线的某个轨道上,在时间轴上单击添加了视频特效的素材,并利用菜单栏"窗口"→"效果"命令,或者在"项目"窗口直接单击"效果"选项卡,打开"效果"面板,然后单击"效果"面板中想要添加的效果,并将其拖拽到"时间线"面板中想要添加该特效的素材上即可。

在"时间线"上选择了添加效果的素材之后,用户可以选择菜单"窗口"→"特效控件"命令,或者在"源"窗口直接单击"特效控件"选项卡,打开"效果控件"面板,然后就可以在"特效控件"面板中对所添加的特效的参数进行调整,并可以利用关键帧对部分参数设计动态变化,下面我们将介绍关键帧的常见操作,操作涉及的图标如图 14 - 38 所示。

1. 关键帧的创建

在选中素材片段后,在效果控件窗口中选中需要添加关键帧的视频滤镜特效,将效果控制窗时间线上的编辑线放在要加关键帧的位置上,将该特效的三角箭头打开,单击标志 ⏱,就会在编辑线所在的位置处建立第一个关键帧,移动编辑线,再单击应用关键帧按钮 ◆,就会建立又一个关键帧。关键帧创建的过程中要注意:

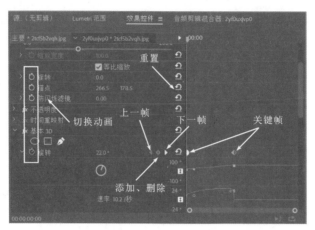

图 14-38 关键帧操作

(1)必须打开关键帧记录器；

(2)至少要有两个或两个以上的关键帧；

(3)关键帧的值要有变化；

(4)在时间上要有间距。

2. 移动关键帧

选择关键帧标志,按下鼠标左键可以直接移动。

3. 选择上一个(下一个)关键帧

单击关键帧添加按钮左右的方向按钮◀和▶,可以切换到上一个或下一个关键帧。

4. 选择多个关键帧

按住 Shift 键同时用鼠标单击关键帧,可以同时选择多个关键帧。

5. 关键帧吸附

在效果控制窗口中,移动时间线指针同时按下 Shift 键,时间线指针和关键帧之间产生"吸附"——时间线指针靠近关键帧时,自动停在关键帧上,如同拥有磁力一般。

6. 复制与粘贴关键帧

选择一个或多个关键帧,将时间线指针放在准备粘贴的位置,选择"编辑"→"粘贴"命令,也可以选择其他素材,展开属性,选择"粘贴"命令,可以在相同滤镜的相同参数中进行关键帧的复制。

7. 删除关键帧

选中关键帧,按 Delete 键,即可删除关键帧。

实现步骤:

(1)在时间线上选择轨道 2 上的素材 1；

(2)打开"效果"面板,利用鼠标拖曳的方式将"视频特效/透视/基本 3D"效果添加到该素材上；

(3)利用菜单栏"窗口"→"特效控件"将"源"面板切换为"特效控件"面板；

(4)在"特效控件"面板中展开"基本 3D"特效,将时间线滑块定位到该素材的起始位置；

（5）单击"旋转"和"倾斜"前方的"切换动画"开关，此时就在当前时间滑块位置生成了相应属性的第一个关键帧，用户可以根据需要调整两个属性的取值以便生成相应的 3D 效果；

（6）将时间滑块调整到该素材的结束位置，重新调整两个属性的取值，此时就会在当前位置生成新的关键帧，将时间滑块重新停到该视频起始位置，播放节目就可看到相应的动态效果。

（7）在效果控件面板中将"运动"下的"缩放"属性调整为 70。调整完毕效果如图 14－39 所示。

（8）按"Ctrl＋C"组合键复制图片 1 的效果，选中后面素材，按"Ctrl＋Alt＋V"组合键，打开如图 14－40 所示的"粘贴属性"对话框，单击"确定"按钮，将图片效果添加给后面的图片，也可按照上述的操作步骤逐一的给轨道 2 上的素材添加各自的效果。

图 14－39 素材 1 的动态效果　　　　图 14－40 "粘贴属性"对话框

14.3.4 转场设置

当我们通过拍摄或用其他方法获取了各种镜头素材后，就需要将这些基本镜头按照预先的规划连接成完整的影片，这种镜头之间的连接就叫作"视频切换""视频过渡"或"视频转场，视频转场可被分为硬切和软切两种，硬切就是上一个镜头播放完后直接播放下一个镜头，其中不添加任何切换效果，这种切换方式在各种纪实性影片或电视新闻中使用非常广泛，而"软切"则是在两个镜头之间添加艺术性的衔接，使镜头的转换有一个过渡，可以使视频作品的效果更加流畅，更能吸引观众的注意力。硬切在 Premiere 中直接以视频的简单首位相接即可实现，下面我们主要介绍软切效果。

在 Premiere Pro CC 2018 中，根据功能可分为 8 大类的转场特效。每一种转场特效都有其独到的特殊效果，但其使用方法基本相同。如果根据转场影响边数，转场方式可分为两大类：单边转场和双边转场。单边转场方式只影响相邻编辑点的前一个或后一片断，其空白区域会透出低层轨道画面,但低层画面只是被动透出而已;而双边转场则需要两个片断的参与。

单边转场的添加需要先用鼠标选中一种转场方式然后再按下 Ctrl 键,将其拖至某一片断的开头或结尾。

双边转场只需左键拖至片断相邻处。其转场的标志有差异,注意区分。双边转场有三种对齐方式,左、中、右,但左、右对齐与单边转场有差异。

操作步骤:

(1)在效果面板找到"视屏过渡"效果中的"滑动"效果,然后利用鼠标拖拽的方式将该效果添加到轨道 2 上的素材 1 和素材 2 之间,给素材 1 和素材 2 之间添加"滑动"转场效果,如图 14 - 41 所示。

图 14 - 41　添加转场特效

(2)为轨道上的素材添加同样的转场效果,选中轨道 1 和轨道 2 上所有素材,然后快捷键"Ctrl+D"将该转场应用到全部素材之间。也可以按照步骤 1 的方法给相应的素材之间增加不同的转场效果。

14.3.5　音频设置

导入需要的音频文件到音频轨道,并根据需要使用剃刀工具裁剪音频,如图 14 - 42 所示。

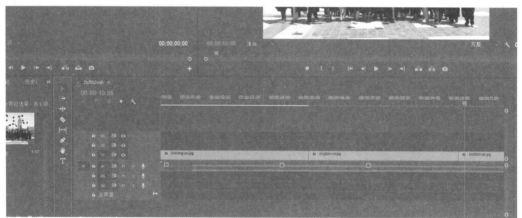

图 14 - 42　音频设置

在 Adobe Premiere Pro 中,可以编辑音频,向其添加效果,并在一个序列中混合计算机系统能处理的尽可能多的音频轨道。轨道可包含单声道或 5.1 环绕立体声声道。此外,还有标准轨道和自适应轨道。

标准音频轨道可在同一轨道中同时容纳单声道和立体声。例如,如果将音频轨道设为"标准",则可在同一音频轨道上使用带有各种不同类型音频轨道的素材。

对于不同种类的媒体,可选择不同种类的轨道。例如,可为单声道剪辑选择仅编辑至单声道音轨上。默认情况下,可选择多声道,单声道音频会导向自适应轨道。

Premiere 可以通过"窗口"→"工作区"→"音频"菜单项将当前窗口布局调整为方便音频处理的布局形式,如图 14-43 所示。

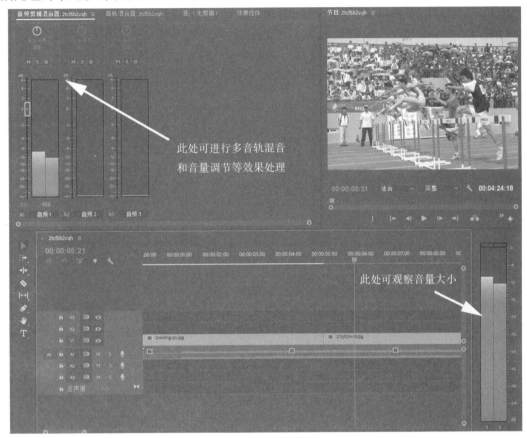

图 14-43 音频工作区布局

操作步骤:

(1)双击项目面板空白处,导入所需音频素材,并将其拖拽至音频轨道 1;

(2)根据剪辑需要,将时间线滑块停在合适位置,使用剃刀工具,将音频轨道上的音频素材进行分割,并删除无用部分。

14.3.6 输出视频

图片和效果都调整好后就可以选择"文件"→"导出"→"媒体"命令,设置导出格式等参数后选择导出即可。这样就生成了属于自己的电子相册了。

Premiere 和 Adobe 公司的导出程序都采用 Adobe Media Encoder,它是一款独立的编码应用程序。当在"导出设置"对话框中指定导出设置并单击"导出"时,Premiere 会将导出请求发送到 Adobe Media Encoder。

在"导出设置"对话框(如图 14 - 44 所示)中单击"队列",即可将 Premiere 序列发送到独立的 Adobe Media Encoder 队列中。在此队列中,用户可以将序列编码为一种或多种格式,或者利用其他功能。

图 14 - 44　"导出设置"对话框

当独立的 Adobe Media Encoder 在后台执行渲染和导出时,用户可以继续在 Premiere 中工作。Adobe Media Encoder 会对队列中每个序列的最近保存的版本进行编码。

操作步骤:

(1)执行以下操作之一

· 在"时间轴"面板或节目监视器中,选择序列。

· 在"项目"面板、源监视器或素材箱中,选择剪辑。

(2)执行以下操作:选择"文件"→"导出"→"媒体"。Premiere Pro 即会打开"导出媒体"对话框。

(3)选择所需的导出文件格式。

(4)单击"导出"按钮,Adobe Media Encoder 会立即渲染和导出相应项目。